全国青年彩虹工程·大学生预就业计划官方教材
全国电子商务人才从业能力教育官方教材
总策划　单兴华

电商图像处理技术——Photoshop CC实战

全国青年彩虹工程实施指导办公室
全国电子商务人才从业能力教育项目管理办公室　组编

单兴华　刘园园　主编

中国人民大学出版社
·北京·

全国青年彩虹工程 · 大学生预就业计划官方教材
全国电子商务人才从业能力教育官方教材

总策划　单兴华
总主编　单兴华
主　审　王　勇　段　然

教材编写成员

（排名不分先后）

单兴华　陈旭东　陈　炜
刘园园　张　琼　单保忠
闫贺朋　王　瑾　张　健

编撰机构

中国共产主义青年团中央委员会
中国青少年发展服务中心
全国青年彩虹工程实施指导办公室
中国国际电子商务中心
中华人民共和国商务部培训中心
全国电子商务人才从业能力教育项目管理办公室
人力资源和社会保障部全国人才流动中心

联合编撰机构

国际互联网教育管理有限公司
北京易然教育科技有限公司
北京博奥思维教育科技有限公司

总　序

21世纪是信息化的时代，在全球信息化大势所趋的影响下，信息服务业已成为21世纪的主导产业，正引领着中国电子商务不断地完善和发展，中国的电子商务市场将成为各个国家和各大公司争夺的焦点。自1997年中国出现电子商务商业模式开始，电子商务行业始终保持着快速发展的势头，尤其是2011年以来，呈现了“几何级”的增长。2011年电子商务市场交易规模为6.3万亿元，年增长率为32.4%；2012年交易规模达到8.1万亿元；2013年为10万亿元；2014年为13万亿元。商务部预测2015年以后中国电子商务交易额将达到18万亿元，线下产品将陆续搬到线上，有可能超越美国成为全球第一。

近年来，中国对电子商务越来越重视，尤其是党的十八大的胜利召开，国务院、商务部、工信部、国家发改委等各种有利政策相继出台，全国600多所本科院校陆续转向电子商务等职业教育，势必将会促进电子商务行业的良性、健康、高速发展。

随着“大数据时代”的到来，4G技术得到推广和应用，移动互联网不断升级，物流行业不断完善，互联网金融兴起，这都为电子商务行业的发展奠定了更加坚实的基础，展现了更加广阔的空间。

同时，电子商务专业人才的紧缺已经成为行业发展的主要瓶颈，商务部、人力资源和社会保障部、国家统计局公布数据显示：目前中国电子商务从业企业达到4万家左右，主要商业模式有B2B、B2C、C2C、O2O、P2B、P2P等，在中国3 000多万家中小企业中，有半数以上的企业将在经营中尝试或运用电子商务工具，预计到2015年以后，中国企业应用电子商务比率将达80%以上。据保守估计，国内对电子商务人才的缺口将达300万人以上。

响应党和国家的号召，为了促进行业的健康稳定发展，商务部正式推出了“全国电子商务人才从业能力教育项目”，并与北京化工大学国家大学科技园联合，共同将（北京）电子商务学院打造成为“全国电子商务人才从业能力实训基地”。学院在2009年凭借强大的师资力量、丰富的项目开发经验、良好的社会口碑，成为电子商务行业首家“全国电子商务人才标准化示范学院”，同年被人力资源和社会保障部授予“国家电子商务人才素质测评基地”。

2014年6月，由团中央、全国青年彩虹工程实施指导办公室联合商务部培训中心全国电子商务人才从业能力教育项目管理办公室共同推出“彩虹工程大学生预就业计划”，旨在帮助解决贫困地区高中毕业生升学难、高校毕业生就业难的问题；为在校大学生提供实习岗位，提高大学生的创业、就业能力；为用人单位搭建校企沟通的有效平台；为互联网电子商务行业输送中高端人才及创业精英。

“彩虹工程大学生预就业计划”由全国电子商务人才从业能力教育（北京）电子商务学院负责具体实施，协同北京化工大学国家大学科技园、北京科技大学继续教育学院、兴业银行北京市分行、北京易然教育科技有限公司、北京博奥思维教育科技有限公司、宜信普惠信息咨询（北京）有限公司等，共同打造“彩虹工程预就业实训基地”、“彩虹工程预就业网络创业项目示范基地”、“彩虹工程预就业企业人才孵化基地”，将广大青年学生的普适性就业行为变为前瞻性预就业行为，提升广大青年学生的就业能力。

中国电子商务发展虽然起步较晚，但势头较强，政府也在积极推进电子商务的发展，目前政府级电子商务总体框架基本建立。

行业电子商务将成为下一代电子商务发展的主流，特别是中国加入 WTO 后，中国市场将更加开放，企业导入电子商务的比例将持续提高，中国将成为电子商务在全球发展最快、潜力最大的国家之一。

因此，在电子商务高速发展的形势下，电子商务人才只要认真做好理论和实践的结合，根据市场和企业的需求找准就业方向、明确学习目标，从现在开始努力学习和实践，提高就业能力与就业竞争力，就一定能实现快速就业、准确就业和高薪就业。

全国青年彩虹工程实施指导办公室

全国电子商务人才从业能力教育项目管理办公室

前　言

随着计算机的日益普及，越来越多的人开始使用图像处理软件进行平面设计、网页设计、图像处理、影像合成和数码照片后期处理等。Adobe Photoshop 是一款功能强大、应用广泛的专业级图像处理软件。如今，Photoshop 拥有大量的用户，除了专业级设计人员外，摄影室和影楼工作人员都普遍使用该软件进行图像修饰。

本书以“制作技能＋设计应用＋拓展实训”的全案例教学方式，系统地讲解了使用 Photoshop CC 进行图层编辑处理、文字编辑处理、通道与蒙版应用、绘图、滤镜视觉特效制作、数码照片处理、海报招贴设计、平面广告设计、手机 UI 设计等所需要的技能和设计知识。

为了方便读者使用本书，本书配套的教学资源中包含了完成的实例作品、实例素材和实例源文件。读者可以一边看书，一边实际操作，以便快速掌握相关的技能。本书的配套教学资源，可登录 www. crup. com. cn/jiaoyu 下载。

本书大部分实例是作者亲自制作的。读者在阅读本书过程中如果遇到问题，可与本书作者联系，邮箱为 1042445460@QQ. com。

由于时间仓促，编者水平有限，书中难免存在疏漏和不妥之处，敬请广大读者批评指正。

编者

目　录

第 1 章

图像处理基础知识

本章介绍

本章主要介绍 Photoshop CC 的图像处理基础知识，包括位图与矢量图、分辨率、图像的色彩模式、常用文件格式。

知识目标

- 掌握如何在建立文件时设置分辨率、颜色模式
- 掌握如何使用不同的文件格式

能力目标

- 掌握什么是位图
- 掌握什么是矢量图
- 能在设计图时正确地设置分辨率
- 能在设计图时选择合适的图像色彩模式
- 能在保存文件时选择合适的文件格式

1.1 位图和矢量图

计算机图形主要分为两类：一类是位图图像，另一类是矢量图形。Photoshop CC 是典型的位图处理软件。下面我们来了解什么是位图、什么是矢量图，以便为学习图像处理打下坚实的基础。

1.1.1 位图

位图，亦称为点阵图像，是由称作像素的单个点组成的。像素，是构成位图的基本单元。下面通过实训一来了解什么是像素。

【实训一】

● **要求**

将图像的显示比例加大，直到能清晰地看到每一个像素为止。

● **目的**

通过本实训了解什么是像素。

● **步骤**

第一步，任意从网上下载一张图片，放在电脑桌面上。

第二步，打开 Photoshop CC 程序，单击界面中的“文件”菜单，选择“打开”命令，如图 1—1 所示。

图 1—1　“打开”对话框

第三步，在“打开”对话框的左侧选择“桌面”，拖动右侧的滚动条，找到第一步中下载的图片，单击选中，然后点击“打开”按钮。打开的图像文件如图 1—2 所示。

图 1—2　打开的图像文件

第四步，在 Photoshop CC 界面的左下角找到输入显示比例的位置，输入 1 600%，结果如图 1—3 所示。

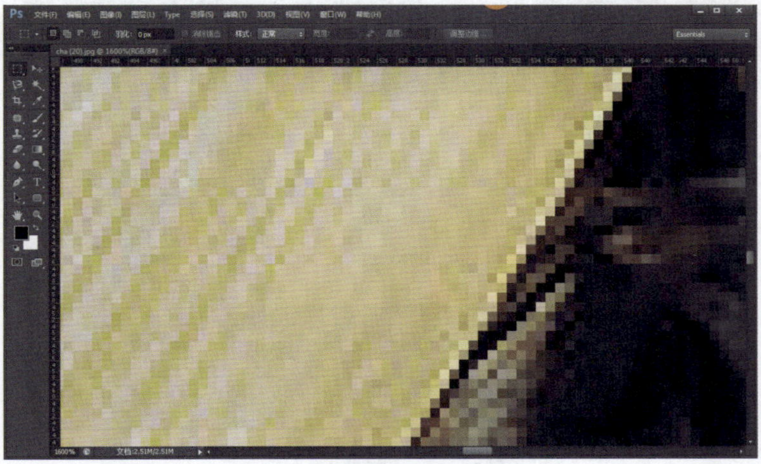

图 1—3　图像放大后看到的像素

第五步，观察图像，上面有很多的小方格，这就是像素。

位图，是由像素组成的图像。例如，一张图片的尺寸是宽为 600 像素，高为 800 像素，那么说明这张图片在横向上有 600 个小方格，在纵向上有 800 个小方格。

【实训二】

● 要求

新建一个 10 像素×10 像素的文件，在文件内填充图案，然后将文件显示比例放大，并数一数文件在横向上一排是多少个像素，在纵向上一列是多少个像素。

● 目的

通过本实训了解什么是位图。

● 步骤

第一步，打开 Photoshp CC 程序，其界面如图 1—4 所示。

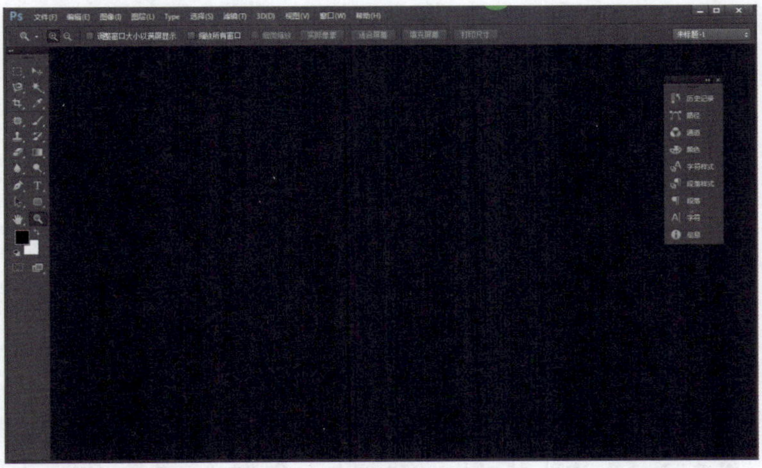

图 1—4　Photoshop CC 界面

第二步，单击“文件”菜单，选择“新建”命令，打开“新建”对话框，如图 1—5 所示。

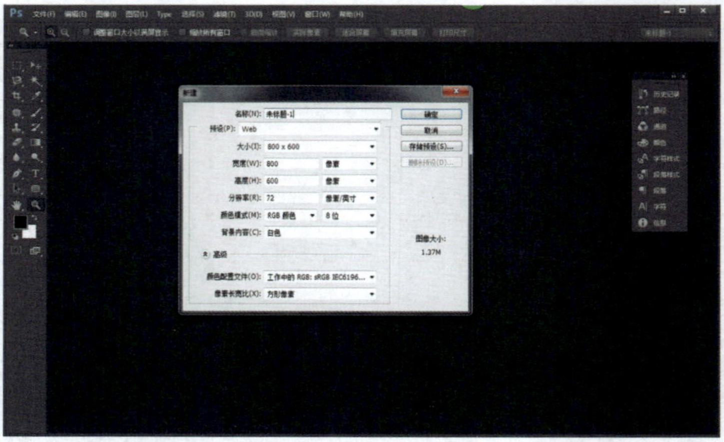

图 1—5 “新建”对话框

第三步，在“新建”对话框中输入新建文件的参数。在“宽度”输入框中输入 10，单位为“像素”，在“高度”输入框中输入 10，单位为“像素”，如图 1—6 所示。然后单击“确定”按钮，结果如图 1—7 所示。

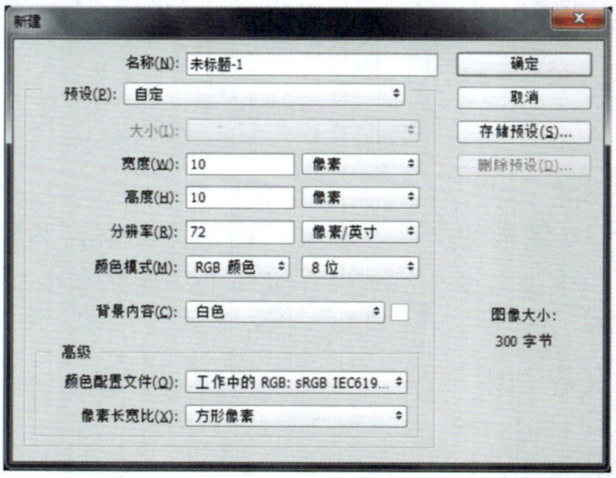

图 1—6 在“新建”对话框中输入参数

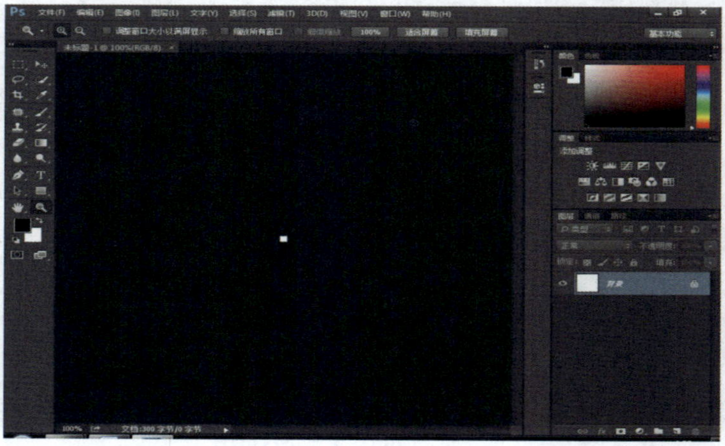

图 1—7 新建的文件

第四步，在界面左下角修改显示比例的输入框中输入 3 200%，结果如图 1—8 所示。

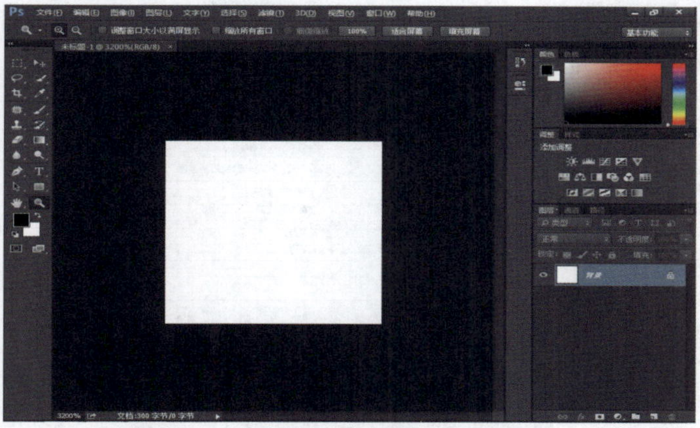

图 1—8　将显示比例放大后的图像

第五步，单击“编辑”菜单中的“填充”命令，打开“填充”对话框，如图 1—9 所示。

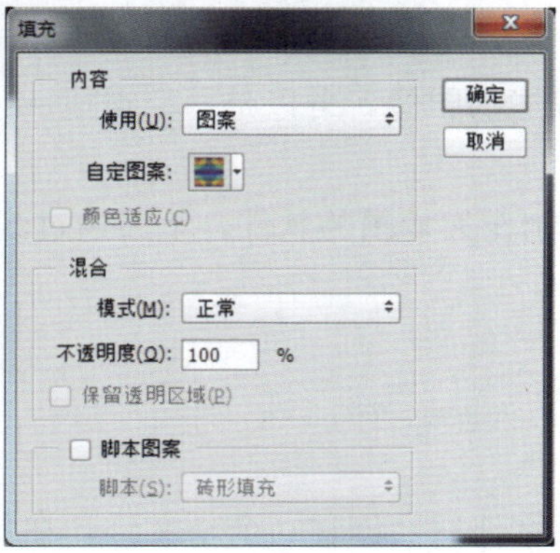

图 1—9　“填充”对话框

第六步，在“填充”对话框中的“使用”下拉列表中选择“图案”，“自定图案”下拉列表中选择一种需要的图案，然后单击“确定”按钮，结果如图 1—10 所示（由于显示比例太大，所以图像不清楚）。

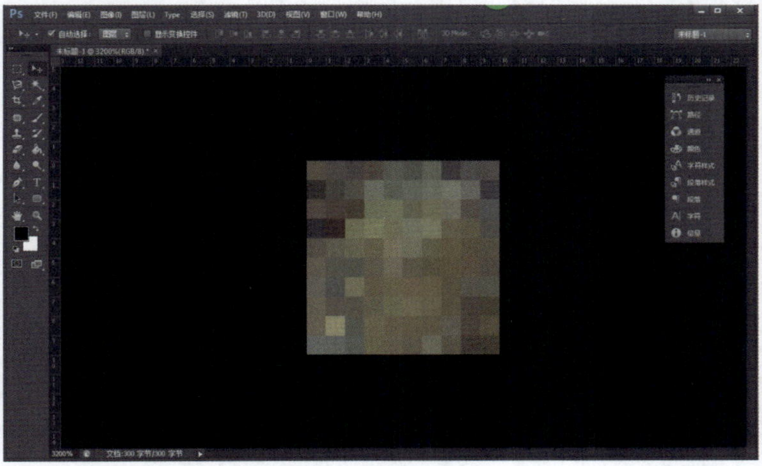

图 1—10　填充的图案

第七步，观察图像。数一数一排有多少个小方格，一列有多少个小方格。

第八步，单击菜单栏中的“图像”菜单，选择“图像大小”命令，打开“图像大小”对话框，查看“尺寸”的宽度和高度分别是多少，如图 1—11 所示。

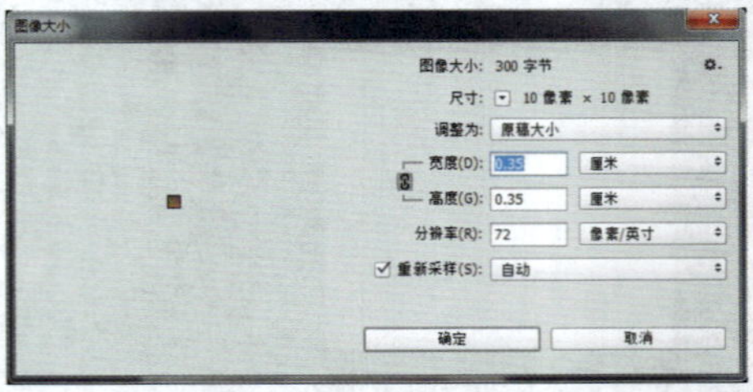

图 1—11　查看图像大小

注： 位图不一定都是用 Photoshop CC 制作的，我们平时用手机或数码照相机拍的照片也都是位图。

1.1.2　矢量图

矢量图是用线段和曲线描述的图像，可以是一个点或一条线。

矢量图只能靠软件生成。

Illustrator 是一款常用的制作矢量图的软件，下面通过演示来了解什么是矢量图。

【实训三】

● **要求**

在电脑上安装 Illustrator 软件后，创建一个新文件，在新文件上绘制一个光晕的矢量图形，然后观察矢量图的组成。

● **目的**

本实训的目的是更深入地了解什么是矢量图。

● **步骤**

第一步，打开 Illustrator 程序，界面如图 1—12 所示。

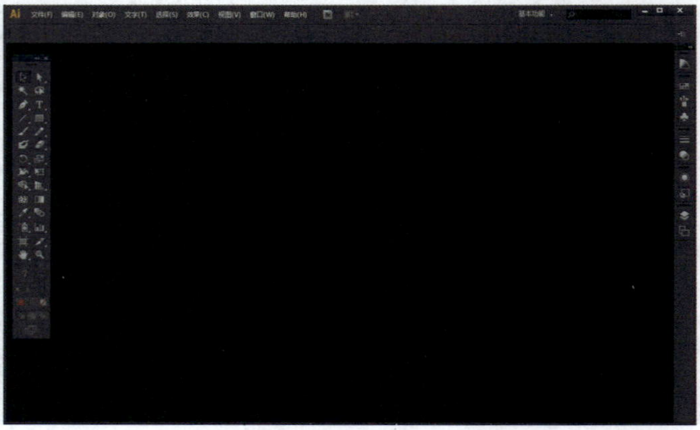
图 1—12　Illustrator 界面

第二步，单击菜单栏中的“文件”菜单，选择“新建”命令，打开“新建文档”对话框，如图 1—13 所示。

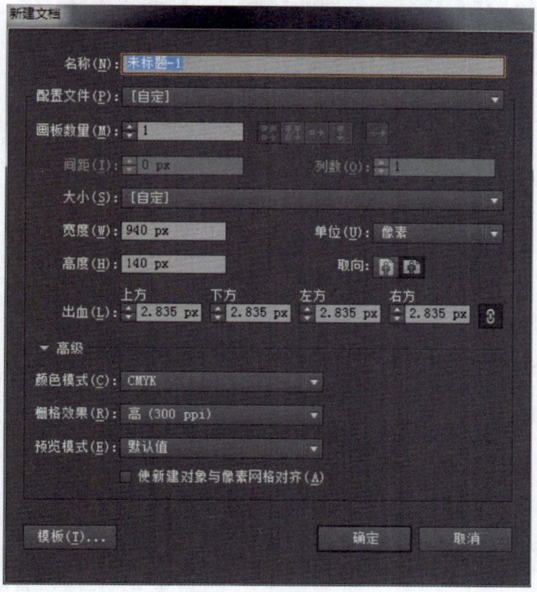

图 1—13　“新建文档”对话框

第三步，在“新建文档”对话框中，设置单位为“厘米”，宽度为 10，高度为 10，出血为 0，然后单击“确定”按钮，结果如图 1—14 所示。

图 1—14　新建的文件

第四步，在界面左侧的工具箱中单击“矩形工具组”，不要松开鼠标左键，会看到如图 1—15 所示的图形。打开“矩形工具组”，按下鼠标左键向下移动，选择“光晕工具”，然后用“光晕工具”在新建的白色文件中，按下鼠标左键拖动，能看到如图 1—16 所示的光晕。

第五步，观察。

选择工具箱中的第一个工具“选择工具”，在光晕图形上单击，选中光晕图形，如图 1—17 所示。这时看到的光晕图形是由点和线组成的，这就是矢量图。

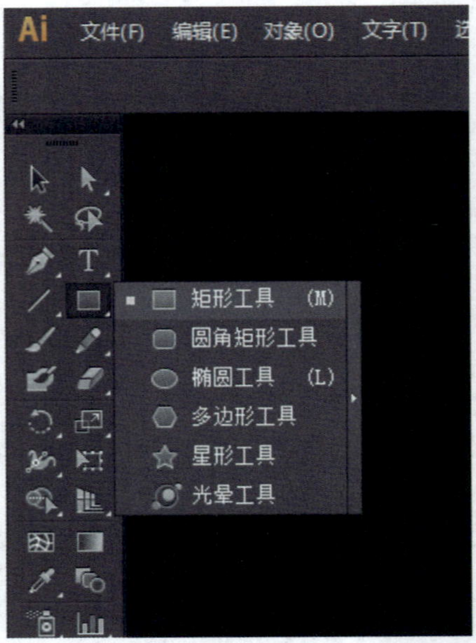

图 1—15　打开的矩形工具组

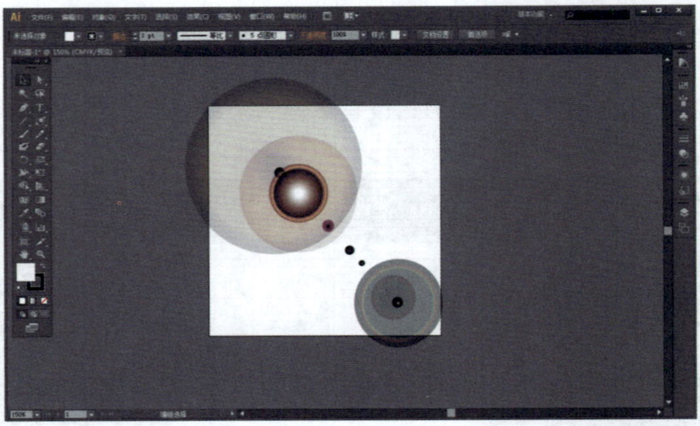

图 1—16　绘制出来的光晕

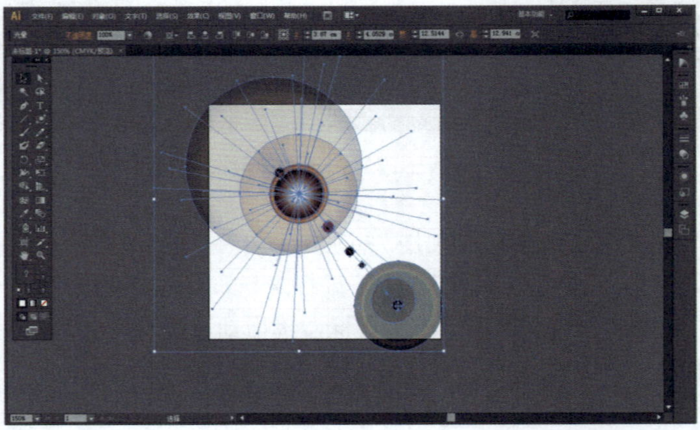

图 1—17　选中的矢量图

1.1.3　矢量图与位图的区别

在体积上，矢量图文件占用内存空间较小，因为矢量图形表现的图像颜色比较单一，并且这种类型的图像文件包含独立的分离图像，可以自由无限制地重新组合；位图是由一格一格的“小点”来描述图像的，图像表现的色彩比较丰富，颜色信息多，占用空间大。

在清晰度上，矢量图的显示比例不论放大到多大，清晰度始终不变；而位图的显示比例一旦放大，就会出现马赛克。图1—18为正常图像与放大图像后出现马赛克效果的对比。

图1—18　正常图像与放大图像后出现马赛克效果的对比

在色彩丰富程度上，矢量图色彩比较单一，无法表现逼真的实物，常常用来表示标识、图标、Logo等简单直接的图像；位图可以表现出色彩丰富的图像，逼真地表现自然界各类实物。

在格式的相互转换上，通过软件矢量图可以很轻松地转化为位图，而位图要想转换为矢量图必须经过复杂而庞大的数据处理，而且生成的矢量图质量也会有很大的出入。

1.2　分辨率

分辨率分为图像分辨率、屏幕分辨率、输出分辨率。我们在设计图时需要设置的是图像分辨率。

图像分辨率，指在图像中每单位长度的像素数目，称为图像的分辨率，其单位为像素/英寸或像素/厘米。

在相同尺寸的两个图像中，高分辨率的图像包含的像素比低分辨率的图像包含的像素多。例如，一张尺寸为1英寸×1英寸的图片，其分辨率为72像素/英寸，那么这个图像包含的像素为72×72=5 184个像素。同样的尺寸，如果分辨率为300像素/英寸，那么图像包含90 000个像素。

注：同样尺寸的图像，像素越多图像就越清晰。如果一幅图像所包含的像素是固定的，增加图像的尺寸后，会降低图像的分辨率。

【实训四】

● 要求

建立两个文件，分别是网页文件、印刷文件。网页文件由于是用于显示的图像，所以分辨率设置为 72 像素/尺寸；印刷文件是需要通过四色油墨用印刷机印刷的，为了使图像获得比较好的效果，其分辨率设置为 300 像素/尺寸。

● 目的

通过本实训掌握如何设置分辨率。

● 步骤

第一步，制作网页中的广告图。在 Photoshop CC 界面中，单击“文件”菜单，选择“新建”命令，打开“新建”对话框。在“宽度”输入框中输入 960，单位选择“像素”；在“高度”输入框中输入 350，单位选择“像素”；在“分辨率”输入框中输入 72，单位选择“像素/英寸”；在“颜色模式”下拉列表中选择“RGB 颜色”。如图 1—19 所示。

第二步，制作一个印刷文件。在 Photoshop CC 界面中，单击“文件”菜单，选择“新建”命令，打开“新建”对话框。在“宽度”输入框中输入 21，单位选择“厘米”；在“高度”输入框中输入 28.5，单位选择“厘米”；在“分辨率”输入框中输入 300，单位选择“像素/英寸”；在“颜色模式”下拉列表中选择“CMYK 颜色”。如图 1—20 所示。

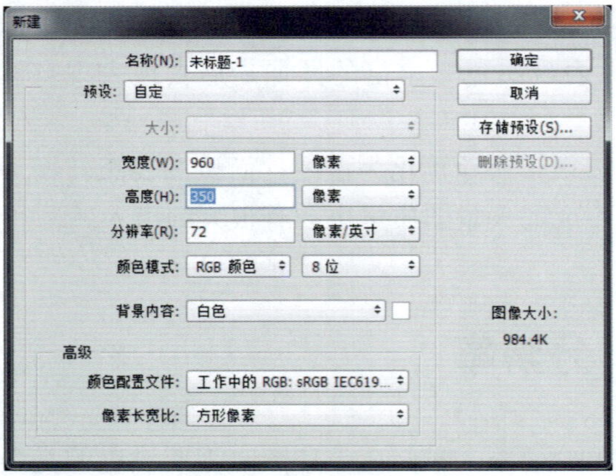

图 1—19　设置网页广告图文件的参数

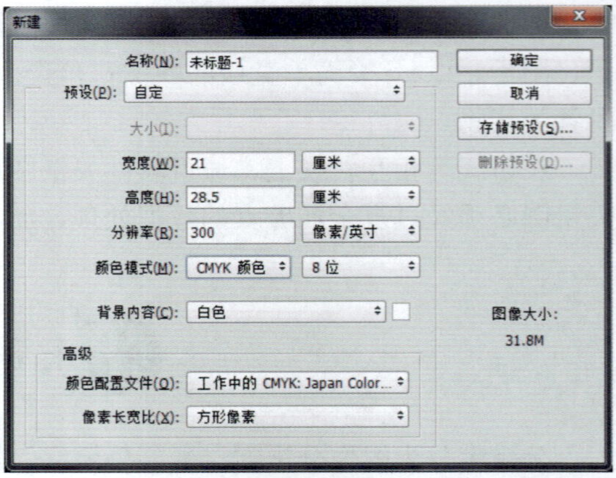

图 1—20　设置印刷文件的参数

1.3　图像的色彩模式

Photoshop CC 提供了多种色彩模式，这些色彩模式能使设计图在不同的显示屏或印刷品中呈现出完美的色彩。常用的色彩模式有 RGB 模式、CMYK 模式、位图模式、灰度模式等。这些模式可以在新建文件时选择，也可以在制作文件后进行转换。

1.3.1　RGB 模式

RGB 模式中的 R 代表红色、G 代表绿色、B 代表蓝色。RGB 颜色面板如图 1—21 所示。在调色时，R、G、B 三个输入框中的值最高为 255，最低为 0。

RGB 模式是一种加色模式，它通过红、绿、蓝三种色光相叠加形成多种颜色，呈现出来的图像颜色偏亮，如图 1—22 所示。一般在制作显示屏幕上的文件时，文件应该设置为这种模式。

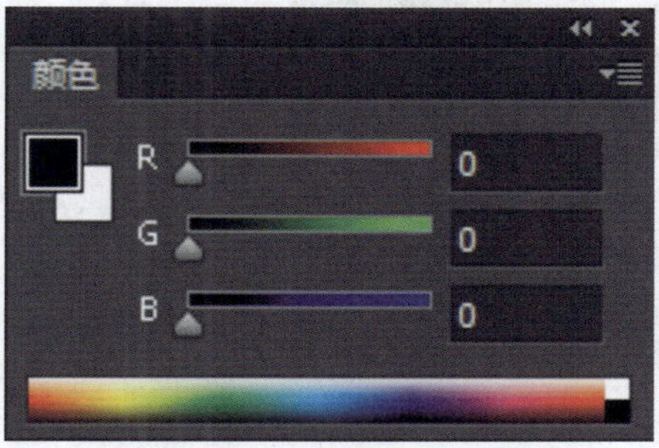

图 1—21　RGB 颜色面板

图 1—22　RGB 模式的图像

1.3.2　CMYK 模式

CMYK 代表印刷上用的 4 种油墨颜色，C 代表青色、M 代表品红色（洋红色）、Y 代表黄色、K 代表黑色。CMYK 颜色面板如图 1—23 所示。在调色时，C、M、Y、K 四个输入框中输入的最高值为 100，最低值为 0。

CMYK 模式是一种减色模式，呈现出来的图像相对 RGB 模式偏暗（如图 1—24 所示）。它应用了色彩学中的减法混合原理，是在用 Photoshop CC 设计图的过程中经常使用的一种色彩模式。

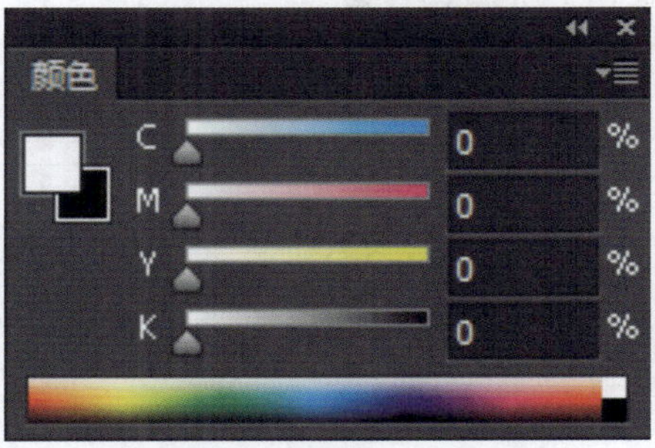

图 1—23　CMYK 颜色面板

图 1—24　CMYK 模式的图像

1.3.3 位图模式

在位图模式中图像只有黑色和白色两种颜色（如图 1—25 所示）。一般很少用，只有在设计中仅有黑和白两种颜色时才会用到。

图 1—25　位图模式的图像

1.3.4 灰度模式

在灰度模式的图像中（如图 1—26 所示），有黑色、白色、不同程度的灰色。

图 1—26　灰度模式的图像

彩色模式的图像也可以转换为灰度模式的图像，但色彩信息会丢失。灰度模式的图像可以转为彩色模式，但图像的灰色是不会自动转换为彩色的。

【实训五】

- **要求**

任意打开一张 RGB 模式的彩色图片，将其转换为 CMYK 模式。

● **目的**

通过本实训，掌握 RGB 模式图像与 CMYK 模式图像之间是如何相互转换的。另外学习打开图片的方法。

● **步骤**

第一步，打开需要转换的图片。打开 Photoshop CC 程序，在程序中间的灰色空白区域双击，打开“打开”对话框，如图 1—27 所示。

图 1—27　“打开”对话框

第二步，选择要打开的图片。在“计算机”中找到图片后，单击“打开”按钮，打开后的图片如图 1—28 所示。

当前打开的图片是 RGB 模式，这在图像窗口标题栏可以看到。

图 1—28　在 Photoshop CC 中打开的图片

第三步，单击“图像”菜单，选择“模式”命令子菜单中的“CMYK 颜色”，转换后可从图像窗口的标题栏中显示 CMYK 模式，如图 1—29 所示。

图 1—29 转换为 CMYK 模式的图像

【实训六】

● **要求**

任意打开一张 RGB 模式的彩色图片，将其转换为位图模式。

● **目的**

通过本实训，掌握如何将 RGB 模式图像转换为位图模式图像。

● **步骤**

第一步，打开图片。打开 Photoshop CC 后，单击“文件”菜单，选择“打开”命令，在“打开”对话框中选择图片所在位置后，单击选中图片文件，然后单击“打开”按钮，结果如图 1—30 所示。

图 1—30 打开的图像文件

第二步，将 RGB 模式图片转为灰度模式。模式与模式之间转换是一定会丢色的，为了让 RGB 模式转为位图模式时尽量少丢失颜色，一般要先转为灰度模式，然后再由灰度模式转为位图模式。

单击“图像”→“模式”→“灰度”，在系统出现信息提示是否要扔掉颜色后，单击“扔掉”按钮，转换为灰度模式的图像如图 1—31 所示。

图 1—31　转换为灰度模式的图像

第三步，将灰度模式的图像转为位图模式。单击“图像”→“模式”→“位图”，在系统出现“位图”对话框后，设置“输出”分辨率，单击“确定”按钮，结果如图 1—32 所示。

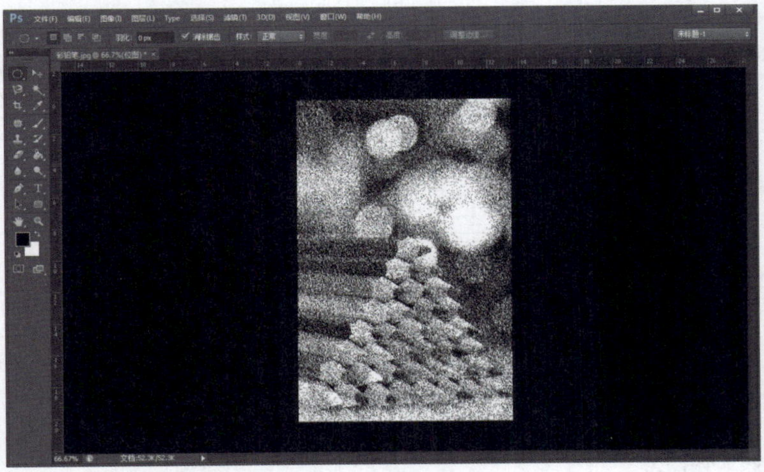

图 1—32　转换为位图模式的图像

1.4　常用文件格式

在保存用 Photoshop CC 制作的图像时选择什么样的格式是非常重要的，如果选择不得当，就有可能导致图像再也不能进行编辑。

常用的文件格式有 . PSD、. TIFF、. JPEG、. GIF、. PNG 等。

1.4.1 PSD 格式

PSD 格式和 PDD 格式是 Photoshop CC 自身专用的文件格式，由于其在一些其他的图形处理软件中不能很好地兼容，所以通用性不强。

PSD 格式和 PDD 格式能够将图像中的图层、通道、路径等 Photoshop CC 对图像做的一些特殊处理的信息保存下来。另外，在 Photoshop CC 中存储为 PSD 格式要比其他格式速度更快。

注：如果不能确定文件最终存储为什么格式，可先将文件存储为 PSD 格式，这是最安全可靠的一种格式，然后再根据需要将文件另存为其他格式。

1.4.2 TIFF 格式

TIFF 格式对于色彩通道图像来说是最有用的格式，具有很强的可移植性，它可以用于 PC、Macintosh 以及 UNIX 工作站 3 大平台，是这 3 大平台上使用最广泛的绘图格式。

使用 TIFF 格式存储的图像较大，所以在存储时要考虑文件大小的问题。

一般在存储一些印刷文件时，使用这种格式。

1.4.3 JPEG 格式

JPEG 是 Joint Photographic Experts Group 的缩写，中文译为联合摄影专家组。JPEG 格式是一种无损压缩格式，这种格式被应用得非常广泛，例如用数码相机拍完的照片，大部分是 JPEG 格式。

在 Photoshop CC 中一般不会直接将文件存储为 JPEG 格式，因为文件存为这种格式后，文件中的图层、通道、路径等信息将会丢失，会导致文件无法编辑，尤其是图层，也就是我们经常说的合层文件。一般是先将文件保存为 PSD 或 TIFF 分层文件后，再另存一份 JPEG 格式的文件，以方便利用。

1.4.4 GIF 格式

GIF 是 Graphics Interchange Format 的缩写，中文译为图形交换格式。

这种格式一般用于网页上的图像，其优点是文件容量较小，可以提高网页加载速度，并且可以保留动画。

1.4.5 PNG 格式

PNG 格式是 Portable Network Graphic Format 的缩写，中文译为可移植网络图形格式。

这种格式一般用于 Java 程序或网页中，其优点是在保证图片清晰的前提下，文件体积小；是一种无损压缩格式；支持透明效果。

本章小结

本章主要学习了什么是位图、什么是矢量图、什么是图像分辨率、常用的文件格式。通过学习，可以对位图图像的模式、分辨率、文件格式有基本的了解。

拓展实训——给文件存储不同的格式

【知识要点】

本实训主要用到“储存为”命令。通过本实训掌握如何存储不同格式的文件。

【要求】

在 Photoshop CC 中打开一幅位图图像，然后将图像分别存储为 .JPEG、.PSD、.TIFF 的格式。

第 2 章

Photoshop CC 的基本操作

本章介绍

本章主要介绍 Photoshop CC 的基本操作，包括 Photoshop CC 工作界面、用不同的显示方式查看图像、标尺的使用、参考线的使用与修改、智能参考线等。

知识目标

- 熟悉 Photoshop CC 的界面组成
- 掌握如何在 Photoshop CC 中用不同的颜色模式查看图像
- 掌握如何使用标尺与参考线
- 掌握如何使用智能参考线

能力目标

- 能切换不同的屏幕模式
- 能用不同的方法修改图像的显示比例
- 能利用标尺建立参考线
- 能编辑参考线

2.1 Photoshop CC 的工作界面

Photoshop CC 的工作界面主要分为菜单栏、属性栏、工具箱、面板、绘图区（新建空白文件），如图 2—1 所示。

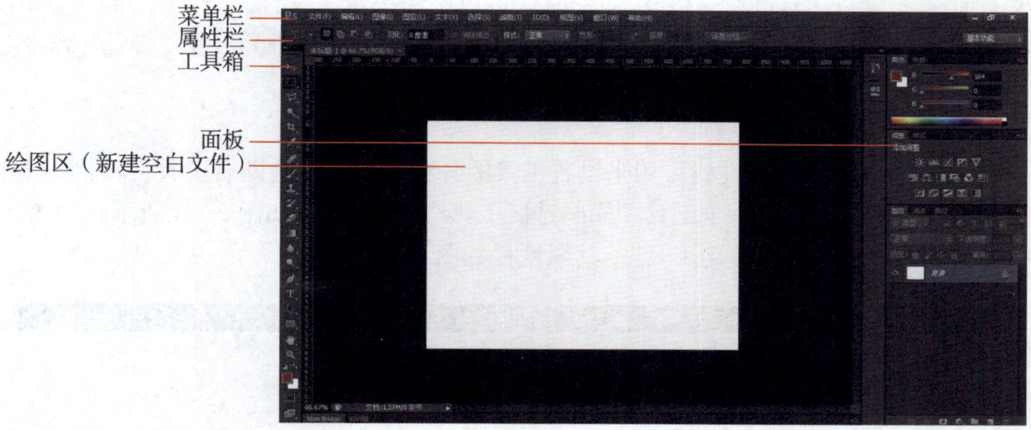

图 2—1　Photoshop CC 的工作界面

2.1.1　菜单栏

菜单栏中包含可以执行的各种命令，依次为文件、编辑、图像、图层、Type（类型）、选择、滤镜、3D、视图、窗口、帮助，如图 2—2 所示。

图 2—2　菜单栏

单击菜单，菜单中的很多命令后都会出现小黑三角▶，单击▶就会出现相应的子菜单，如图 2—3 所示。

有些命令后带有三个点…，单击这些命令后会弹出对话框。例如，单击“文件”菜单中的“置入嵌入的智能对象”命令，会弹出如图 2—4 所示的“置入嵌入对象”对话框。

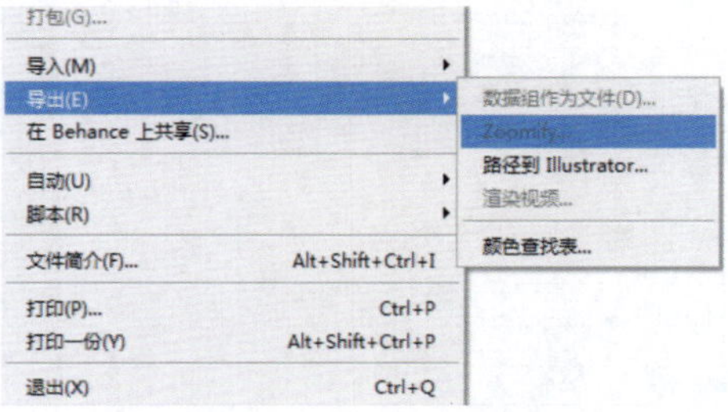

图 2—3　菜单中的子菜单

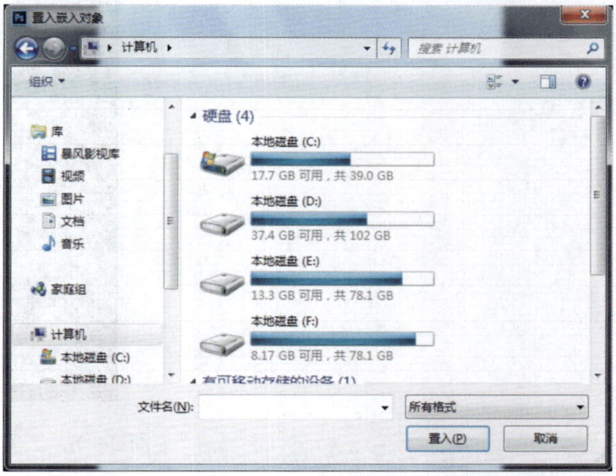

图 2—4　“置入嵌入对象”对话框

有些命令后会显示一组组合键，这些组合键是其快捷键。例如，“打开”命令的快捷键是 Ctrl+O，当我们执行“打开”命令时，可以不用单击“文件”→“打开”这两个命令，可直接同时按下键盘上的 Ctrl 键和 O 键，然后同时松开，即可执行“打开”命令。

2.1.2 属性栏

Photoshop CC 中的属性栏可用来设置工具的各种属性，它会随着工具的不同而变换。例如，单击工具箱中的第一个工具“椭圆选区工具”，其属性栏如图 2—5 所示；单击工具箱中横排的第二个工具“移动工具”，其属性栏如图 2—6 所示。

图 2—5 “椭圆选区工具”属性栏

图 2—6 “移动工具”属性栏

2.1.3 工具箱

工具箱（如图 2—7 所示）包含用于执行各种操作的工具。大多数的工具都有快捷键，例如：选区工具的快捷键为 M、移动工具的快捷键为 V、魔棒工具的快捷键为 W 等。如需使用快捷键来切换不同的工具，可在英文输入状态下，直接按工具的快捷键即可。

若要查看工具的快捷键，可以将鼠标放在工具图标上，稍等片刻就会显示出来，如图 2—8 所示。

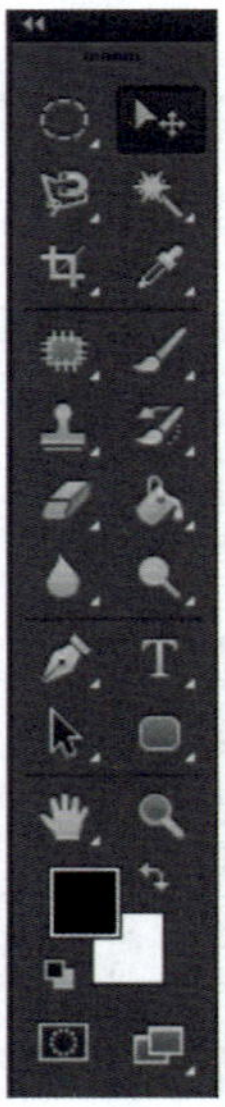

图 2—7 工具箱

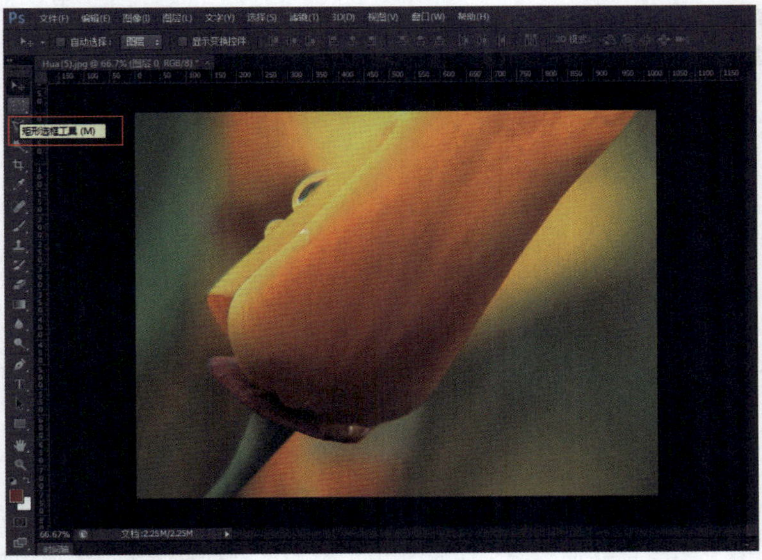

图 2—8　工具的快捷键提示

注：如果不能显示工具的快捷键提示，则要打开“编辑”→“首选项”→“界面”，查看“显示工具提示”复选框是否被选中。

2.1.4　面板

Photoshop CC 中的面板可以用来设置颜色、工具参数，以及执行编辑命令等。Photoshop CC 中包含 20 多个面板，单击“窗口”菜单，即可看到 Photoshop CC 中包含的所有面板，如图 2—9 所示。

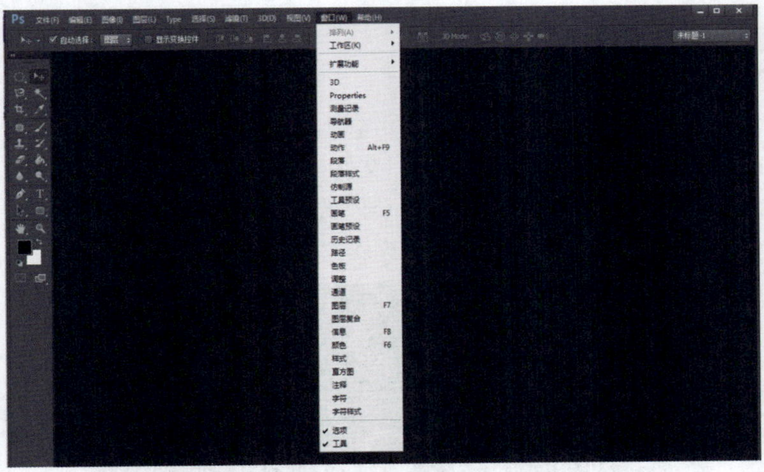

图 2—9　“窗口”菜单中的各个面板命令

过多的面板会占用工作空间，通过组合面板的方法将多个面板合并为一个面板组，可以提供更多的操作空间。

【实训一】

● 要求

将“颜色”面板与“图层”面板进行组合。

● 目的

通过本实训，掌握如何将面板组合。

● 步骤

第一步，打开“颜色”面板和“图层”面板。单击“窗口”菜单，选择“颜色”命令，打开“颜色”面板；再次单击“窗口”菜单，选择“图层”命令，打开“图层”面板。结果如图 2—10 所示。

第二步，组合面板。将“颜色”面板名称位置拖至“图层”面板名称位置的右侧，当出现蓝色框时松开鼠标左键，可以看到两个面板组合在一起了，如图 2—11 所示。

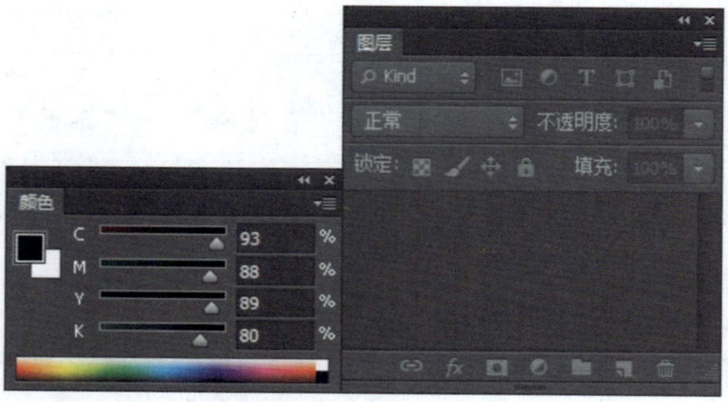

图 2—10 “颜色”面板与“图层”面板

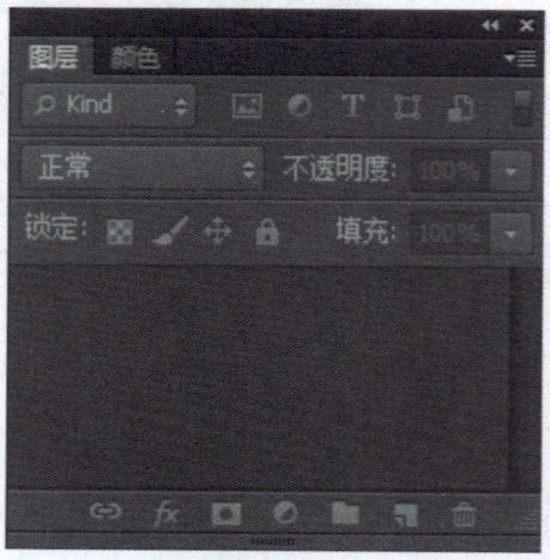

图 2—11 “颜色”与“图层”面板组

2.1.5 绘图区（新建空白文件）

打开程序后，中间灰色区域是不能进行编辑的。可以通过打开已有的图像文件，或新建空白图像文件来进行编辑操作。如要新建空白文件，单击“文件”→“新建”命令即可。

建立的图像窗口太多时，各个图像窗口会以选项卡的形式显示，如图 2—12 所示。按下快捷键 Ctrl+Tab 可以按照从左至右的顺序在多个图像窗口间切换。

图 2—12 多个图像窗口以选项卡形式显示

单击一个窗口的标题将其拖出，即可使其成为浮动窗口，如图 2—13 所示。将鼠标放在浮动窗口的右下角，当出现双向箭头时，便可修改窗口大小。如果想要将浮动窗口再放回选项卡中，可拖动浮动窗口的标题至选项卡位置，当出现蓝色线框时，松开鼠标左键即可。

图 2—13 将选项卡中的窗口拖出为浮动窗口

2.2 查看图像

在编辑图像的过程中，为了更好地观察和处理图像，常会在不同的显示模式、不同的显示比例下查看图像，Photoshop CC 提供了很多的查看图像的功能，如放大镜工具可以将图像的显示比例放大或缩小、抓手工具可以在图像大于屏幕时对图像进行移动以便查看图像的不同部位、通过屏幕模式的切换可以将界面中的个别部分显示或隐藏。

2.2.1 在不同屏幕模式下工作

按 F 键，可以切换屏幕模式，屏幕模式共有三种：

（1）标准屏幕模式，为默认的屏幕模式。

（2）带有菜单栏的全屏模式，如图 2—14 所示。

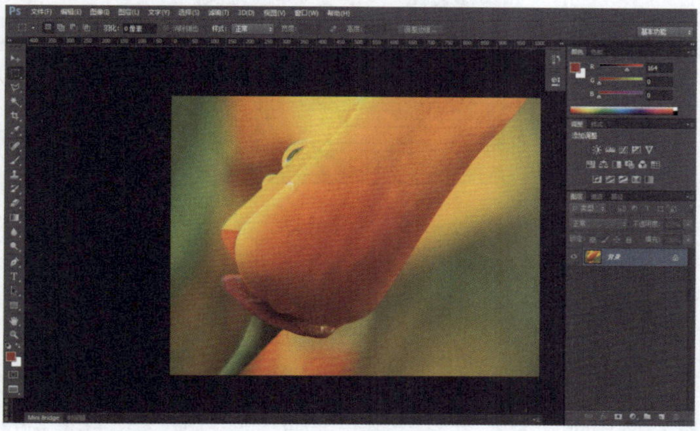

图 2—14 带有菜单栏的全屏模式

（3）全屏模式，如图 2—15 所示。

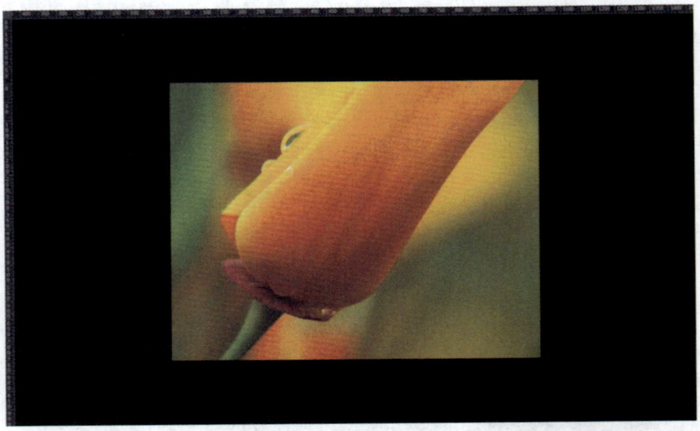

图 2—15　全屏模式

2.2.2　修改图像的显示比例

使用工具箱中的“缩放工具”（快捷键为 Z），可以修改图像的显示比例。使用方法是：选择工具，然后直接单击图像可以将图像的显示比例放大；按下 Alt 键的同时单击图像，可以将图像的显示比例缩小。

修改图像的显示比例还有很多其他方法，以下列出 4 种方法：

（1）使用快捷键：Ctrl＋＋（放大），Ctrl＋－（缩小）。

（2）按下 Alt 键并滚动鼠标滑轮。

（3）直接在图像窗口左下角输入显示比例值。

（4）打开“导航器”面板，在“导航器”面板上直接拖动的三角滑块或单击左右两个三角或直接在“导航器”面板的左下角输入显示比例值，如图 2—16 所示。

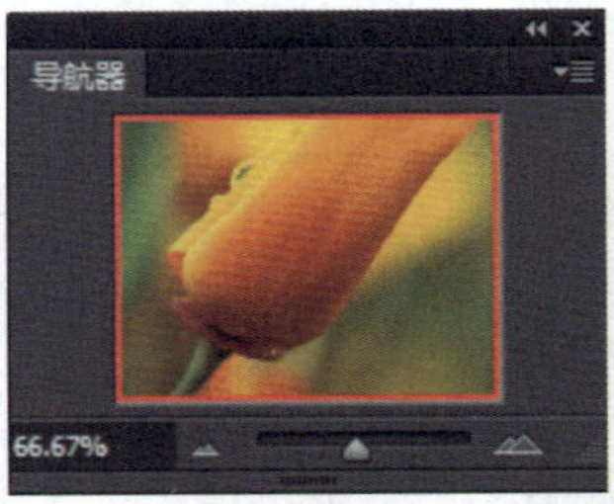

图 2—16　“导航器”面板

2.2.3　移动画面

当图像的显示比例放大到比图像窗口还要大时，可以使用“抓手工具”（快捷键为 H）来移动画面。使用方法是：选择“抓手工具”后，按下鼠标左键的同时拖动即可。

2.2.4　图像窗口显示

当打开多个图像时，图像的窗口在默认情况下只能显示一个，如图 2—17 所示。

图 2—17　多个图像打开时只显示一个图像窗口

如果需要多个图像窗口同时显示，Photoshop CC 提供了窗口重排功能。单击“窗口”菜单，选择“排列”→“平铺”命令即可将多个窗口平铺排列。此外，还可以看到“排列”菜单下有很多排列方式，如图 2—18 所示。

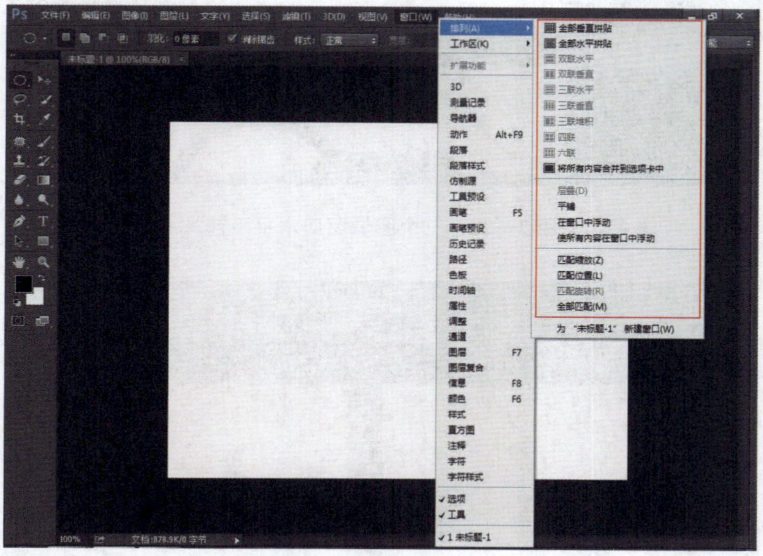

图 2—18　“排列”窗口菜单

例如，“平铺”命令效果，如图 2—19 所示。“三联水平”排列命令效果，如图 2—20 所示。“双联垂直”排列命令效果，如图 2—21 所示。

图 2—19　平铺多个图像窗口

图 2—20　三个图像窗口水平平铺

图 2—21　两个图像窗口垂直平铺

2.3　常用辅助工具

“标尺”、“参考线”都是在设计做图过程中经常用到的辅助工具，这些辅助工具虽然不能直接编辑图像，但是能很好地用来定位、测量。下面介绍这些工具的用法。

2.3.1　标尺

标尺可以确定图层对象的位置。单击“视图”→“标尺”命令，可以使标尺显示或隐藏，也可使用快捷键 Ctrl+R。

打开一幅图像，在图像中移动鼠标，即可在标尺上看到鼠标当前所在位置，如图 2—22 所示。

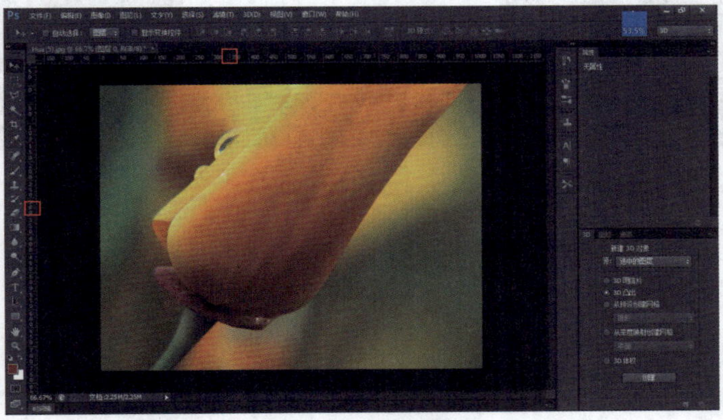

图 2—22　当前鼠标所在位置的标示线

既然标尺上的数字标明了当前鼠标的坐标，那么标尺上数字的刻度单位是什么？怎么查看呢？

具体方法是：单击“编辑”→“首选项”→“单位与标尺”命令，在弹出的“首选项”对话框中可以对标尺的单位进行设置，主要包括“像素”、“英寸”、“厘米”、“毫米”、“点”、“派卡”、“百分比”选项，如图 2—23 所示。

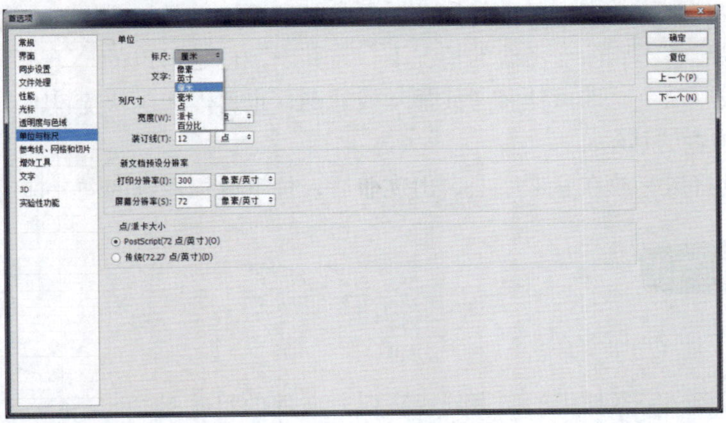

图 2—23　在“首选项”对话框中设置单位与标尺

标尺上的 0 点，也就是原点，默认情况下它是在图像文件的左上角。根据需要，原点如果要放置在某个自定义的位置，可以在水平标尺与垂直标尺交叉的位置，按下鼠标左键的同时进行拖动，到达自定义的位置后，松开鼠标左键即可，如图 2—24 所示。

原点被修改后，若想返回到默认位置，双击水平标尺与垂直标尺交叉处即可。

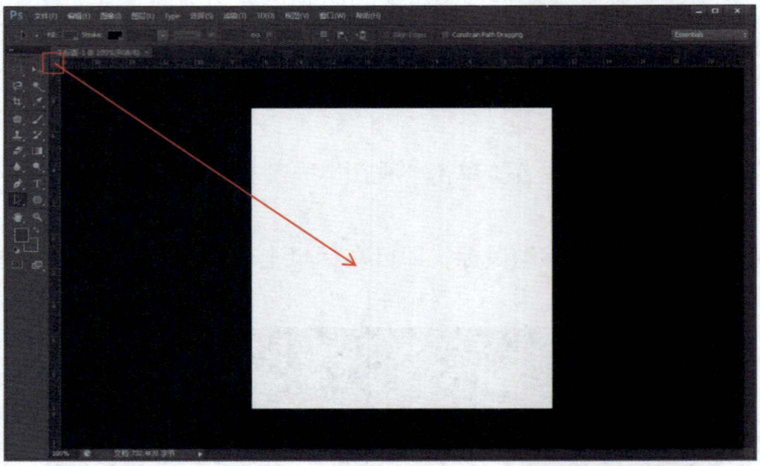

图 2—24　修改 0 点

2.3.2　参考线

参考线，顾名思义就是给我们提供一个标准，方便做图，一般用于精确定位。如要以某个点为中心画圆，而这个点又是有限制的，这时便可使用参考线。

1. 参考线的建立

将鼠标放在垂直标尺上往右拖动，即可拖出一条垂直参考线。

将鼠标放在水平标尺上往下拖动，即可拖出一条水平参考线。

以上两种方法是直接在标尺上拖动来建立参考线。

除此外，还可以按固定位置去建立参考线，单击“视图”→“新建参考线”命令即可。

2. 参考线的显示/隐藏

参考线可以建立无数条，但在打印的时候是打印不出来的。

当然，如果想在不删除参考线的情况下，将其隐藏也是可以的，单击“视图”→“显示”→“参考线”命令，即可让参考线显示或隐藏，也可以使用快捷键 Ctrl+;。

3. 参考线位置的移动

用移动工具将鼠标放在参考线上，出现后，按下鼠标左键的同时拖动即可。

【实训二】

● 要求

利用参考线将文字素材中的文字分成三栏；文件的尺寸是 28.5 厘米×21 厘米，横向版式；文件整体底色为青色，字为白色；如图 2—25 所示。

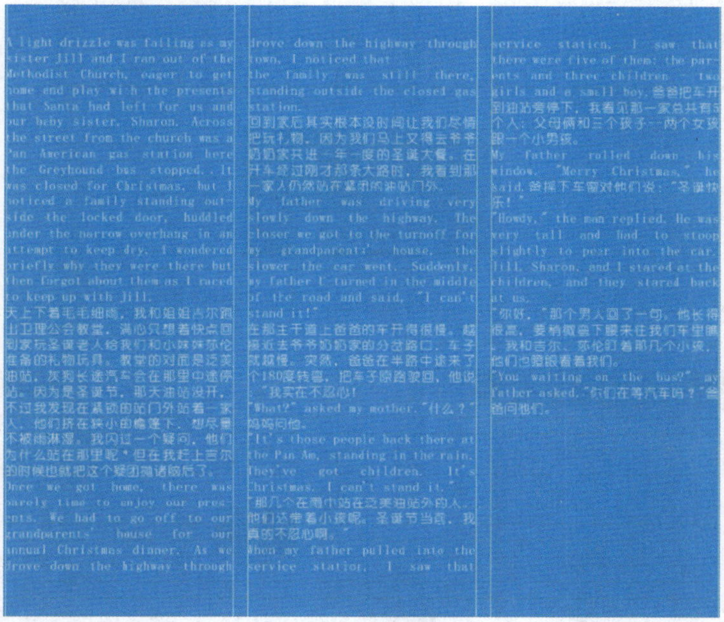

图 2—25　文字素材

● 目的

通过本实训掌握参考线的常用编辑操作。

● 步骤

第一步，建立文件。打开 Photoshop CC 程序后，单击“文件”菜单，选择“新建”命令，在“新建”对话框中输入参数：“宽度”为 28.5，单位选择“厘米”，“高度”为 21，单位选择“厘米”，“分辨率”为 300，如图 2—26 所示。然后单击“确定”按钮。

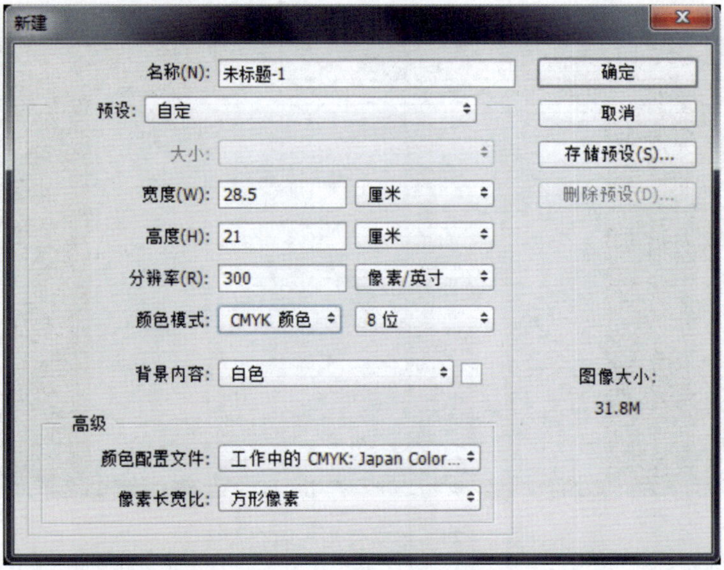

图 2—26　在“新建”对话框中设置参数

第二步，给画布背景填充青色。单击工具箱中设置前景色的色格，如图 2—27 所示，在弹出的“拾色器”对话框中的 CMYK 中分别输入 100、0、0、0（如图 2—28 所示），配出青色后，按下 Alt+Delete 快捷键填充前景色，结果如图 2—29 所示。

图 2—27　工具箱中设置前景色的色格

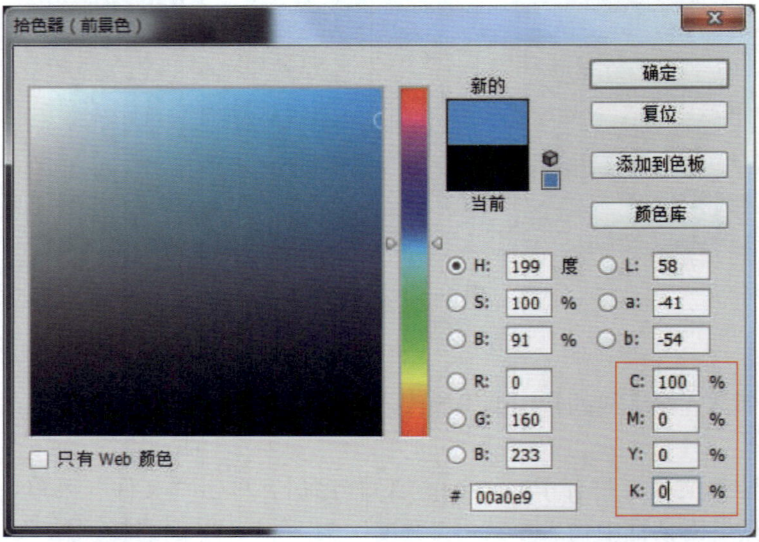

图 2—28　在“拾色器”对话框中设置颜色

图 2—29　给文件画布填充青色

第三步，导入文字。单击工具箱中的“文字工具” T，在画布上按下鼠标左键不放，拖动鼠标绘制出一个文字框，如图 2—30 所示。打开文字素材将文字全选（可用快捷键 Ctrl＋A），然后复制（可用快捷键 Ctrl＋C）。

图 2—30 用文字工具绘制出的文字框

在 Photoshop CC 中将文字粘贴（可用快捷键 Ctrl＋V）在文字框中，然后全选文字框中的文字，单击“文字工具”属性栏中修改文字颜色的色格，如图 2—31 所示。在打开的“拾色器”对话框中设置 CMYK 分别为 0、0、0、0，结果文字都被修改为白色，结果如图 2—32 所示。

图 2—31 文字工具属性栏

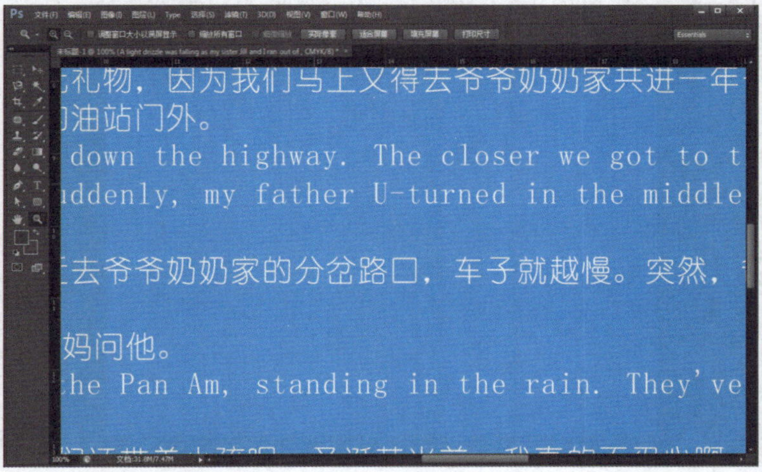

图 2—32 文字都调为白色

第四步，设置文字格式。在“文字工具”属性栏中，将文字的字体设置为“幼圆”，字体大小设置为“12”，如图 2—33 所示。单击“文字工具”属性栏中的“切换字符和段落面板”按钮可打开“字符”面板，在“字符”面板中设置行距为 15，如图 2—34 所示。这样所有的文字就能都显示在文字框中。

图 2—33　文字工具属性栏中的格式设置

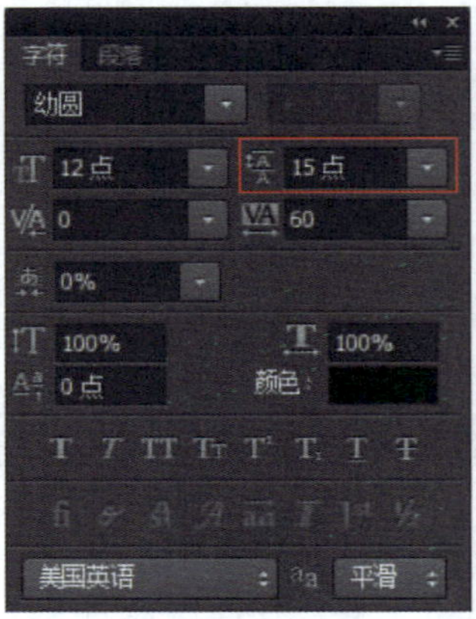

图 2—34　“字符”面板

第五步，制作出三栏参考线。单击“视图”菜单，选择“新建参考线”命令，在“取向”中选择“垂直”，在“位置”中输入 2.5 厘米，单击“确定”按钮，一条距页面左边缘 2.5 厘米处的垂直参考线就建好了。按照以上操作方法，依次建立垂直参考线 5 条，位置分别是 10 厘米、10.5 厘米、18 厘米、18.5 厘米、26.5 厘米，结果如图 2—35 所示。

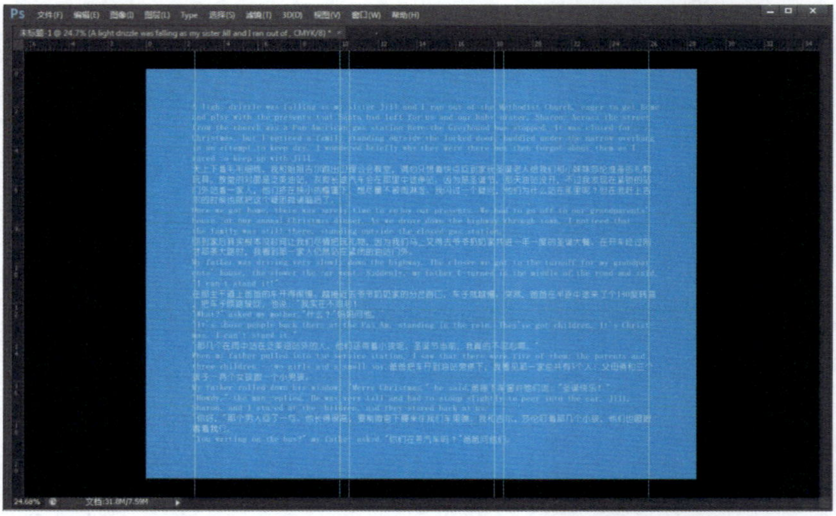

图 2—35　三栏参考线

第六步，将文字分成三栏。用“文字工具”单击文字的任意位置，出现文本框后，将鼠标放在文本框的右边，待鼠标变为双向箭头时，按下鼠标左键的同时向左拖动鼠标，将文本框缩小，如图 2—36 所示。

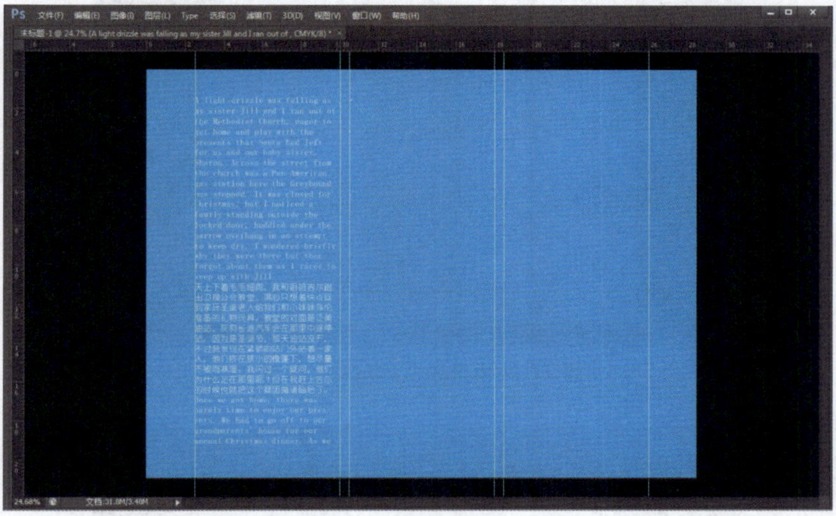

图 2—36 将文本框缩小

修改完后，按下快捷键 Ctrl+Enter，确认对文字的编辑。然后按下快捷键 Alt+Shift 不放，用“移动工具”拖动复制文本框，如图 2—37 所示。

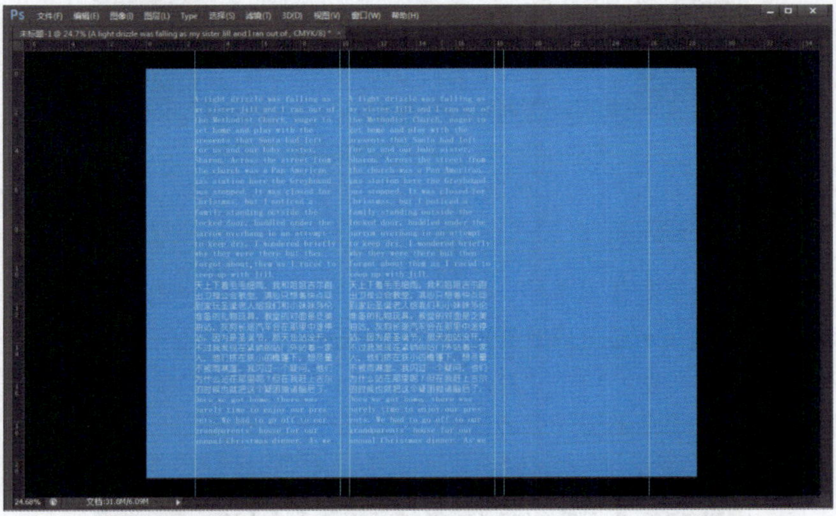

图 2—37 复制文本框

用“文字工具”单击第二个文本框，出现文本框后，将文字从头到尾都选中，如图 2—38 所示。然后按下 Delete 键将其删除，最后按下快捷键 Ctrl+Enter 确认编辑。

选择“移动工具”，按下快捷键 Alt+Shift 不放，拖动复制第二个文本框，然后将复制出来的第三个文本框中的文字从头到尾用“文字工具”拖动选中，按下 Delete 键删除，最后按下快捷键 Ctrl+Enter 确认对文字的编辑。最终结果如图 2—39 所示。

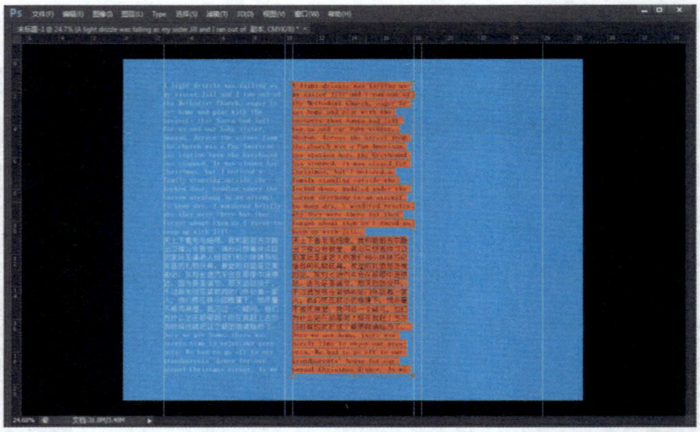

图 2—38　选中文本框中的文字

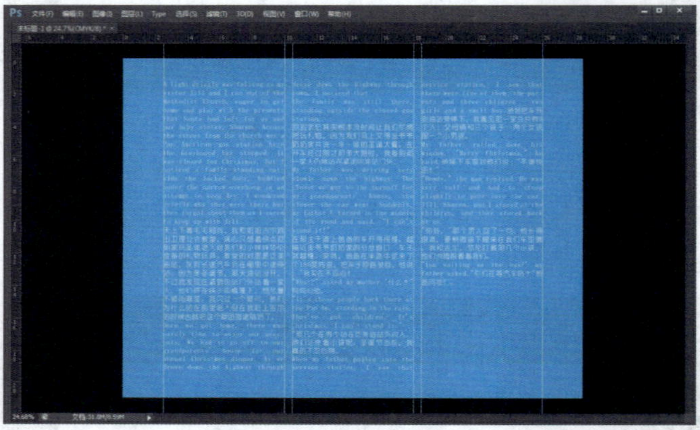

图 2—39　三栏文字做好的最终效果

2.3.3　智能参考线

智能参考线是一种智能化参考线，它仅在需要时出现。在使用“移动工具” 进行移动操作时，通过智能参考线可以对齐形状、切片和选区。

开启智能参考线的方法：单击“视图”→“显示”→“智能参考线”命令。图 2—40 中粉颜色的线就是自动出来的智能参考线。

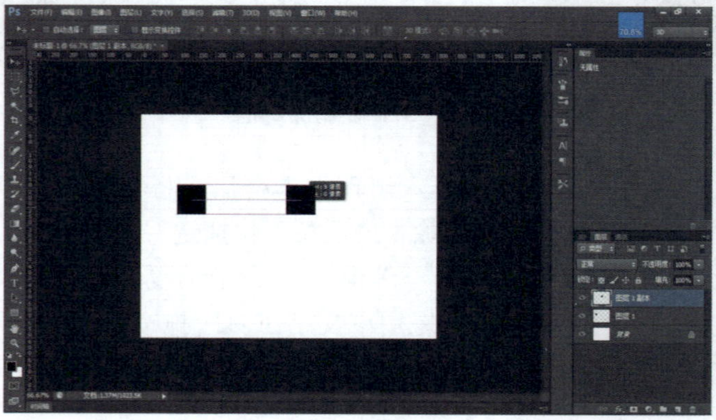

图 2—40　智能参考线

本章小结

本章主要讲述了 Photoshop CC 界面中的菜单栏、属性栏、工具箱、面板等组成区域的功能及使用方法，以及如何在不同的模式下查看图像，如何修改显示比例，如何利用标尺和参考线来辅助做图。通过本章的学习，可以掌握一些做图过程中的基本操作。

拓展实训——制作简单广告条幅

【知识要点】

本实训主要练习新建固定尺寸的文件、标尺的使用、参考线的建立与修改、保存文件等操作。

【要求】

1. 尺寸要求为 200 厘米×35 厘米。
2. 四边建立 5 厘米参考线。
3. 白底红字。
4. 字体为方正大黑。
5. 文字内容为“本店开业大酬宾”。

【效果图】

最后的效果图如图 2—41 所示。

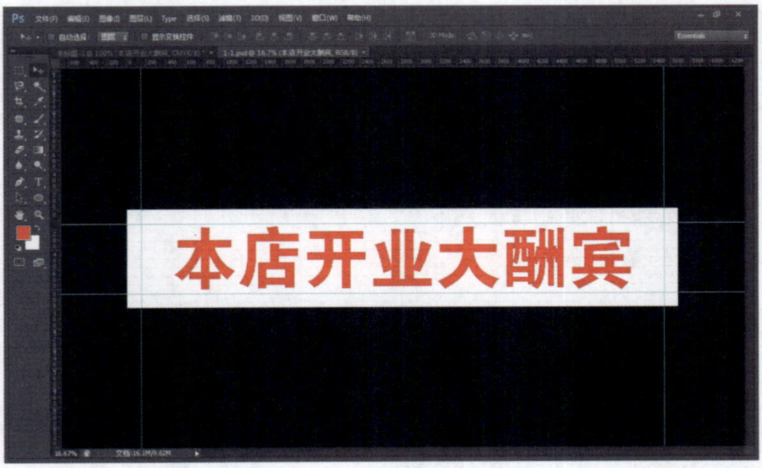

图 2—41　广告条幅效果图

第 3 章

图像的基本编辑

本章介绍

本章主要介绍 Photoshop CC 中一些图像编辑的基本操作，包括文件的建立、打开、保存、关闭，以及图像大小的修改、画布大小的修改、画布的旋转、如何裁剪图像、拷贝与合并拷贝命令的区别、变换等知识要点。这些基本操作是在设计图时必不可少的。通过本章的学习，可以对 Photoshop CC 的功能有一个大体的了解，以便在制作图像中能快速地定位，并应用相应的知识点，完成图像的设计。

知识目标

- 掌握文件的基本操作方法，如新建、打开、保存、关闭
- 掌握图像尺寸与画布大小的修改方法
- 掌握拷贝与合并拷贝的操作方法与区别
- 掌握多种粘贴的操作方法与区别
- 掌握变换操作的基本要点

能力目标

- 能熟练地对文件做基本操作，如建立、打开、保存、关闭
- 能熟练地根据要求修改文件大小
- 能根据要求熟练地裁剪出想要的图像大小
- 能根据要求在不同的状态下使用不同的变换操作

3.1 新建图像文件

如果要画一幅画，那么需要纸、笔以及橡皮这些基本工具，笔和橡皮就相当于 Photoshop CC 中的工具，而纸就相当于新建的空白文件。

新建图像文件的方法是单击“文件”→“新建”命令，或使用快捷键 Ctrl＋N，在“新建”对话框中输入要设计文件的尺寸和分辨率，选择恰当的颜色模式后，单击“确定”按钮，如图 3—1 所示。

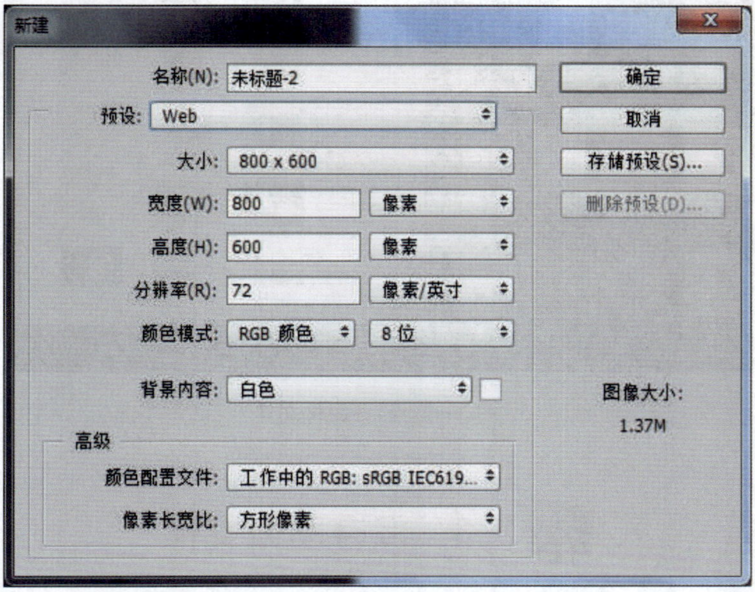

图 3—1 在“新建”对话框中设置参数

（1）预设：提供了常用的各种尺寸，如：A4、A3、照片尺寸、网页尺寸等。

（2）单位：输入宽度和高度的值的单位。有像素、点、厘米、毫米等。

（3）分辨率：新建文件的分辨率。一般制作显示文件分辨率设置为 72 像素/英寸，印刷文件设置为 300 像素/英寸。

（4）颜色模式：新建文件的颜色模式，有位图、灰度、RGB、CMYK、Lab 等。一般建立印刷文件选择 CMYK，建立显示文件选择 RGB。

3.2 打开图像文件

如果要编辑现有的文件，首先就需要将文件用 Photoshop CC 打开。打开文件的方法有很多种，下面介绍几种既实用又简单的方法。

打开已有文件的操作方法如下：

单击“文件”→“打开”命令，选择要打开文件的所在位置，然后选中要打开的文件，单击“打开”按钮。“打开”命令也可以使用快捷键 Ctrl＋O 来替代。

其实在实际工作中，常用的打开方法是拖放，具体操作方法如下：

第一种拖放方法是选择要打开的文件，将其直接拖到 Photoshop CC 界面里，再松开鼠标左键即可。

第二种拖放方法是将计算机中的图像文件拖至 Photoshop CC 快捷图标上，即可打开文件，如图 3—2 所示。

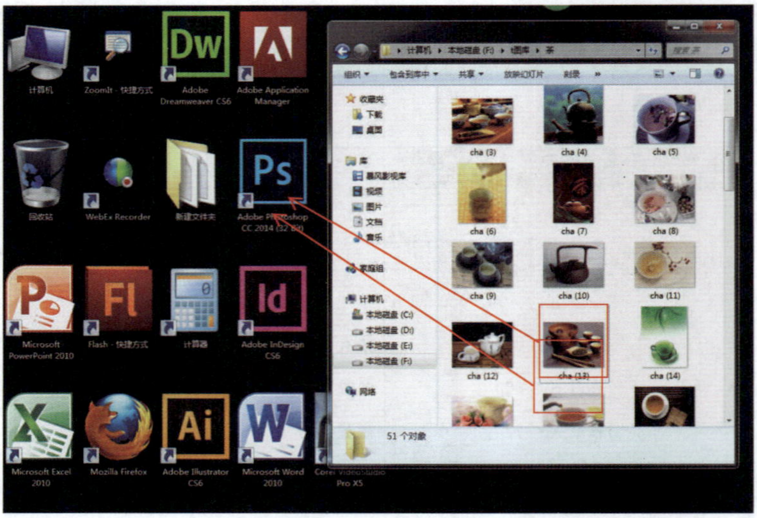

图 3—2　打开图像文件

3.3　保存图像文件

将新建的文件或已经打开的文件编辑后，一定要及时保存，否则电脑断电或死机，文件就会丢失。

1. 保存文件的操作方法

单击“文件”→“保存”命令，或使用快捷键 Ctrl+S，在“另存为”对话框中，选择文件要保存的位置，然后输入保存的文件名，选择存储格式，最后单击“保存”按钮，如图 3—3 所示。

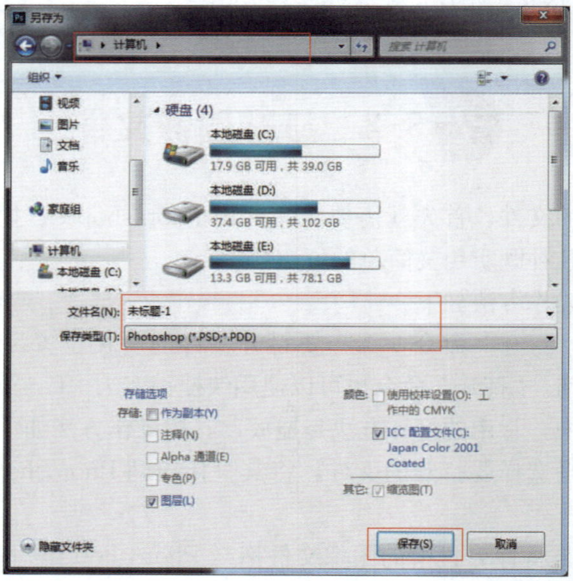

图 3—3　“另存为”对话框

2. 保存文件的位置

一般不要选择桌面，因为选择桌面后有两个弊端，一是保存的文件如果太大，会占用一定的内存，这样会影响电脑的运行速度；二是如果系统出现问题，就会影响到保存的文件。

3. 保存文件的格式

Photoshop CC 默认的保存文件格式是 . PSD。它可以保留文档中的所有图层、蒙版、通道、路径、未栅格化的文字、图层样式等，这样再打开文件时，所有的属性都可以进行编辑。

如果文件不再需要更改，也就是常说的定稿文件，那么就可以将文件在已经存储为 . PSD格式后，再另存一份 . JPEG 的格式。后者是一种有损压缩格式，文件保存成这种格式的优点是文件占用空间小，缺点是图层、蒙版、通道等会全部丢失。

3.4　关闭文件

图像编辑完成后，就可以将文件关闭了。关闭文件的操作方法如下：

单击“文件”→“关闭”命令；将当前文件关闭，也可以使用快捷键 Ctrl＋W；或者单击图像窗口右上角的 × 按钮。

如果要关闭当前所有的文件，可单击“文件”→“关闭全部”命令。

3.5　修改图像的尺寸

在编辑图像的过程中如果需要调整图像的大小及分辨率，可以单击“图像”→“图像大小”命令，或使用快捷键 Ctrl＋Alt＋I，打开“图像大小”对话框来进行调整，如图 3—4 所示。

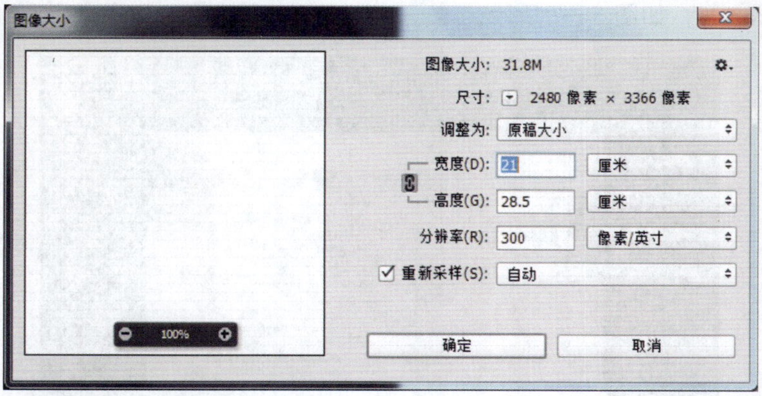

图 3—4　“图像大小”对话框

如果图像要按照比例进行缩放，可以单击“限制长宽比”按钮，在调整的过程中，输入“宽度”/“高度”后，“高度”/“宽度”会自动按照比例进行调整。

【实训一】

● 要求

将素材图片的大小改为宽 800 像素、高 600 像素。

● 目的

通过本实训掌握图像大小的修改方法。在此操作过程中，注意观察图像按照比例修改尺寸后，与没有修改前图像的变化。

● 步骤

第一步，打开素材图片。双击 Photoshop CC 界面灰色区域，打开“打开”对话框，找到素材图片后，单击选中文件，然后单击“打开”按钮，如图 3—5 所示。

图 3—5　打开素材图片

第二步，修改图像大小。按下快捷键 Ctrl+Alt+I，打开“图像大小”对话框，如图 3—6 所示。将“宽度”和“高度”后的单位改为“像素”，然后在“宽度”中输入 800，“高度”中输入 600，如图 3—7 所示。

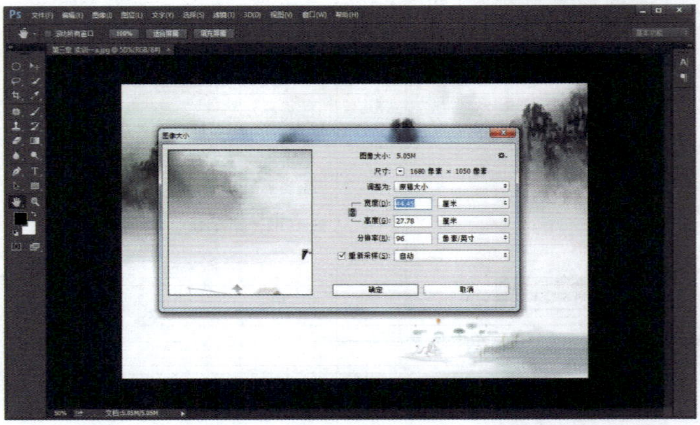

图 3—6　“图像大小”对话框

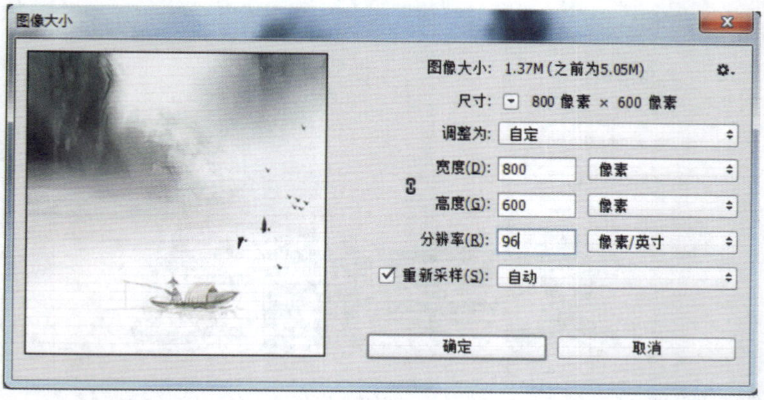

图 3—7　修改图像大小参数

第三步，将修改后的图像进行保存。单击“文件”菜单，选择“存储为”命令，选择文件要存储的位置，输入要保存的文件名后，单击“保存”按钮。

将文件保存后，按下关闭文件快捷键 Ctrl＋W 将文件关闭。

第四步，查看修改图像大小的前后对比。首先将修改尺寸前后的两个图像文件打开，然后单击“窗口”→“排列”→“平铺”命令，结果如图 3—8 所示。

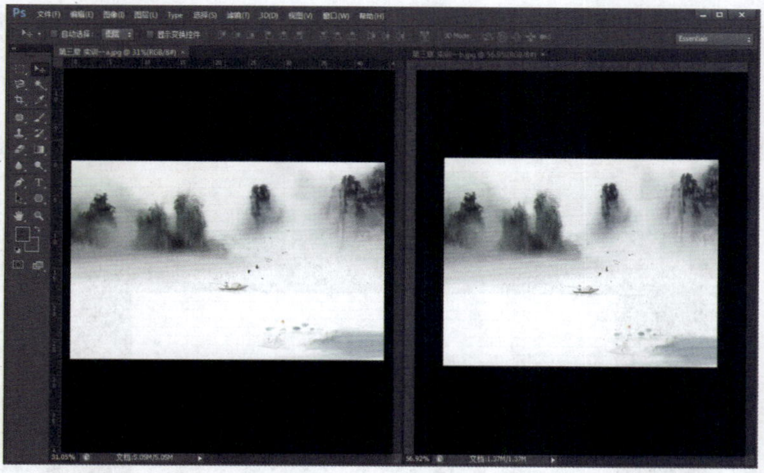

图 3—8　平铺两幅图像

【实训二】

● 要求

1. 将素材文件（如图 3—9 所示）的图像尺寸改为宽度 600 像素，高度成比例，选择“缩放样式”，将文件另存一份。

2. 将素材文件的图像尺寸改为宽度 600 像素，高度成比例，取消选择“缩放样式”，将文件另存一份。

图 3—9　素材文件

● **目的**

通过操作对比，了解修改“图像大小”面板中的“缩放样式”命令的使用。

● **步骤**

第一步，修改文件尺寸，选中“缩放样式”命令。打开素材文件，按下快捷键 Ctrl+Alt+I 修改图像大小，在“图像大小”对话框中设置“宽度”为 600，并选中“缩放样式”命令，如图 3—10 所示。

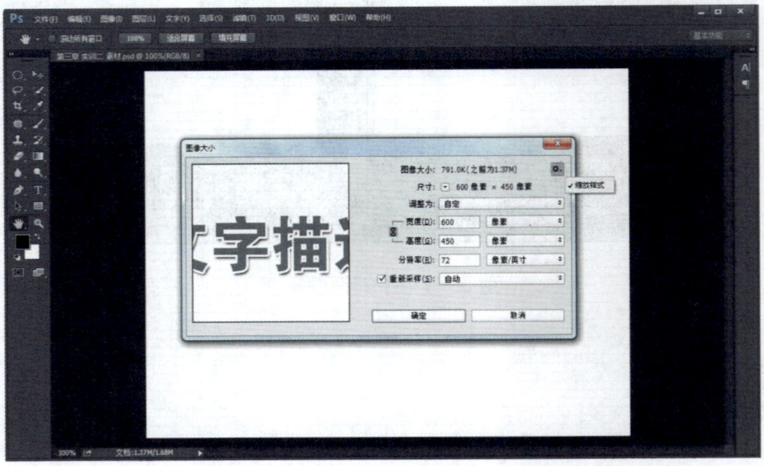

图 3—10　选中“缩放样式”命令设置图像大小

第二步，存储文件。单击“文件”菜单，选择“存储为”命令，选择文件要保存的位置，输入文件名后，单击“保存”按钮。

第三步，修改文件尺寸，取消选择“缩放样式”。按照第一步的操作方法，再次打开素材文件，在“图像大小”对话框中设置宽度为 600 像素，取消“缩放样式”命令，如图 3—11 所示。按照第二步的操作方法，将文件再另存一份。

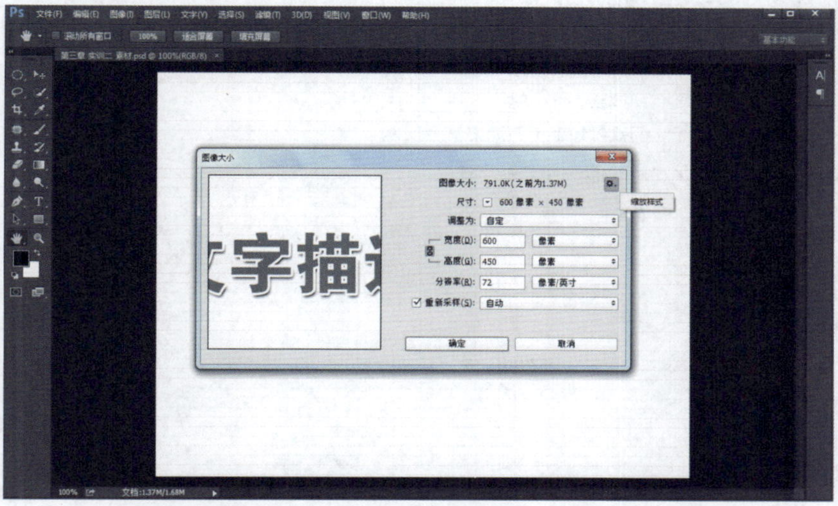

图 3—11　取消“缩放样式”命令设置图像大小

第四步，对比两次修改后的文件。同时打开两个文件，将窗口平铺，如图 3—12 所示。

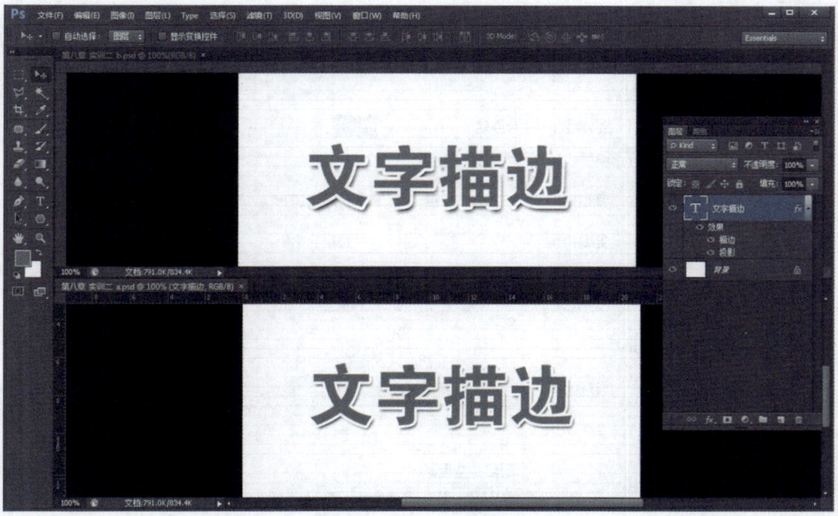

图 3—12　平铺两个图像窗口进行对比

在第一个文件的“图层”面板中选择文字层，双击“效果”打开“图层样式”对话框后，单击“描边”样式，可看到描边的大小为 4，如图 3—13 所示。单击“投影”，可看到距离为 6 像素，大小为 6 像素，如图 3—14 所示。

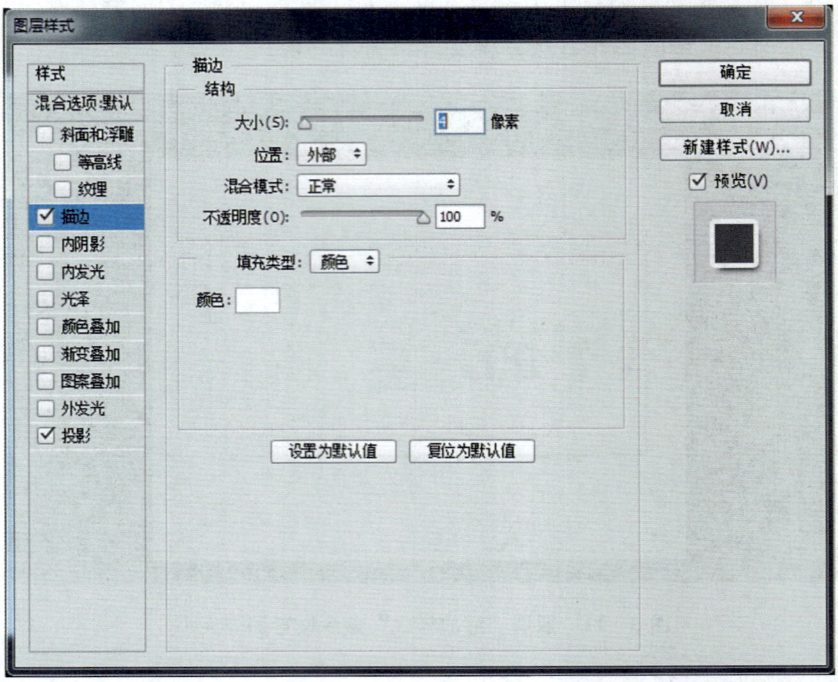

图 3—13　查看描边大小参数

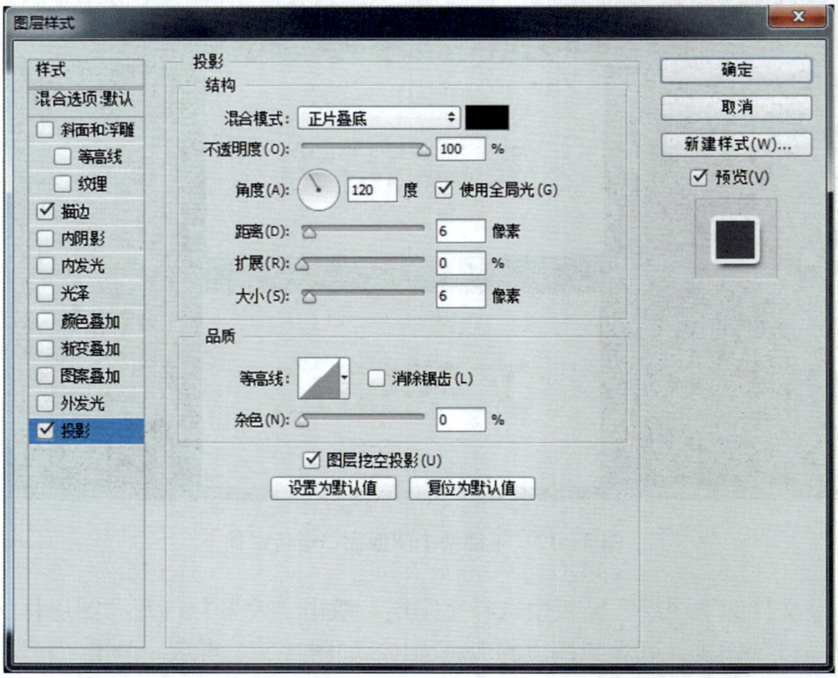

图 3—14　查看投影大小参数

在第二个文件中用同样的方法查看描边和投影参数，如图 3—15 和图 3—16 所示。

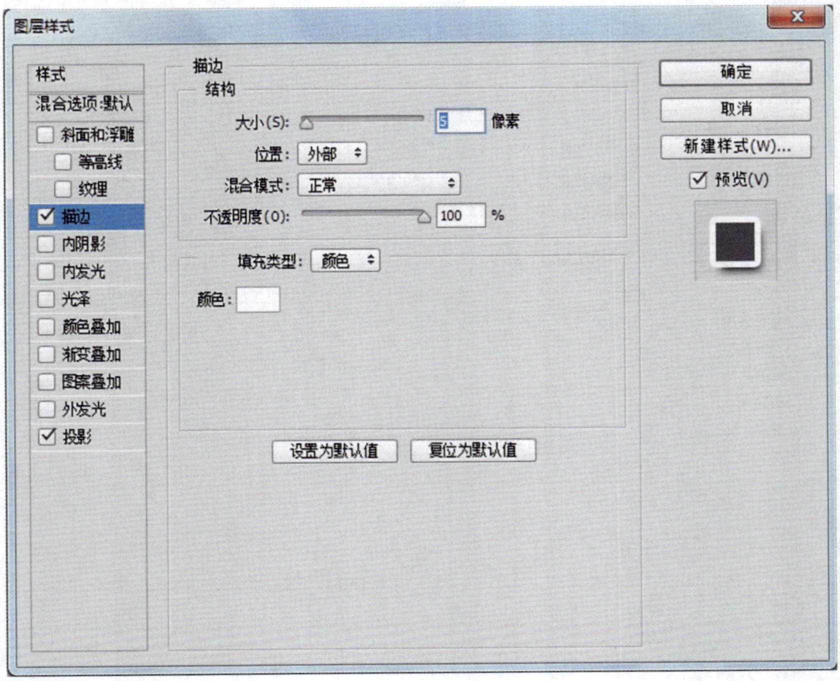

图 3—15　第二张图的描边参数

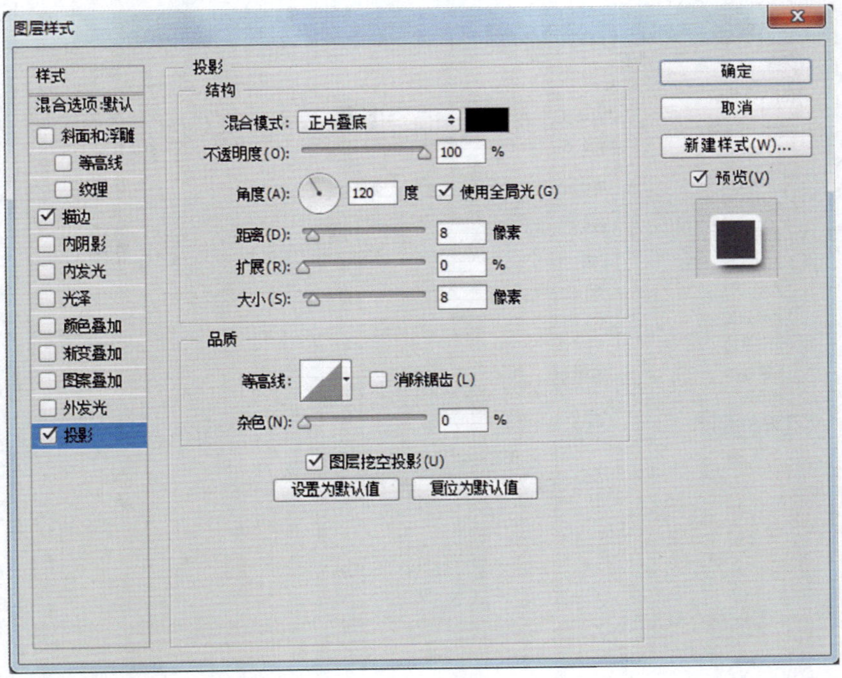

图 3—16　第二张图的投影参数

再次打开素材文件，用同样的方法，查看描边参数和投影参数，看看在缩放图像时选中和不选“缩放样式”的结果是否一样，如图 3—17 和图 3—18 所示。

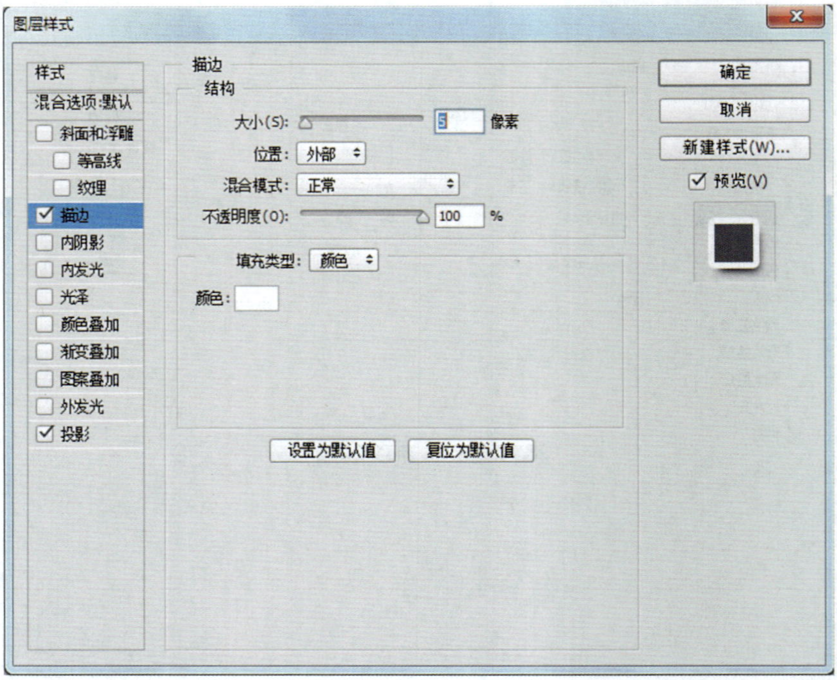

图 3—17　素材文件的描边参数

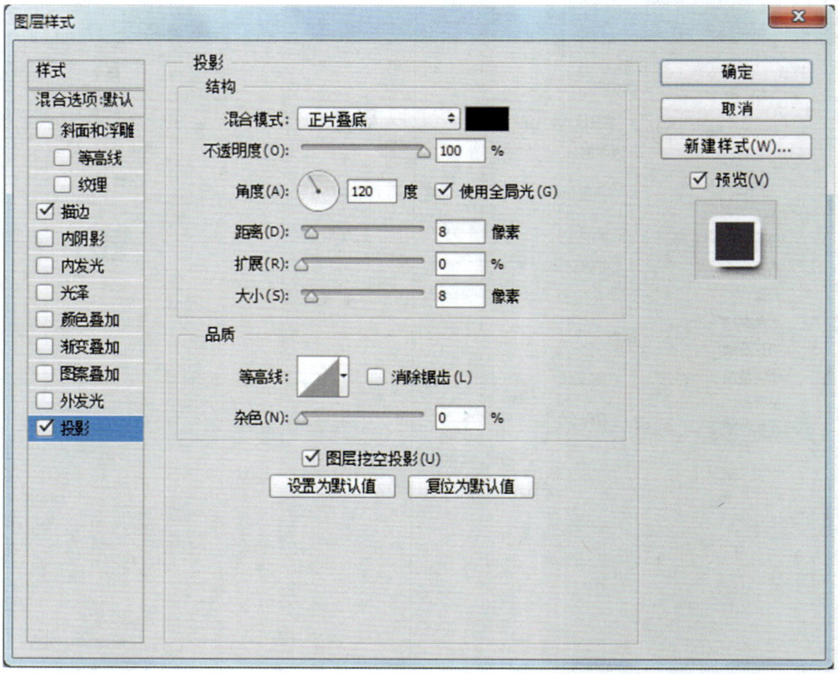

图 3—18　素材文件的投影参数

3.6　修改画布的大小

画布，指整个文件的区域，在修改“画布大小”时，只是画布大小在变，画布上图像的大小并不变，所以修改画布大小和修改图像大小是不一样的。

也就是说，修改图像大小时，画布和画布上的图像的大小都修改了。

修改画布大小的操作方法是：单击“图像”→“画布大小”选项，在“画布大小”对话框中输入要修改成的最终尺寸，如图 3—19 所示。

“画布大小”对话框中有以下三个重要参数需要注意：

1. 相对

此选项如果被选，“宽度”和“高度”中的数值将代表实际增加或减少的区域大小，而不再代表整个文档的大小。

2. 定位

定位表示当前图像在新画布上的位置。

3. 画布扩展颜色

画布扩展颜色为新增加画布大小区域的背景色，如图 3—20 所示。

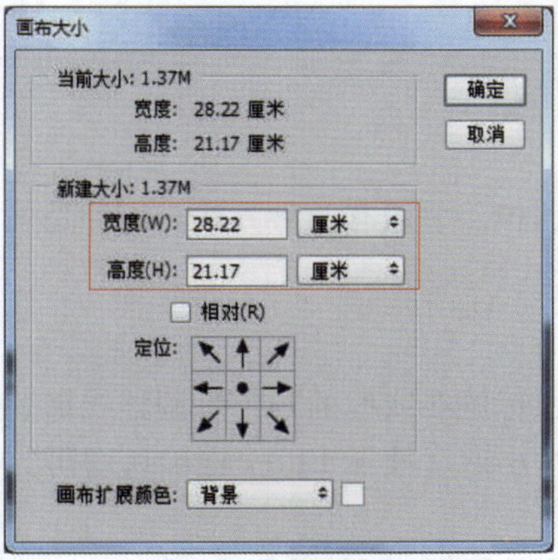

图 3—19　“画布大小”对话框

图 3—20　修改画布大小的图像文件

3.7　图像旋转（旋转画布）

单击“图像”→“图像旋转”命令，可对画布进行 180 度、顺时针 90 度、逆时针 90 度或其他任意角度的旋转。图 3—21 是画布未旋转和旋转 180 度后的对比。

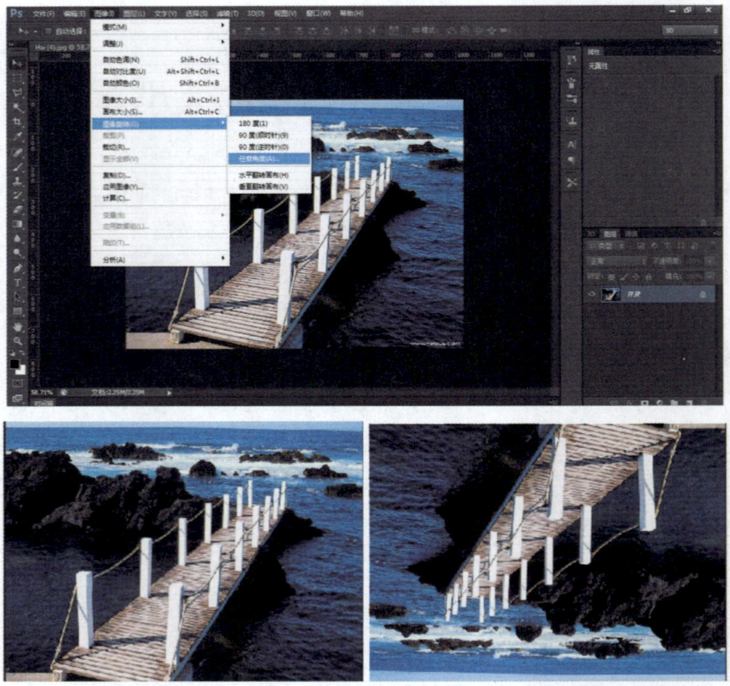

图 3—21　图像未旋转和旋转 180 度后的对比

3.8　裁剪图像

在处理图像的过程中，有些不需要的地方，可以裁剪掉。一般有两种方法，一种是使用“裁剪工具”，另一种是使用“裁剪”命令。

1. 使用“裁剪工具”

选择“裁剪工具”后，图像上会出现一个线框，将鼠标放在线框的四角可调整线框的大小（线框外的是要裁掉的区域），将线框调整至合适大小后，按下 Enter 键确认即可完成操作，如图 3—22 和图 3—23 所示。

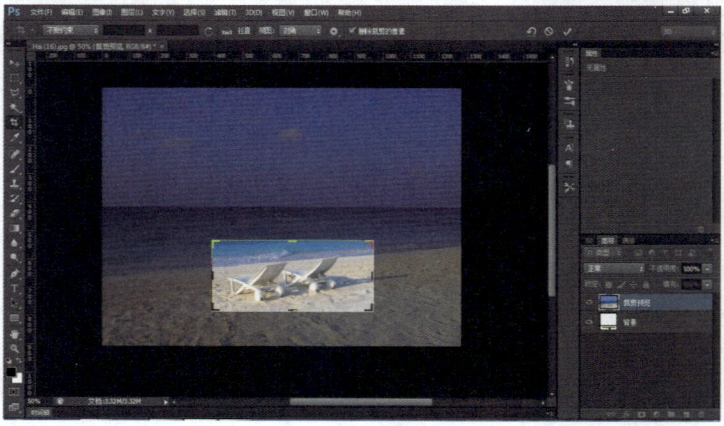

图 3—22　裁剪图像

图 3—23　完成裁剪的图像

2. 使用“裁剪”命令

具体方法是：将要保留的区域用选框框起来，然后单击“图像”→“裁剪”命令。

【实训三】

● 要求

将素材图片中的左侧裁掉，使最终效果如图 3—24 所示。

图 3—24　蛋糕的最终效果图

● 目的

通过本实训，掌握使用“裁剪”命令裁剪图像的操作方法。

● 步骤

第一步，打开素材文件。按下快捷键 Ctrl+O，打开“打开”对话框，找到需打开的文件，单击“打开”按钮，如图 3—25 所示。

第二步，绘制选区。选择工具箱中的“矩形选框工具”，在图片上拖动绘制出选区，如图 3—26 所示。

图 3—25　打开素材文件

图 3—26　绘制选区

第三步，裁剪图片。单击“图像”菜单，选择“裁剪”命令，结果如图 3—27 所示。

图 3—27　裁剪后的图像

3.9　拷贝与合并拷贝

“拷贝”和“粘贴”是计算机操作中使用频率较高的两个命令，拷贝的快捷键是 Ctrl＋C，粘贴的快捷键是 Ctrl＋V。

在 Photoshop 中如果需要拷贝图像，那么必须要用选区选中要拷贝的图像，然后再“粘贴”到指定位置。

在“编辑”菜单中有“拷贝”和“合并拷贝”两个命令，例如，图 3—28 选区选的同一块区域，分别选择“拷贝”和“合并拷贝”命令“粘贴”后的结果是不一样的。

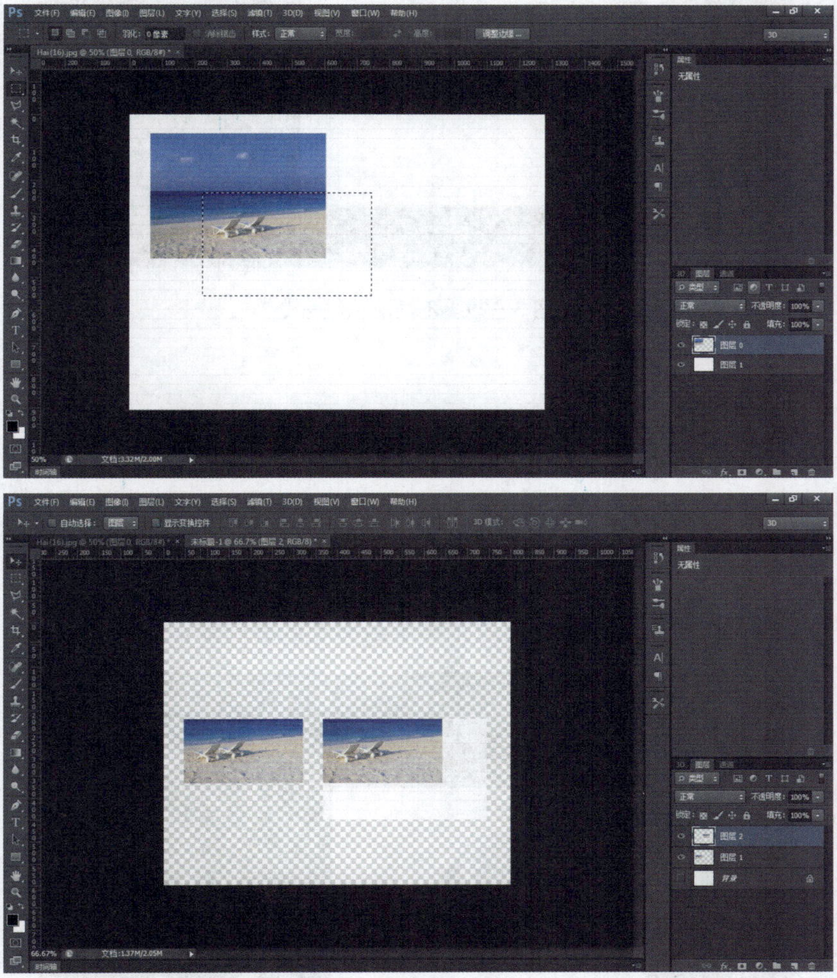

图 3—28　“拷贝”（上）和“合并拷贝”（下）的不同效果

由此可看出，“拷贝”只是拷贝当前图层上选区内的图像，而“合并拷贝”是将选区内的所有图层的图像都拷贝。

3.10 不同的粘贴命令

Photoshop CC 有很多种“粘贴”方式，如粘贴、原位粘贴、贴入、外部粘贴，这些粘贴命令都在“编辑”菜单中，如图 3—29 所示。

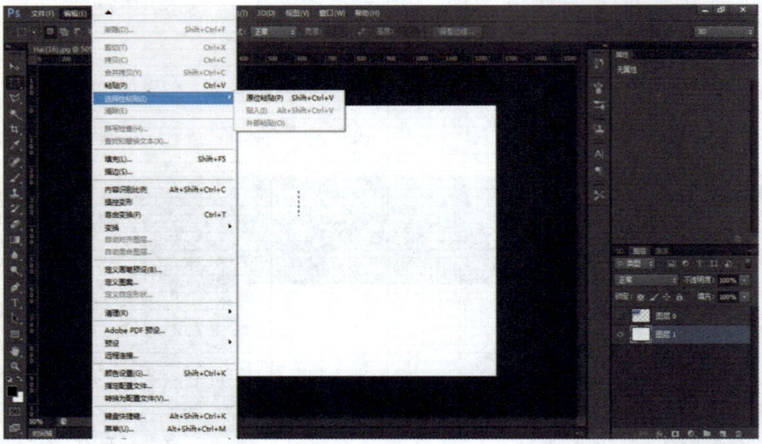

图 3—29 不同的粘贴命令

1. 粘贴

将图像“拷贝”或“剪切”到剪贴板后，单击“编辑”→“粘贴”命令可以将剪贴板中的图像粘贴到当前文件中。

2. 原位粘贴

“原位粘贴”命令可以将剪贴板中的图像按照原来的位置粘贴到当前文件中。

3. 贴入

“贴入”命令可以将剪贴板中的图像粘贴至当前选区的内部，如图 3—30 所示。

图 3—30 将拷贝或剪切的图像贴入选区内部

4. 外部粘贴

使用“外部粘贴”命令粘贴图像后，会自动创建蒙版，将选区中的部分隐藏，如图 3—31 所示。

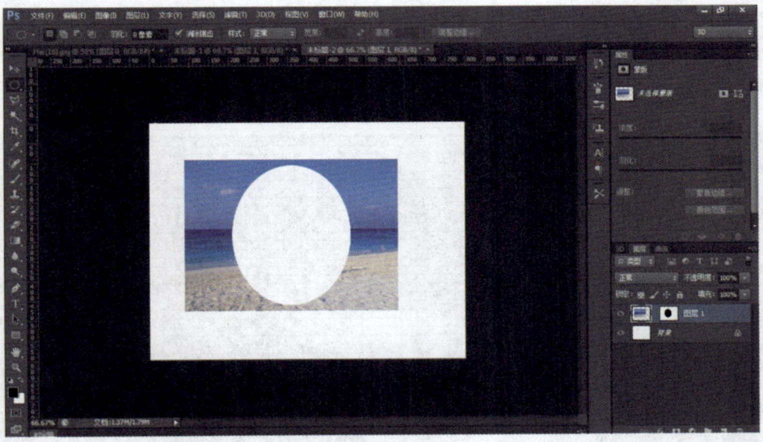

图 3—31　将拷贝或剪切的图像在选区外部粘贴

3.11　清除图像

在图像中绘制一个选区，单击“编辑”→“清除”命令，可将选区内的图像删除。如果当前层是背景层，那么删除的部分会露出背景色，如图 3—32 所示。

图 3—32　在背景层上“清除”选区内图像后露出背景色

3.12　变换

在制作图像的过程中，经常用到的一些操作，如移动、缩放、倾斜、旋转、镜像、扭曲、变形、透视都属于变换操作。

1. 移动

首先讲述一下“移动工具”的使用方法，用“移动工具”即可移动当前图层上的图像，如果要水平、垂直移动，可以在移动的时候按下 Shift 键。如果要精确移动，可使用“自由变换”命令，也可以使用快捷键 Ctrl+T，然后在属性栏中的 X、Y 中修改要移动到的精确位置即可，如图 3—33 所示。

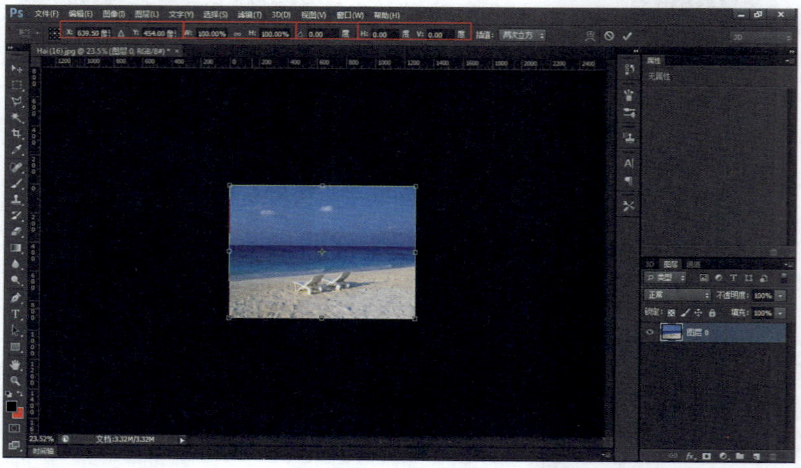

图 3—33　执行变换后的属性栏

2. 缩放

选中要缩放的图层后，按下快捷键 Ctrl+T，将鼠标放在变换框的四角或四边直接拖动，使其成为想要的大小后，按下 Enter 键。

在拖动四角的过程中，按下 Shift 键，可以成比例缩放；按下 Alt 键，可以保持中心点不变；也可同时按下 Shift 和 Alt 键，结果你一看就明白。

当然，也可以直接在属性栏中的 W 和 H 中，输入图形的宽和高的固定值，如图 3—33 所示。

3. 倾斜

选中要倾斜的图层后，按下快捷键 Ctrl+T，然后再按下 Ctrl 键不放，将鼠标放在变换框的四边直接拖动，即可实现倾斜。当然，也可以直接在属性栏的 H 和 V 中输入倾斜的固定角度，如图 3—33 所示。

4. 旋转

选中要旋转的图层后，按下快捷键 Ctrl+T，将鼠标放在变换框的外面，直接拖动即可。

如果旋转的角度是 15 的倍数，需要同时按下 Shift 键，如图 3—33 所示。当然，也可以直接在属性栏中后输入旋转的固定值，如图 3—33 所示。

5. 镜像

选中要镜像的图层后，按下快捷键 Ctrl+T，右击变换框，选择“垂直镜像”/“水平镜像”命令即可。

6. 扭曲

选中要扭曲的图层后，先按下快捷键 Ctrl＋T，然后按下 Ctrl 键不放，拖动变换框的四角即可，如图 3—34 所示。

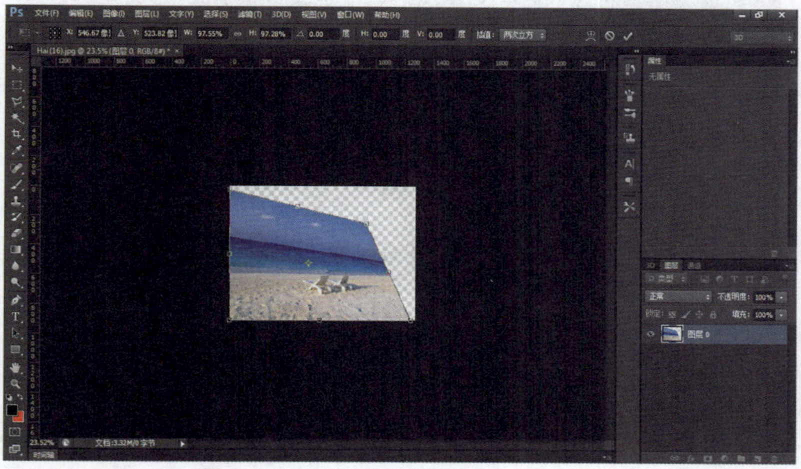

图 3—34 扭曲操作示范

7. 变形

选中要扭曲的图层后，按下快捷键 Ctrl＋T，单击属性栏中的按钮，即可在网格上进行拖动变形，操作结果如图 3—35 所示。

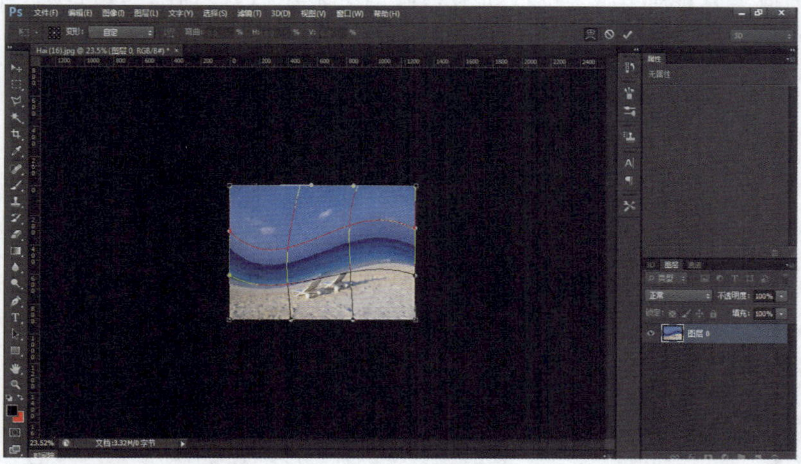

图 3—35　变形操作示范

8. 透视

选中要做透视的图层后，先按下快捷键 Ctrl＋T，然后再按下快捷键 Ctrl＋Alt＋Shift 不放，并将鼠标放在变换框的四角直接拖动，如图 3—36 所示。

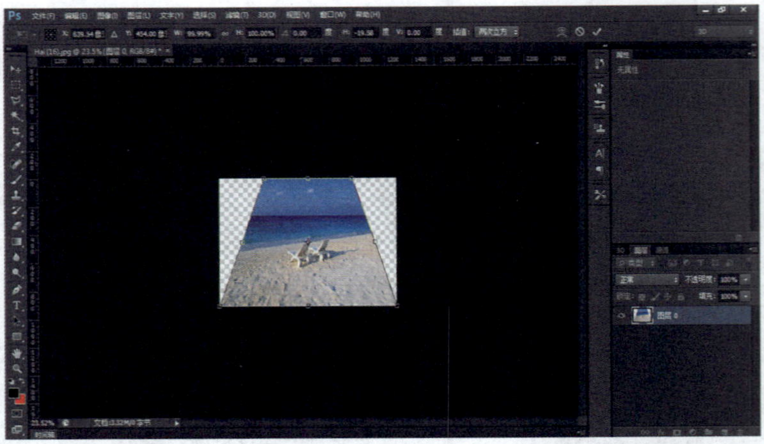

图 3—36　透视示范图

3. 13　撤销

在编辑图像的过程中，如果对于当前的操作不满意，我们一般会使用快捷键 Ctrl＋Z 撤销到上一步，使用 Ctrl＋Alt＋Z 可以撤销多步。

一般情况最多只能撤销 20 步，如果想撤销更多步数，可在“首选项”中进行修改，如图 3—37 所示。

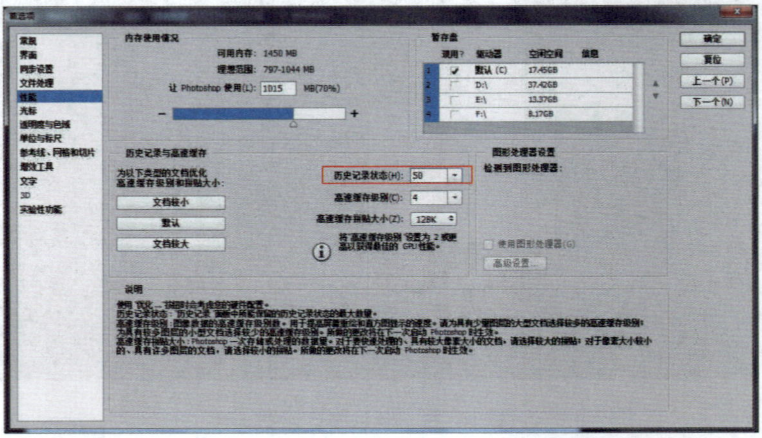

图 3—37　在“首选项”中修改撤销的步数

本章小结

本章主要讲述了如何新建文件、打开文件、存储文件、关闭文件，同时也对图像的一些基本编辑进行了讲解，并针对重要的知识点进行了实训。

拓展实训 1——修改图像大小

【知识要点】

本实训的主要知识点是修改图像大小，通过本实训可以掌握修改图像大小时使用的命令，并且能准确地查看图像大小、修改图像大小与分辨率。

【要求】

1. 将素材图像尺寸改为 800 像素×600 像素。
2. 将图像分辨率改为 72 像素/英寸。

【原图与效果图】

原图和效果图分别如图 3—38 和图 3—39 所示。

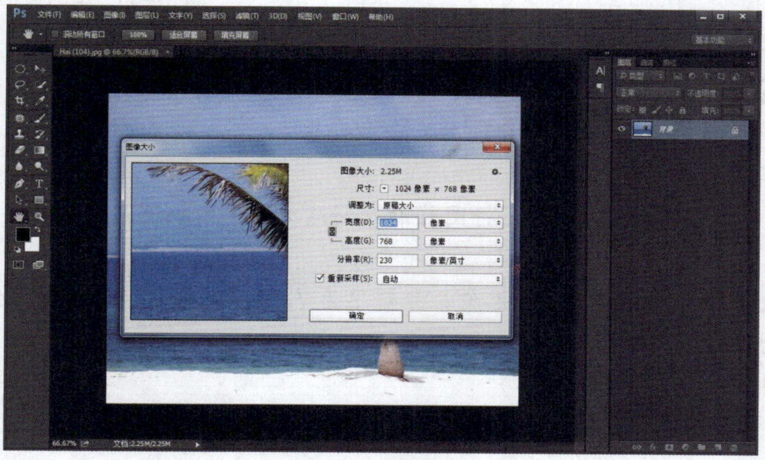

图 3—38　图像大小修改前

图 3—39　图像大小修改后

拓展实训 2——给图像加简单大方的边

【知识要点】

本实训的主要知识点是修改图像画布大小，通过本实训能更深入地了解修改图像大小与画布大小的区别。

【要求】

1. 给图像加一个 15 像素的白边。
2. 给图像加一个 50 像素的褐色边。
3. 最后查看图像大小是否为 570 像素×570 像素。

【效果图】

效果图如图 3—40 所示。

图 3—40　给图像加边后的效果图

拓展实训 3——将图片变成椭圆形

【知识要点】

本实训的知识要点为“贴入”，将图片贴入新建文件中的椭圆选区中。

【要求】

1. 文件大小为 500 像素×500 像素，分辨率为 72 像素/英寸，颜色模式为 RGB。
2. 将素材图片贴入椭圆中。

【效果图】

最后的效果图如图 3—41 所示。

图 3—41　将图片变成椭圆形后的效果

拓展实训 4——福来到！

【知识要点】

本实训的主要知识点为变换中的旋转与缩放，通过将正方形旋转 45 度改为菱形来制作福字的红底，字的大小与红色菱形的大小通过变换中的缩放来进行调整，大小调整合适后再将其旋转 180 度。通过本实训，掌握变换中的缩放与旋转操作。

【要求】

1. 文件大小为 40 厘米×40 厘米。
2. 分辨率为 72 像素/英寸。
3. 颜色模式 CMYK。
4. 字颜色为 C0 M0 Y0 K100。
5. 福字底色为 C0 M100 Y100 K0。

【效果图】

效果图如图 3—42 所示。

图 3—42　“福来到”效果图

拓展实训 5——利用参考线精确分割图片

【知识要点】

本实训的主要知识点是画布大小的修改和参考线的使用。通过本实训，可以掌握画布大小的修改与参考线的使用。

【要求】

1. 利用参考线将素材图片分为 12 份，将多余的部分切掉，每一个正方形块大小为 215 像素，间距为 1 像素。

2. 将画布扩大为 990 像素×750 像素。

【效果图】

效果图如图 3—43 所示。

图 3—43　利用参考线精确分割图片后的效果图

第 4 章

绘制与编辑选区

本章介绍

本章主要介绍 Photoshop CC 选区的概念、绘制选区的方法以及编辑选区的技巧。通过本章的学习，可以快速地绘制规则与不规则选区，并对选区进行移动、反选、缩放、羽化等操作。

知识目标

- 掌握创建规则选区与不规则选区工具的使用方法
- 掌握选区的编辑与修改

能力目标

- 能熟练操作本章中的每一个实训

4.1 创建选区

在用 Photoshop CC 处理图像时，选区是一项非常重要的功能，在对图像进行调色、复制、滤镜等一系列编辑时都会用到。

对图像的局部做编辑时，要先用选区将要编辑的区域选中，然后才可以进行编辑，如图 4—1 和图 4—2 所示；调色后，如图 4—3 所示。

图 4—1　盘子图片

图 4—2　给盘子创建选区

图 4—3　给选区内的盘子调色后

Photoshop 提供了大量的创建选区工具，如矩形选框工具、椭圆选框工具、套索工具、多边形套索工具、磁性套索工具、魔棒工具等。

4.1.1　创建规则选区

【实训一】

● 要求

给图 4—4 中的表换一个黑色背景。

图 4—4 表

● 目的

通过本实训，掌握“椭圆选框工具”的使用方法。

● 步骤

第一步，选择“椭圆选框工具”，如图 4—5 所示。

第二步，按下鼠标左键在图上拖动，绘制出一个选区，如图 4—6 所示。

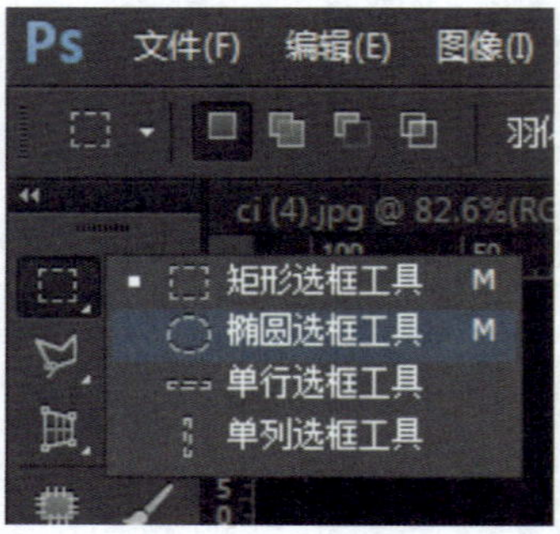

图 4—5 选择“椭圆选框工具”

图 4—6 绘制选区

第三步，调整选区大小，如图 4—7 所示。

图 4—7 变换选区

第四步，单击“编辑”→“复制”→“粘贴”命令，使表单独放在一个图层上，如图 4—8 所示。

图 4—8　将表单独放在新的图层上

第五步，在表所在图层的下层新建一个图层，然后填充黑色，最终效果如图 4—9 所示。

图 4—9　最终效果图

注：以上操作步骤中有个别操作后面还要讲到，现先列出一些操作方法供参考。

1. 建立新图层，快捷键为 Ctrl＋Shift＋N 组合键。

2. 给选区或图层填充颜色，填充前景色的快捷键为 Alt＋Del 组合键；填充背景色的快捷键为 Ctrl＋Del 组合键。

3. 调整选区大小。在选区上单击鼠标右键，选择“变换选区”，在选区上会出现一个变换框，然后拖动变框的边，将选区大小调整至合适大小即可。

4.1.2　创建不规则选区

【实训二】

● **要求**

复制如图 4—10 所示的魔方，并放在其右下角。

图 4—10　魔方

● **目的**

通过本实训，可以掌握“多边形套索工具”的使用方法。

● **步骤**

第一步，选择“多边形套索工具”，如图 4—11 所示。

第二步，在魔方图上，延着魔方的边缘单击，直至起点和终点闭合，如图 4—12 所示。

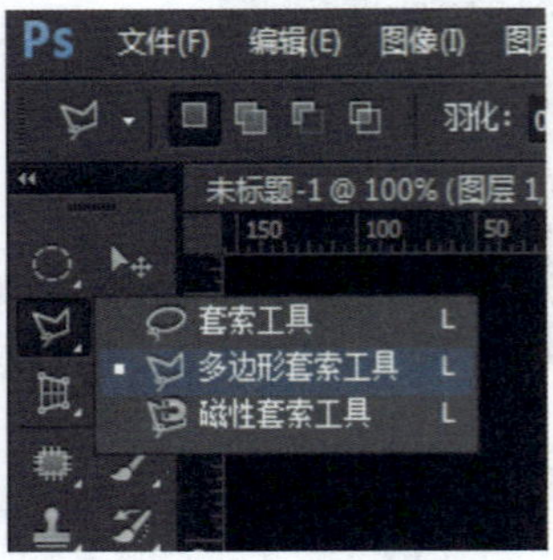

图 4—11　选择“多边形套索工具”

图 4—12　给魔方创建选区

第三步，单击“复制”→“粘贴”命令后，将魔方单独放在一个新的图层上。然后选择“移动工具”拖动魔方，如图 4—13 所示。

图 4—13　复制出来的魔方

第四步，单击新复制的魔方，按下快捷键 Ctrl+T，在魔方的四边会出现一个变换框，此时按下 Shift 键不放，拖动变换框的四角将魔方缩小，如图 4—14 所示。

图 4—14　缩小后的魔方

【实训三】

● **要求**

增加图 4—15 中花蕾的饱和度。

图 4—15 花蕾

● **目的**

通过本实训，可以掌握“磁性套索工具”的使用方法。

● **步骤**

第一步，选择“磁性套索工具”，如图 4—16 所示。

第二步，单击花蕾的边缘位置，然后延着花蕾拖动鼠标，直至起点和终点相结合，创建出花蕾选区，如图 4—17 所示。

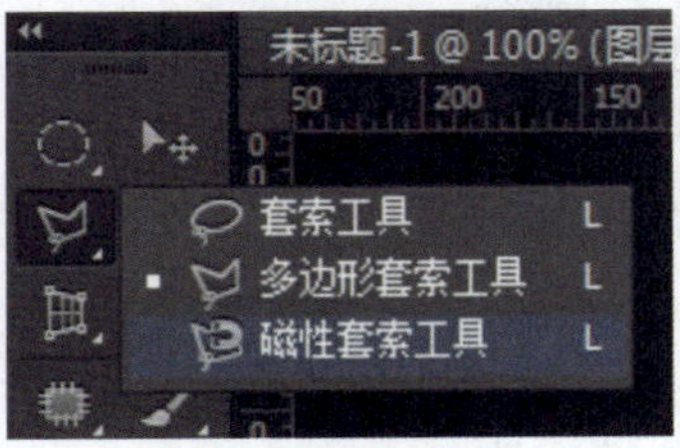

图 4—16 选择“磁性套索工具”

图 4—17 创建花蕾选区

第三步，先单击“图像”→“调整”→“色相饱和度”选项，然后拖动饱和度下的滑杆，如图 4—18 所示。

图 4—18 “色相/饱和度”对话框（左）和调整后的效果图（右）

【实训四】

● 要求

将图 4—19 中的伞和云抠出来，存储为 .PNG 的格式。

图 4—19　伞云图

● 目的

通过本实训，可以掌握“魔棒工具”的使用方法。

● 步骤

第一步，选择“魔棒工具”，如图 4—20 所示。

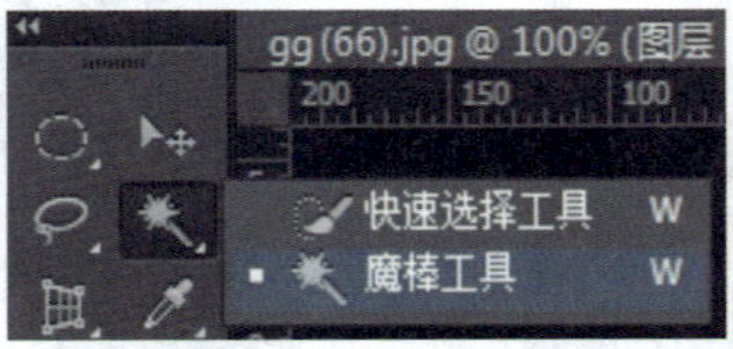

图 4—20　选择“魔棒工具”

第二步，单击蓝 1 色位置，创建出选区，如图 4—21 所示。

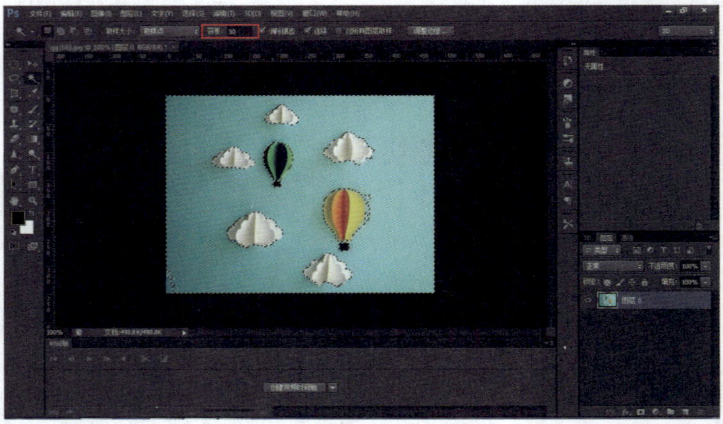

图 4—21　用“魔棒工具”创建出选区

第三步，将选区反选，即可选中伞和云，如图 4—22 所示。

图 4—22　反选后的效果

第四步，将选中的伞和云进行“复制”→“粘贴”，并单独放一个图层上，如图 4—23 所示。

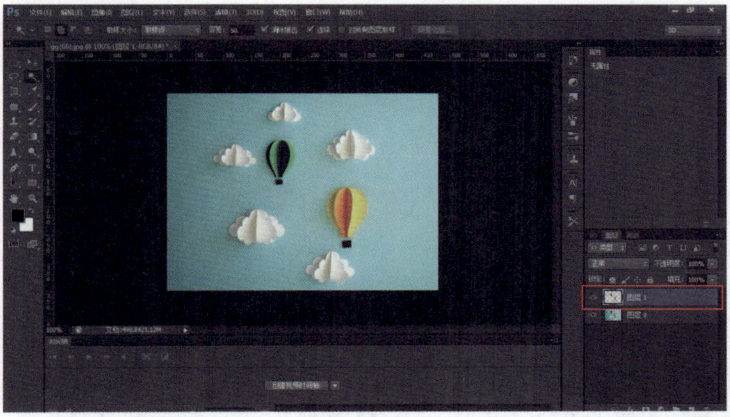

图 4—23　将伞和云单独放在一个图层上

第五步，将图层 0 隐藏，如图 4—24 所示。

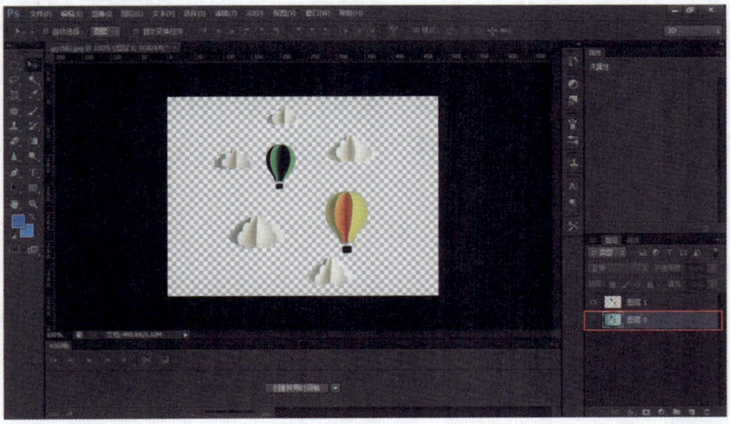

图 4—24　将图层 0 隐藏后的效果

第六步，将当前文件存为.PNG格式。单击“文件”→“另存为”命令，如图4—25所示。

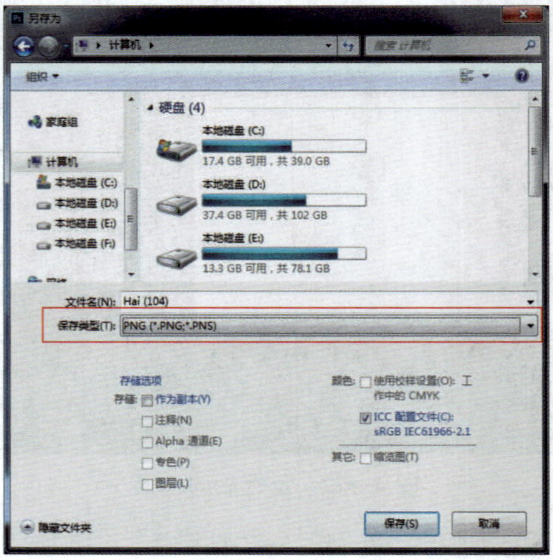

图4—25 “另存为”对话框

注：以上操作步骤中有个别操作后面还要讲到，现列出反选操作方法，以供参考。反选的操作方法是：单击“选择”→“反向”命令。

4.2 选区的基本操作

1. 全选与反选

要将本层上所有的像素都选中，可单击“选择”→“全部”命令，也可以使用快捷键Ctrl+A。

反选，是将当前选区外的区域选中，具体操作方法是单击“选择”→“反向”命令，快捷键是Ctrl+Shift+I。

2. 取消选区

将当前的选区取消，可单击“选择”→“取消选择”命令，也可以使用快捷键Ctrl+D。

3. 移动选区

选区的移动，可以用精确的移动方法，也可以用拖动的方法。

精确移动是在选区上右击鼠标，选择“变换选区”命令，在属性栏的X、Y中输入固定值。

拖动方式是用任意一款创建选区的工具，在“新选区”的状态下直接拖动。

4. 存储选区

具体方法是单击“选择”→“存储选区”命令，输入存储选区的名称后，单击“确定”按钮。

5. 载入选区

具体方法是：先将已经存储的选区再次调出来，单击“选择”→“载入选区”命令，在“通道”选项后选择要载入选区的名字，最后单击“确定”按钮。

6. 给选区创建边界

如创建图 4—26 所示的环形选区，需首先绘制出一个正圆选区，然后单击“选择”→“修改”→“边界”命令，输入边界的宽度后，单击“确定”按钮。

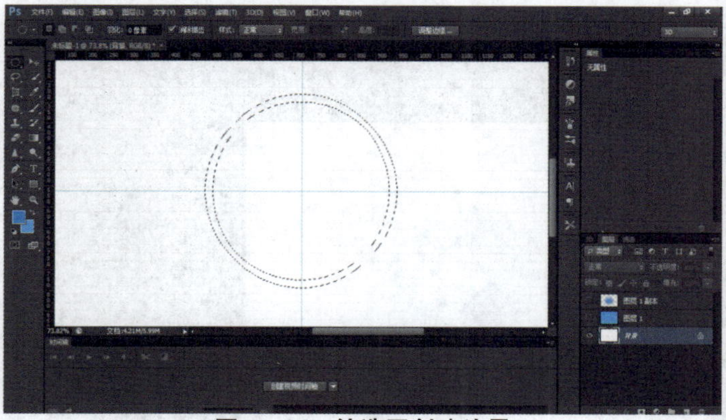

图 4—26 给选区创建边界

7. 扩展与收缩选区

扩展选区：单击“选择”→“修改”→“扩展”命令，弹出“扩展选区”对话框（如图 4—27 所示），在对话框中输入选区要扩大的像素。

收缩选区：单击“选择”→“修改”→“收缩”命令，弹出“收缩选区”对话框（如图 4—28 所示），输入选区要收缩的像素。

图 4—27 “扩展选区”对话框

图 4—28 “收缩选区”对话框

8. 平滑选区

在图 4—29 的选区中，如果要使 A、B、C 的角平滑，可以单击“选择”→“修改”→“平滑”命令进行操作。

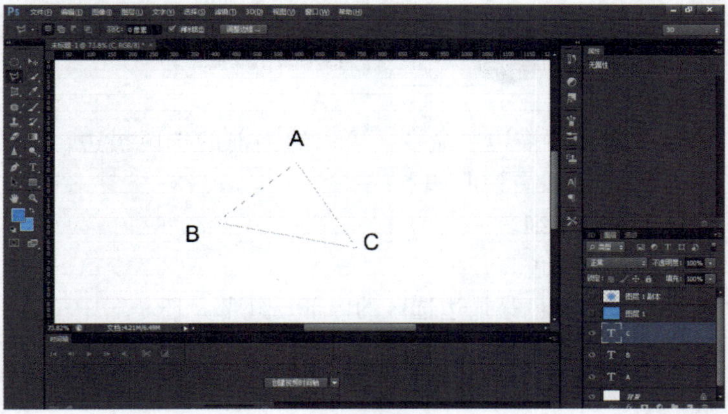

图 4—29 带有尖角的选区

9. 对选区进行羽化

图 4—30 所示的是羽化后的效果，下面介绍一下绘制选区后，如何使选区呈现羽化的效果。

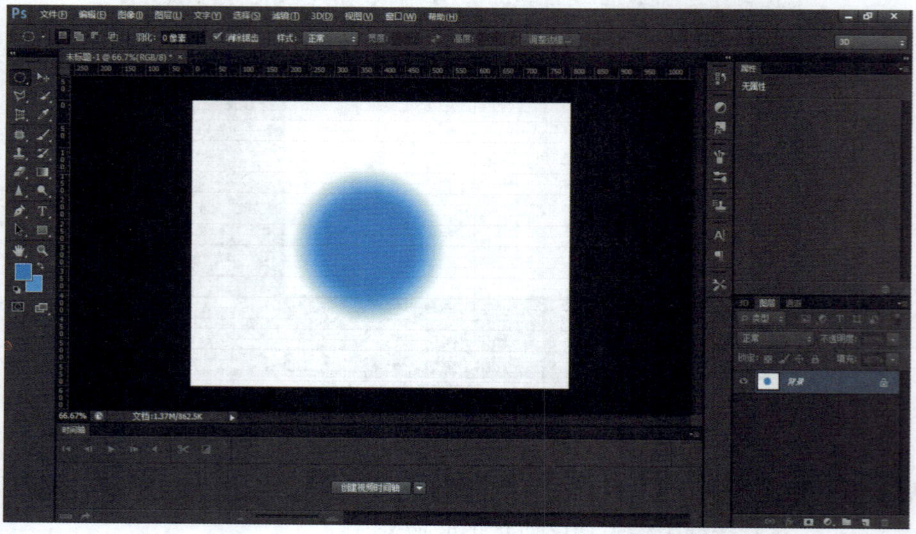

图 4—30　羽化效果

具体方法是单击“选择”→“修改”→“羽化”命令，弹出如图 4—31 所示“羽化选区”对话框，设置羽化值后，再对选区进行填充，就可以看到羽化效果了。

图 4—31　“羽化选区”对话框

4.3　选区描边

单击“编辑”菜单选择“描边”命令，可以给当前的选区描边，图 4—32 所示的是“描边”对话框。对话框中的设置说明如下：

宽度，用来设置边缘的粗细。

颜色，用来设置边线的颜色。

位置，用来设置描边的颜色是描边选区的内部、外部，还是居中位置。

不透明度，用来设置描边颜色的透明度。

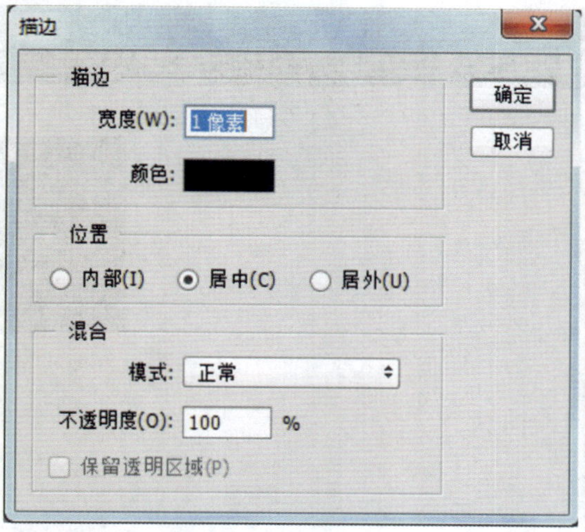

图 4—32　“描边”对话框

【实训五】

● **要求**

1. 文件尺寸为 800 像素×600 像素，颜色模式为 RGB，分辨率为 72 像素/英寸。

2. 利用选区描边，结合选区的存储与载入，制作出奥运五环效果图，如图 4—33 所示。

图 4—33　奥运五环效果图

● **目的**

通过本实训，掌握如何给选区描边，以及选区的存储与载入的方法。

● **步骤**

第一步，根据要求建立新文件。

第二步，绘制正圆选区。先选择“椭圆选框工具”，然后在按下 Shift 键的同时，按下鼠标左键拖动选区，结果如图 4—34 所示。

第三步，给选区描边。创建一个新图层，单击“编辑”→“描边”命令，在打开的“描边”对话框中设置参数，如图 4—35 所示。

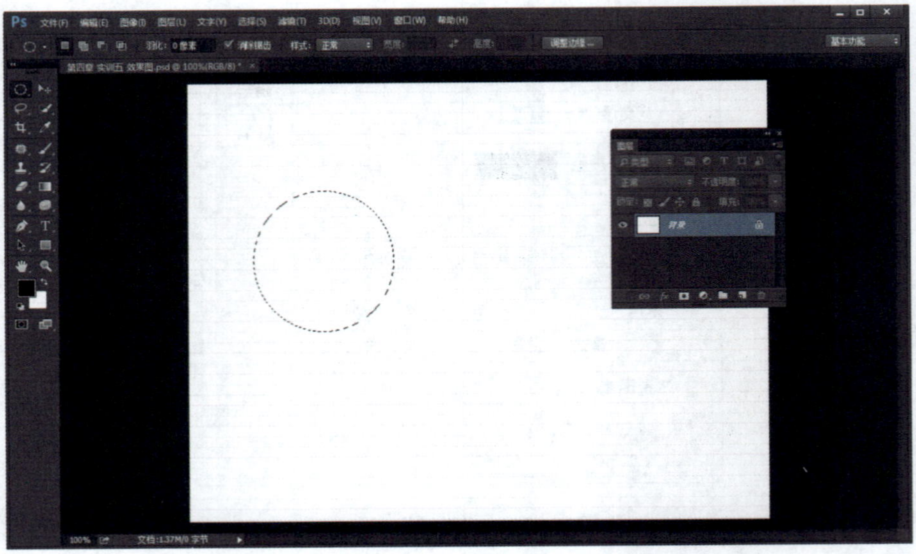

图 4—34　绘制正圆选区

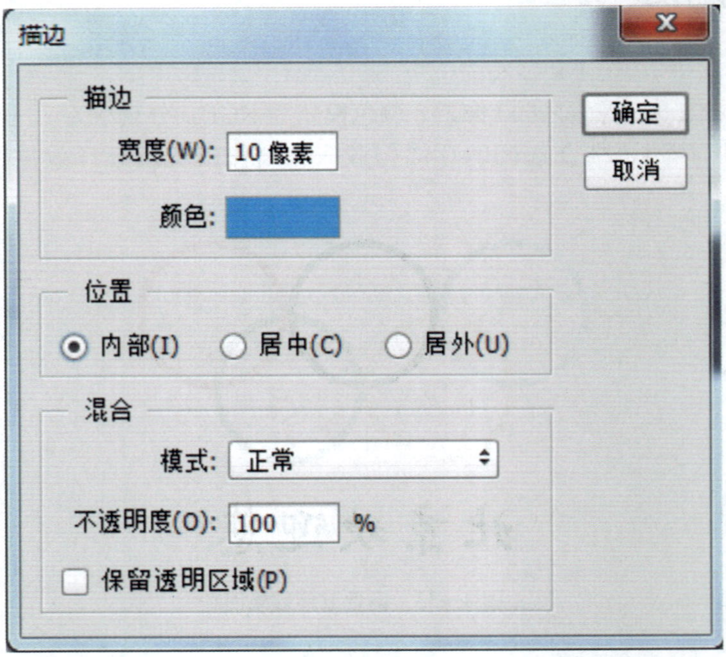

图 4—35　设置“描边”参数

第四步，按下快捷键 Ctrl+D 取消选区。

第五步，复制另外四个环。选择“移动工具”，按下 Alt+Shift 键拖动第一个环，在水平方向上复制两个环，如图 4—36 所示。然后，松开 Shift 键，只按下 Alt 键复制一个到第二排，如图 4—37 所示。最后，在按下 Alt+Shift 键的同时拖动复制出第二排的第二个环，结果如图 4—38 所示。

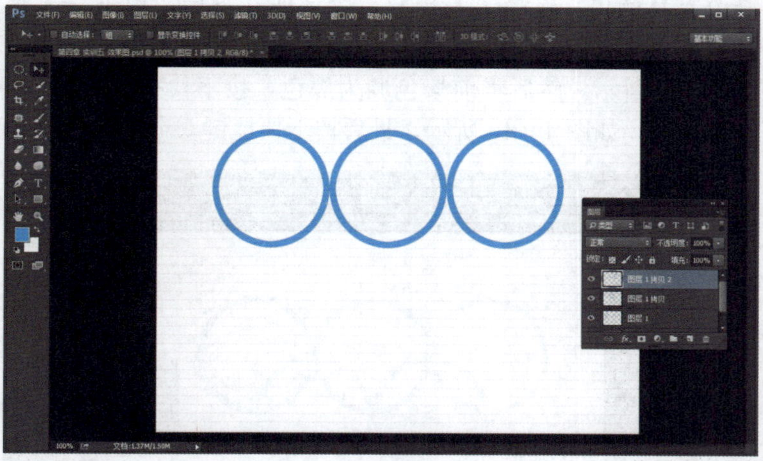

图 4—36　在水平方向上复制环

图 4—37　在第二排复制一个环

图 4—38　五环复制完毕

第六步，修改五环颜色。选择第一排第二个环所在图层，单击“选择”→“载入选区”命令，打开“载入选区”对话框，单击“确定”按钮后，第一排第二个环的选区就显现出来了，如图 4—39 所示。然后将前景色调为黑色，按下快捷键 Alt+Delete 填充前景色，将黑色填充进选区，如图 4—40 所示。最后按下快捷键 Ctrl+D 取消选区。

图 4—39　第一排第二个环的选区载入

图 4—40　在第一排第二个环的选区内填充黑色

第七步，按照第六步的操作步骤依次将其他三个环的颜色进行修改。第一排的第三个为红色，第二排的第一个为黄色，第二排的第二个为绿色，如图 4—41 所示。

第八步，为方便以后操作，需将图层重新命名。双击“图层”面板的图层名字，输入文字后，按回车键即可，结果如图 4—42 所示。

第九步，将蓝色环和黄色环交叉位置的其中一处改为蓝色。选择蓝色环所在层，单击“选择”→“载入选区”命令，单击“确定”按钮后，载入蓝色环选区，如图 4—43 所示。

选择黄色环所在层，单击“选择”→“载入选区”命令，在“操作”中选择“与选区交叉”，如图 4—44 所示。黄色环与蓝色环交叉位置的选区就出来了，如图 4—45 所示。

图 4—41　修改颜色后的五环

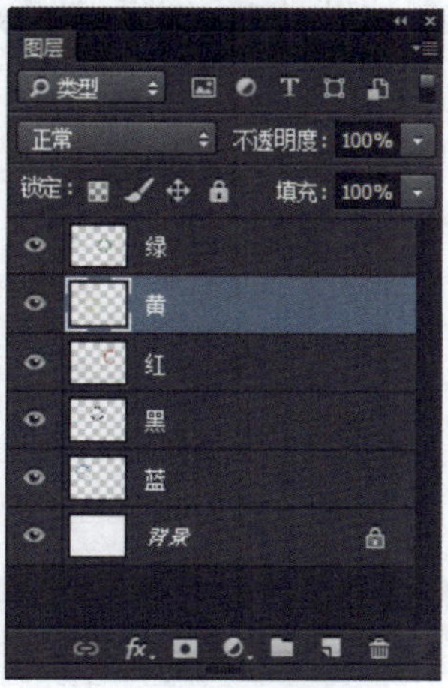

图 4—42　给图层重命名

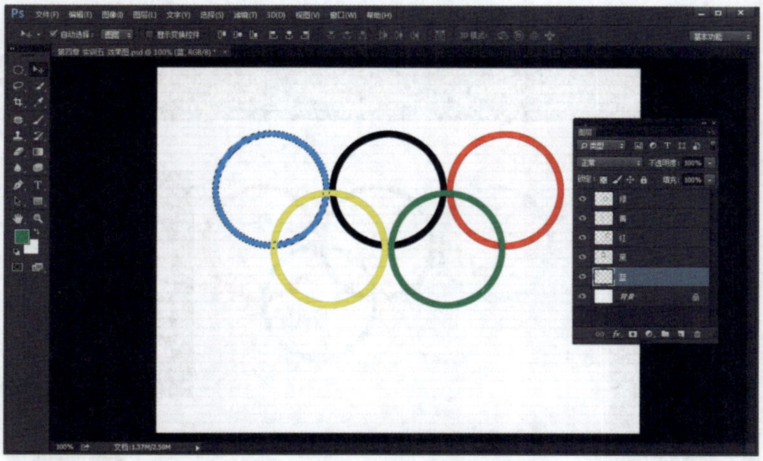

图 4—43　载入蓝色环选区

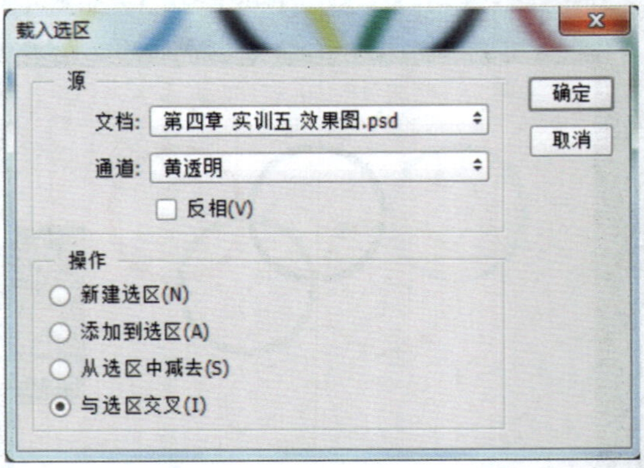

图 4—44　在“载入选区”对话框中设置参数

图 4—45　黄色环与蓝色环交叉的选区

选择“套索工具”，在属性栏中选择“从选区减去”命令，然后在任意一处选区位置进行绘制，结果如图 4—46 所示。

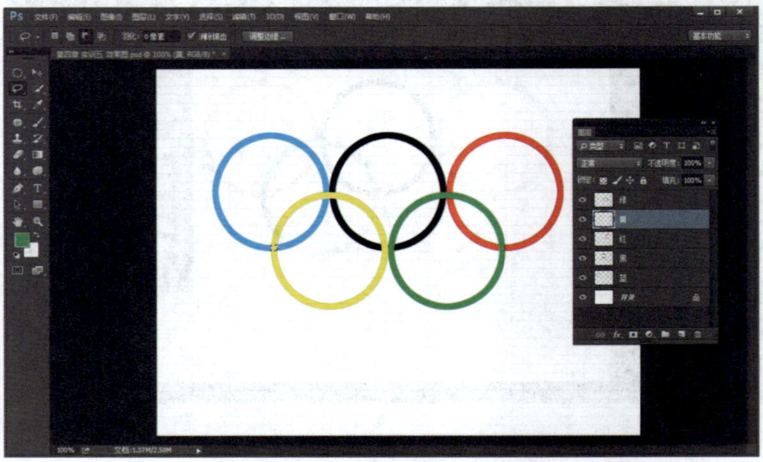

图 4—46　减掉其中一块选区

选择黄色环所在图层，按下 Delete 键将选区内的黄色删除，如图 4—47 所示。然后按下快捷键 Ctrl+D 取消选区。

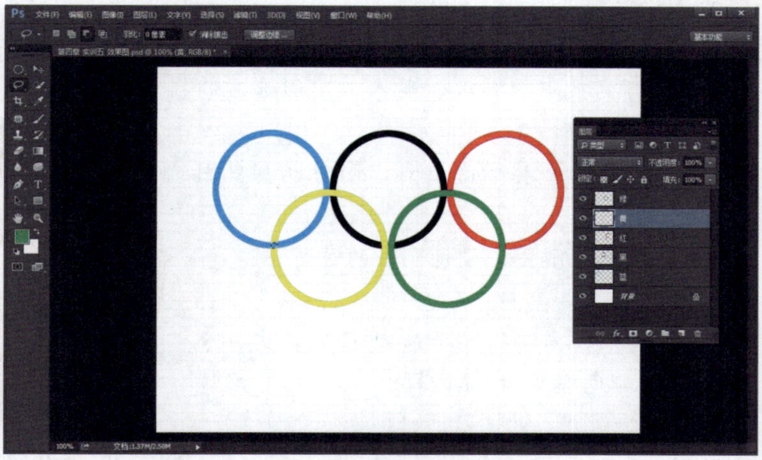

图 4—47 删除选区内的黄色

第十步，按照第九步的操作，依次将黄环与黑环交叉位置、绿环与黑环交叉位置、绿环与红环交叉位置进行处理，结果如图 4—48 所示。

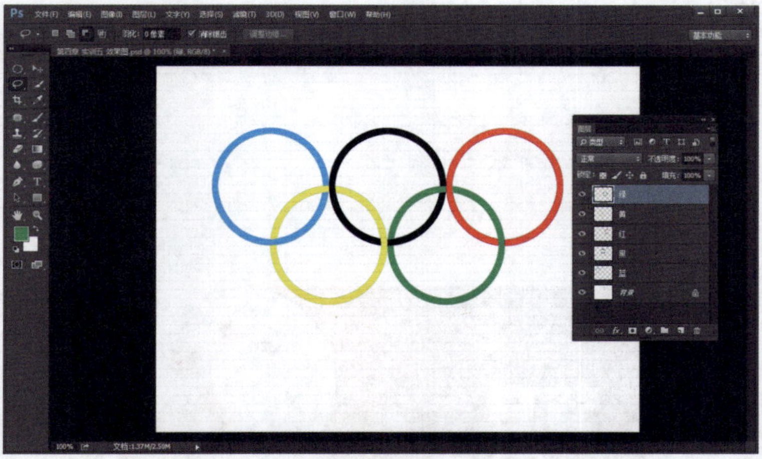

图 4—48 五环制作完成

本章小结

本章主要讲述了对选区的基本操作，通过学习可以学会绘图、抠图，也可以掌握对图像进行基本的编辑。

拓展实训 1——制作婚纱照片光盘

【知识要点】

本实训的知识要点有变换中的缩放、贴入、圆形选区的绘制、选区的存储与载入等。

本实训不仅练习本章中的一些学习要点，同时也要巩固前面几章的学习重点。

通过本实训能进一步地了解图像设计制作的过程。

【要求】

光盘的直径是118毫米，内圆的直径是22毫米，文件分辨率为300像素/英寸，颜色模式为CMYK。

【效果图】

效果图如图4—49所示。

图4—49　婚纱照片光盘的效果图

拓展实训 2——制作节日贺卡

【知识要点】

本实训的知识要点是选区的绘制。通过本实训可熟练掌握椭圆选区的绘制方法。

【要求】

1. 直接打开素材文件，在素材文件上进行制作。
2. "快"字的填充红色选用背景中的红色。

【效果图】

效果图如图4—50所示。

图4—50　节日贺卡的效果图

拓展实训 3——制作反白图像效果

【知识要点】

本实训的知识要点是"魔棒工具"的使用和文件格式的存储。

【要求】

1. 将画布大小横向加大 2 倍。
2. 将图像复制到右侧。
3. 利用“魔棒工具”将右侧图像黑色的位置变成白色，白色的位置变成黑色。

【效果图】

效果图如图 4—51 所示。

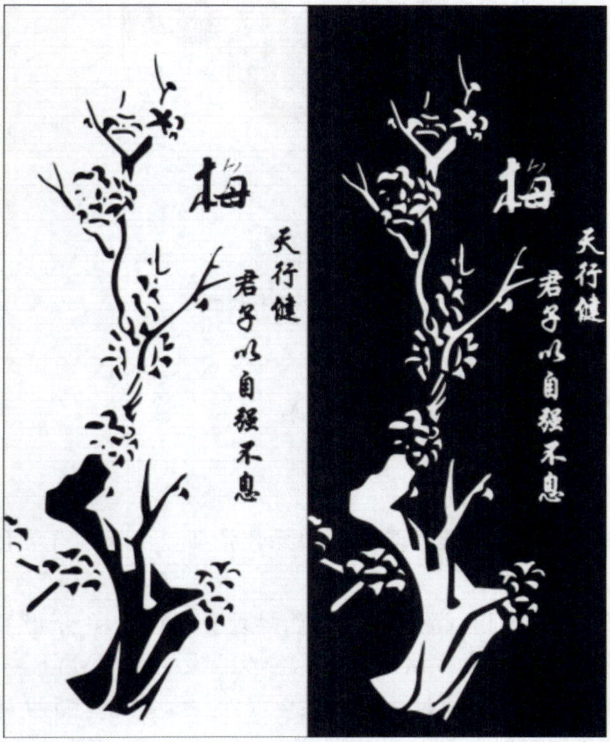

图 4—51　反白图像的效果图

拓展实训 4——制作图书封面

【知识要点】

本实训的知识要点是“矩形选框工具”的使用方法。通过本实训可以掌握“矩形选框工具”在作图过程中的用法。

【要求】

文件尺寸为 21 厘米×28.5 厘米，颜色模式为 CMYK，分辨率为 300 像素/英寸。

【效果图】

效果图如图 4—52 所示。

图 4—52　图书封面

拓展实训 5——制作广告宣传单

【知识要点】

本实训的知识要点是“快速选择工具”的操作技巧，以及广告宣传单页的制作。

【要求】

1. 文件尺寸为 21 厘米×14.25 厘米，颜色模式为 CMYK，分辨率为 300 像素/英寸。

2. 文件背景蓝色渐变的填充方法是：(1) 修改前景色的 CMYK 分别为 100、100、60、20，背景色的 CMYK 分别是 85、50、20、0；　(2) 选择工具箱中的“渐变工具”；(3) 在“渐变工具”属性栏中设置渐变的类型为“径向渐变”，渐变色为第一种，即前景色到背景色的渐变；(4) 在“背景”层中按下鼠标左键由中心向外拖动。

【效果图】

效果图如图 4—53 所示。

图 4—53　广告宣传单的效果图

第 5 章

图像修复与切图

本章介绍

本章主要介绍用 Photoshop CC 修复图像的方法与技巧。图像的修复不是用几个或某几个工具就可以完成的，它需要结合大部分 Photoshop CC 的功能，在不同的情况下用不同的方法，这样才能完美地修好一张图。学习完本章的图像修复知识后，可以掌握常用的修图工具及其方法。

除此之外，本章还讲述了填充工具的使用，如渐变工具、油漆桶工具，以及图案的定义与填充、切图等。

知识目标

- 掌握图像修复工具的使用和方法
- 掌握渐变的调配与使用
- 掌握图案的定义与填充
- 掌握网页的切图方法
- 了解什么是网站图片的优化

能力目标

- 能修复图像上的杂点
- 能对图像上的大面积破损位置进行修补
- 能根据需要对网页进行切图，并且能对切出来的图进行导出优化

照片在拍摄过程中，因为环境的原因，可能会影响照片颜色，或有时候在照片上存在一些污点等，这就需要用 Photoshop CC 强大的图像处理功能来解决这些问题。

5.1 图像修复工具

图像修复的工具有很多，在这里我们学习几个非常实用的基础工具，也是在图片修复

过程中使用率极高的工具，例如：污点修复画笔工具、修补工具、仿制图章工具、减淡工具、加深工具、海绵工具、锐化工具、模糊工具、涂抹工具、颜色替换工具。其中，修补工具、仿制图章工具的原理如图 5—1 所示。

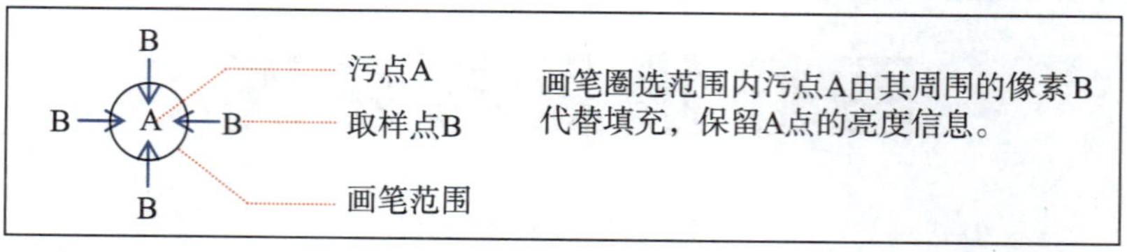

图 5—1　修图原理

【实训一】

● 要求

将图 5—2 中的人物面部，用“污点修复画笔工具”进行修复。

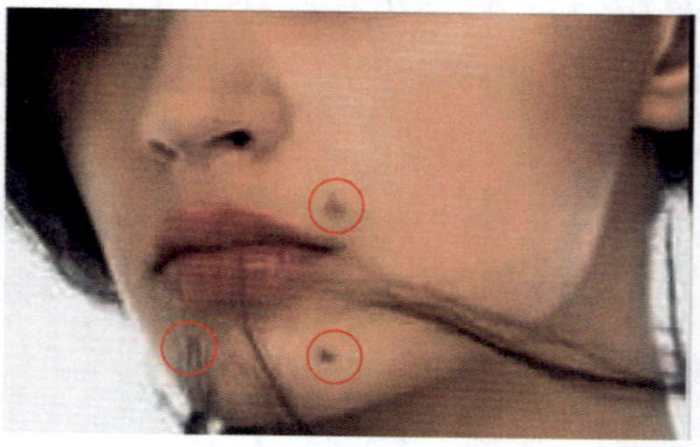

图 5—2　人物面部

● 目的

通过本实训，掌握如何使用“污点修复画笔工具”修复图像。

● 步骤

第一步，选择“污点修复画笔工具”，如图 5—3 所示。

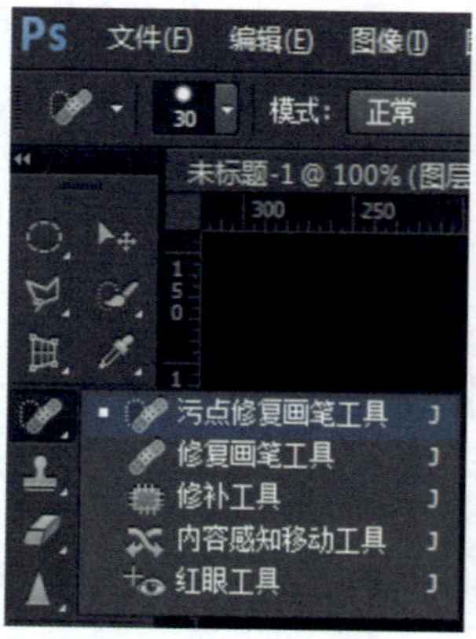

图 5—3　选择“污点修复画笔工具”

第二步，按下“［”和“］”两个快捷键可以调整画笔直径大小。（注：需在英文输入法状态下使用此快捷键。）

第三步，直接在污点上依次单击，结果如图 5—4 所示。

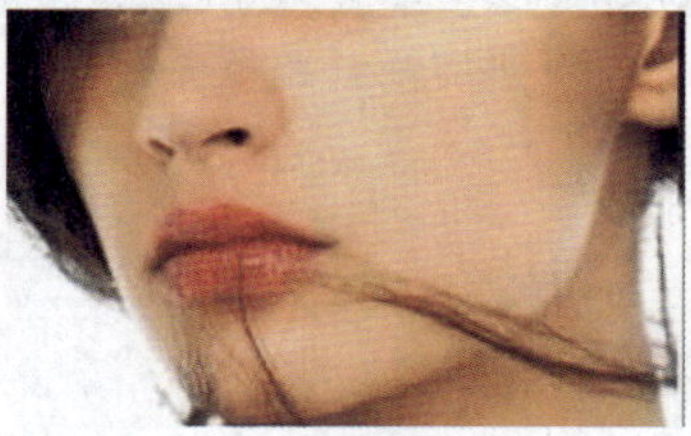

图 5—4　修复完的图像

【实训二】

● 要求

用“修补工具”将图 5—5 中毛衣的标志换成阿迪达斯的标志。

图 5—5　毛衣

● 目的

通过本实训，掌握“修补工具”的使用方法。

● 步骤

第一步，选择“修补工具”，如图 5—6 所示。

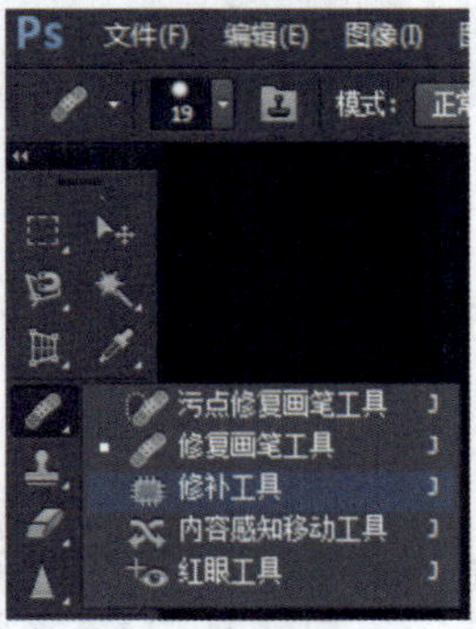

图 5—6　选择“修补工具”

第二步，将毛衣上要修掉的商标用“修补工具”选中，如图 5—7 所示。

图 5—7　给要修掉的部分创建选区

第三步，用“修补工具”向下拖动选区。向下拖动选区的目的是找一块合适的“补丁”来修补需要去掉的地方，如图 5—8 所示。

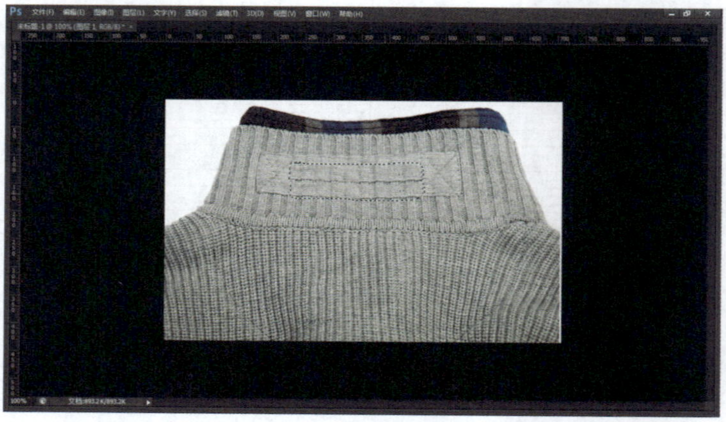

图 5—8　拖动选区找合适的“补丁”

第四步，将没有修复掉的位置再次用“修补工具”选中，向下或向上拖动，如图 5—9 所示。

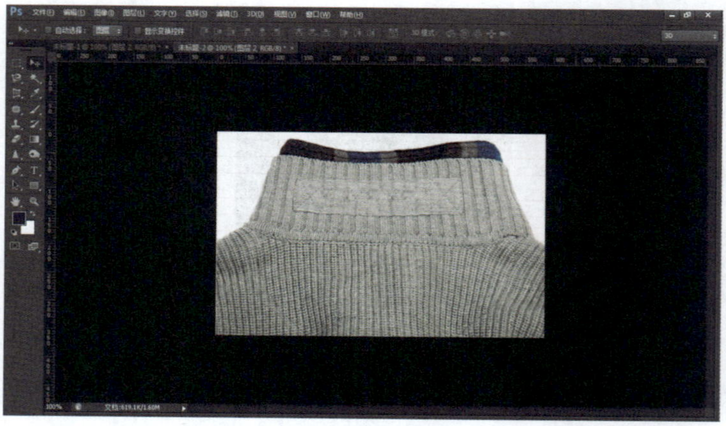

图 5—9　继续用“修补工具”修补

第五步，将阿迪达斯的标志放到相应的位置，结果如图 5—10 所示。

图 5—10　最终效果图

【实训三】

● **要求**

用“锐化工具”提高图 5—11 中发圈的金属饰物的清晰度，然后用“减淡工具”提高图片亮度。

● **目的**

通过本实训，掌握“锐化工具”和“减淡工具”的使用方法。

● **步骤**

第一步，选择“锐化工具”，如图 5—12 所示。

第二步，在金属饰物上进行涂抹，画笔直径大小可以通过快捷键“[”和“]”来进行调整，如图 5—13 所示。

第三步，选择“减淡工具”，如图 5—14 所示。

图 5—11　发圈

图 5—12　选择“锐化工具”

图 5—13　用“锐化工具”涂抹金属饰物后

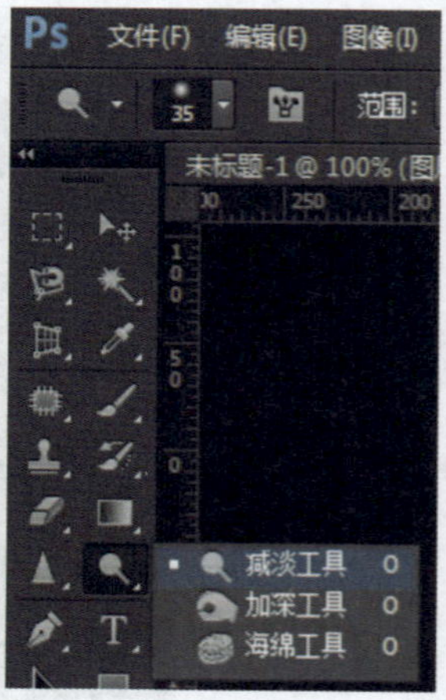

图5—14　选择“减淡工具”

第四步，使用“减淡工具”对图片进行涂抹，提高图片的亮度，结果如图 5—15 所示。

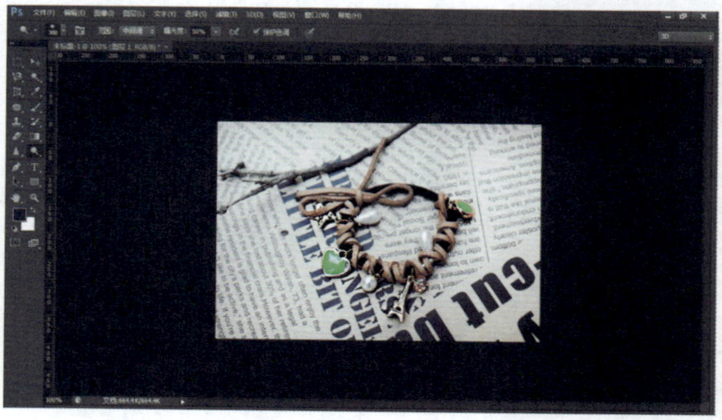

图 5—15　用“减淡工具”提高亮度后的图片

【实训四】

● **要求**

将图 5—16 中的发圈调亮，同时将图片整体清晰度提高。

图 5—16　发圈

● 目的

通过本实训，掌握“锐化工具”、“海绵工具”、“加深工具”的使用方法。

● 步骤

第一步，选择“锐化工具”对金属饰物进行涂抹，提高金属饰物的清晰度，如图 5—17 所示。

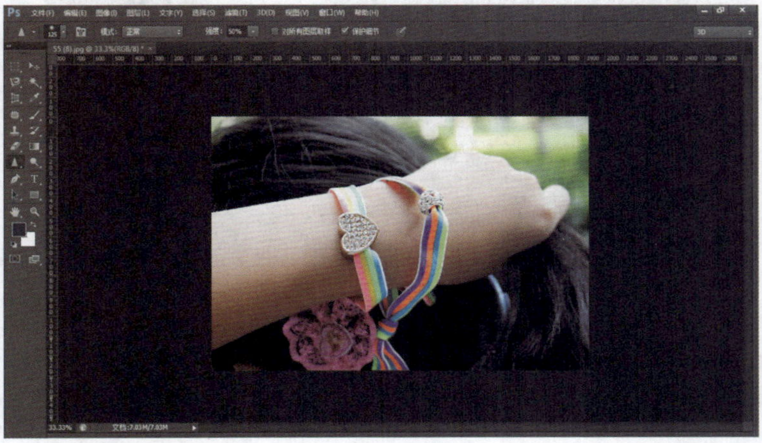

图 5—17　用“锐化工具”提高金属饰物的清晰度

第二步，使用“海绵工具”在发绳上进行涂抹，将发绳的彩度提高。“海绵工具”有两种模式，在属性栏中可以切换，如图 5—18 所示。选择“降低饱和度”可以降低涂抹位置的颜色彩度，选择“饱和”可以提高涂抹位置的颜色彩度。图 5—19 是用“海绵工具”选择“饱和”后涂抹的效果。

图 5—18　“海绵工具”的两种模式

图 5—19　用“海绵工具”提高彩度

第三步，使用“加深工具”对图片上的头发进行涂抹。“加深工具”可以对涂抹位置的颜色进行加深处理，如图 5—20 所示。

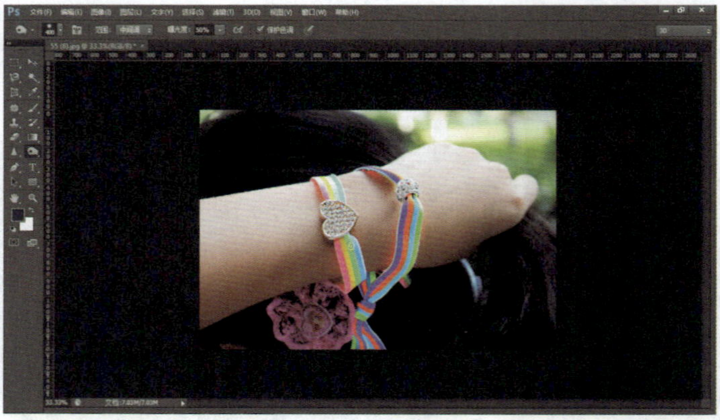

图 5—20　用“加深工具”涂抹后的头发

【实训五】

● 要求

将图 5—21（a）中的小男孩放到图 5—21（b）中。

(a)

(b)

图 5—21

● 目的

本实训复习“磁性套索工具”、变换等基本操作，同时也可以掌握“模糊工具”的使用方法。

● 步骤

第一步，选择“磁性套索工具”。

第二步，在图 5—21（a）中将小男孩制作出选区，如图 5—22 所示。

第三步，先将选区内的图像“复制”，然后打开图 5—21（b）进行“粘贴”操作，如图 5—23 所示。

图 5—22　用“磁性套索工具”选中小男孩

图 5—23　将小男孩粘贴到图 5—21（b）中

第四步，调整小男孩图的大小，用快捷键 Ctrl+T 变换小男孩这个图层的大小，如图 5—24 所示。

图 5—24　变换小男孩图层的大小

第五步，选择“模糊工具”，如图 5—25 所示。

第六步，用“模糊工具”涂抹小男孩的边缘，使其更好地和背景融合，如图 5—26 所示。

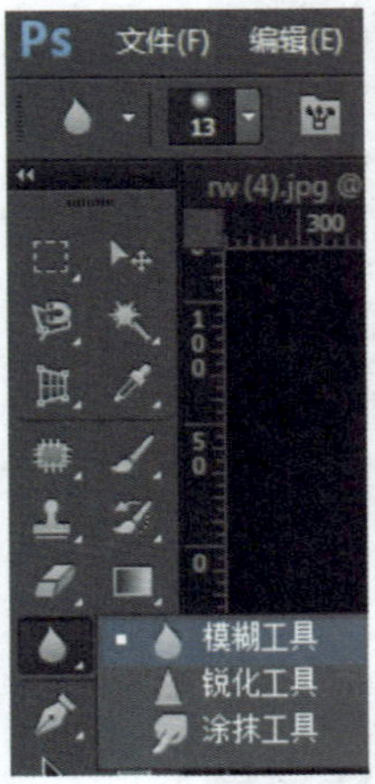

图 5—25　选择“模糊工具”

图 5—26　用“模糊工具”对边缘进行涂抹后的效果

【实训六】

● 要求

给图片中的茶杯加热气，效果如图 5—27 所示。

图 5—27　加热气后的效果图

● 目的

通过本实训，掌握“涂抹工具”的使用方法。

● 步骤

第一步，用“矩形选框工具”绘制一个非常细小的矩形选区，如图 5—28 所示。

第二步，新建一个图层，在选区内拉一个白色到透明的渐变，如图 5—29 所示。

第三步，选择“涂抹工具”，如图 5—30 所示。

第四步，用“涂抹工具”在渐变上进行涂抹，如图 5—31 所示。

图 5—28　绘制矩形选区

图 5—29　渐变填充

图 5—30　选择“涂抹工具”

图 5—31　涂抹渐变

第五步，选用“移动工具”，并按下 Alt 键，再复制一个“热气”层，如图 5—32 所示。

图 5—32　复制“热气”层

第六步，两个茶杯上都是一模一样的“热气”是很怪异的，下面根据自己所学知识，调整一下吧！

【实训七】

● 要求

将图 5—33 中的荷花颜色由粉红变为红色。

图 5—33　荷花

● 目的

本实训主要练习“颜色替换工具”的使用。

“颜色替换工具”主要是对局部区域需要换色的图像进行处理。“颜色替换工具”属性栏中有“色相”、“饱和度”、“颜色”、“明度”四种模式，默认是颜色，可以替换成前景色，如图 5—34 所示。

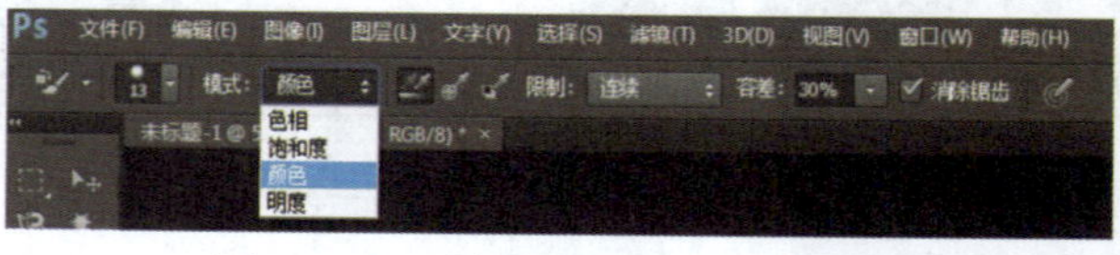

图 5—34　“颜色替换工具”属性栏

● 步骤

第一步，选择“颜色替换工具”，如图 5—35 所示。

第二步，将前景色改为红色后，使用“颜色替换工具”在荷花上进行单击涂抹，注意，光标圈内和十字位置颜色相似的区域才会被替换，如图 5—36 所示。

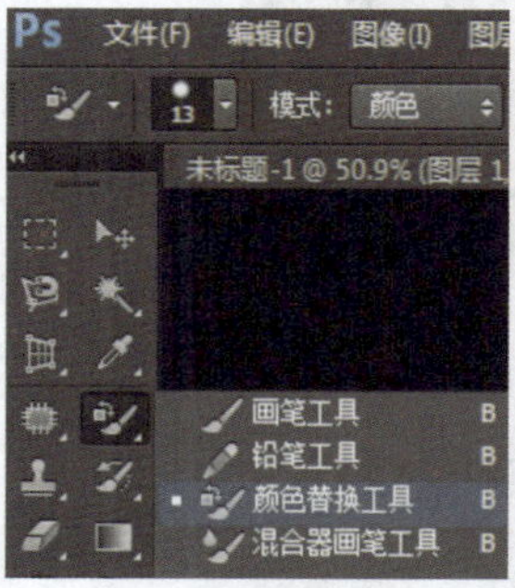

图 5—35　选择“颜色替换工具”

图 5—36　用“颜色替换工具”在荷花上进行涂抹

【实训八】

● 要求

利用“仿制图章工具”将素材图像（见图 5—37）修复成效果图（见图 5—38）。

图 5—37　素材图像

图 5—38　效果图

● 目的

通过本实训，掌握“仿制图章工具”的使用方法。

● 步骤

第一步，打开素材图片。

第二步，先选择“仿制图章工具”，然后在按下 Alt 键不放的同时单击图像上的 A 点位置，如图 5—39 所示。

图 5—39　单击图像上要取样的位置

第三步，在图像上的 B 点位置按下鼠标左键进行涂抹，结果如图 5—40 所示。

图 5—40　将取样放在指定位置

5.2　渐变工具

渐变工具可以在图像中填充渐变色。若图像中没有选区，渐变色会填充到当前整个图层上；若图像中有选区，渐变色会填充到选区当中。

渐变的颜色可以通过“渐变拾色器”进行选择，也可以自己编辑。单击“渐变工具”属性栏中的“渐变拾色器”下拉列表，可以看到如图 5—41 所示的“渐变拾色器”工具栏。第一个是前景色到背景色渐变，第二个是前景色到透明的渐变，第三个是黑白渐变……

如果要自定义渐变的颜色，可单击渐变颜色条，在弹出的“渐变编辑器”对话框中编辑渐变颜色，如图 5—42 所示。单击“渐变编辑器”中的渐变颜色条下面的滑杆，然后单击“颜色”块位置，即可调整颜色。如果要增加颜色，在滑杆后单击即可；如果要删除颜色，可以将滑杆向下拖动。

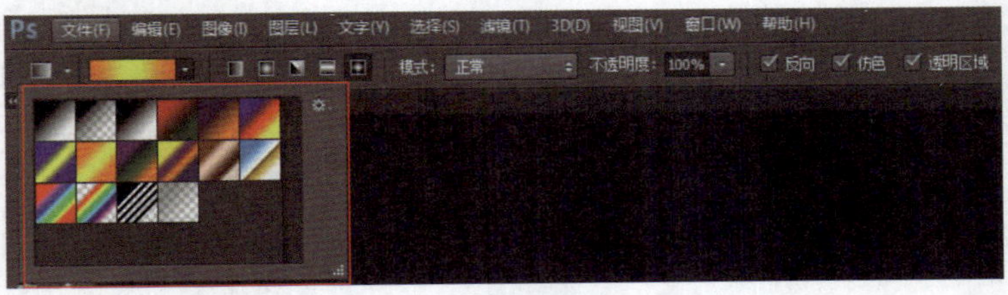

图 5—41　“渐变拾色器”工具栏

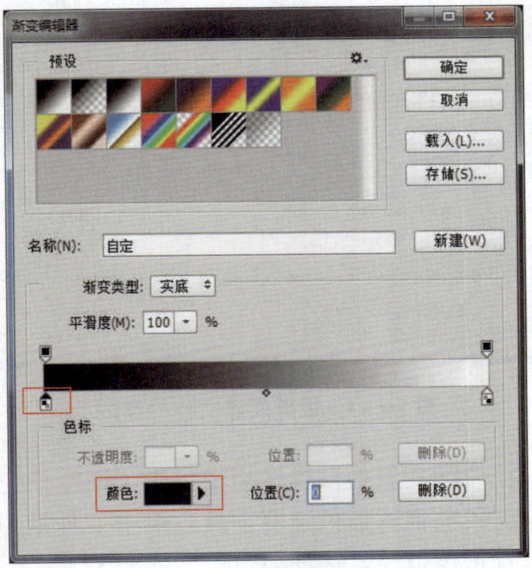

图 5—42　“渐变编辑器”对话框

【实训九】

● 要求

1. 文件尺寸为 800 像素×600 像素，颜色模式为 RGB，分辨率为 72 像素/英寸。
2. 用渐变工具并结合之前所学知识绘制如图 5—43 所示的效果图。

图 5—43　效果图

● **目的**

通过本实训，掌握“渐变工具”的使用方法。

● **步骤**

第一步，新建文件。使用新建文件的快捷键 Ctrl＋N，打开“新建”对话框，设置的参数为：“宽度”为 800，单位为“像素”；“高度”为 600，单位为“像素”；“分辨率”为 72，“颜色模式”为 RGB。如图 5—44 所示。

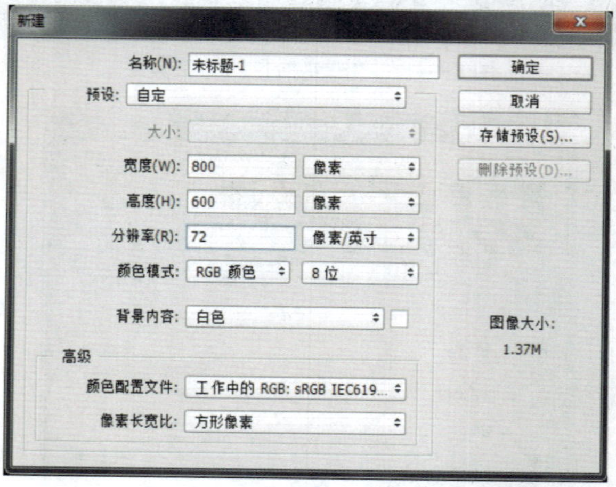

图 5—44　设置新建文件的参数

第二步，制作背景。在“渐变工具”属性栏中单击“渐变拾色器”，在“渐变拾色器”工具栏中选择第一个渐变前景色到背景色渐变，然后单击工具箱中设置前景色的色块，选择一种浅灰色，然后单击背景色色块，选择白色。

在文件中用“矩形选框工具”绘制出矩形选区，如图 5—45 所示。

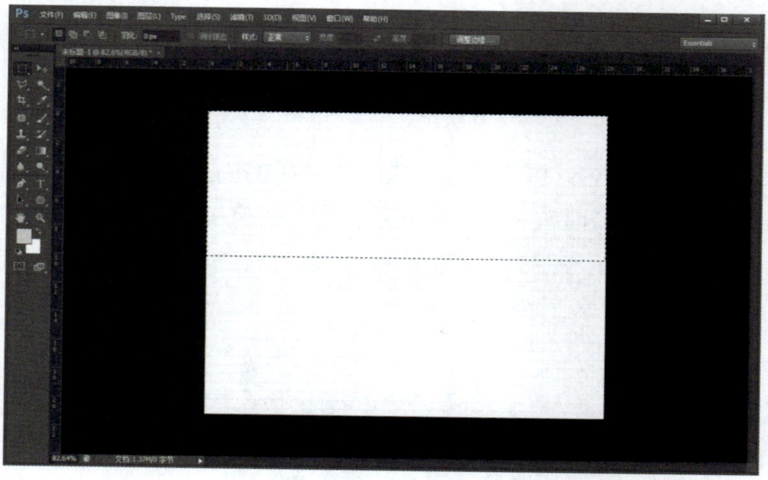

图 5—45　绘制矩形选区

创建一个新图层，在“渐变工具”属性栏中选择渐变的类型为第一种线型渐变，用渐变工具在选区内从上往下拖动。拖动时，按下 Shift 键不放，可保持渐变是在垂直方向上。结果如图 5—46 所示。

图 5—46　在矩形选区内填充渐变

在“图层”面板中选择背景层，填充浅灰色，如图 5—47 所示。

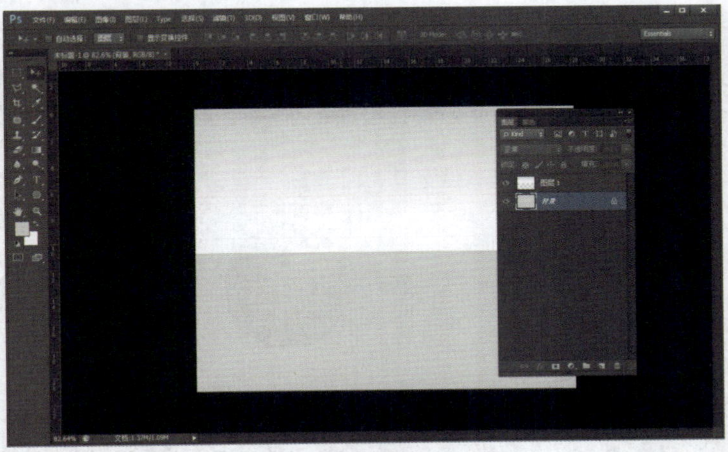

图 5—47　将背景层填充浅灰色

第三步，绘制球体。

(1) 先选择“椭圆选框工具”，然后在文件中按下 Shift 键不放，绘制出正圆选区，如图 5—48 所示。

(2) 先创建一个新图层，然后在“渐变工具”属性栏中单击“渐变拾色器”，选择第三种渐变黑色到白色渐变，在渐变类型中选择径向渐变，将“反向”复选框选中，在正圆选区中从左上方往右下方拖动，结果如图 5—49 所示。

(3) 按下快捷键 Ctrl+D 取消正圆选区。

第四步，绘制正方体。

(1) 先选择“矩形选框工具”，然后按下 Shift 键不放，拖动选区绘制出一个正方形的选区，如图 5—50 所示。

(2) 先创建一个新图层，然后选择“渐变工具”，在其属性栏中设置渐变的颜色是黑色到白色渐变，类型为线型渐变，在正方形选区中从左上角往右下角拖动，结果如图 5—51 所示。

(3) 先选择“矩形选框工具”，然后在正方形选区内右击鼠标，接着选择“变换选区”命令，用鼠标在变换框的左边向右边拖动变形，如图 5—52 所示。

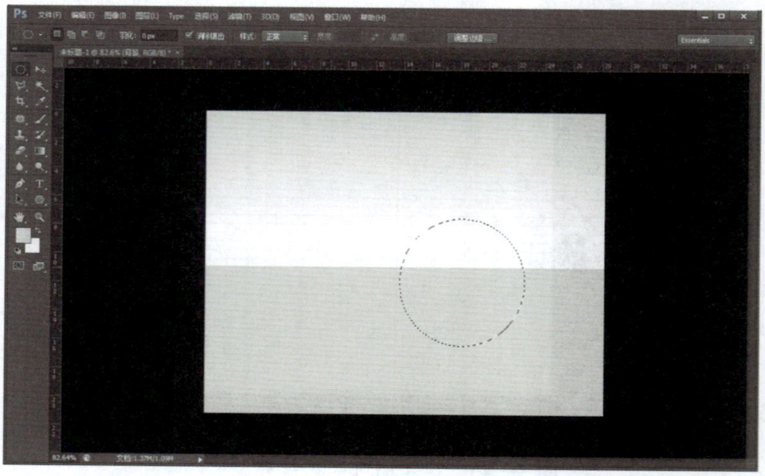

图 5—48　绘制出正圆选区

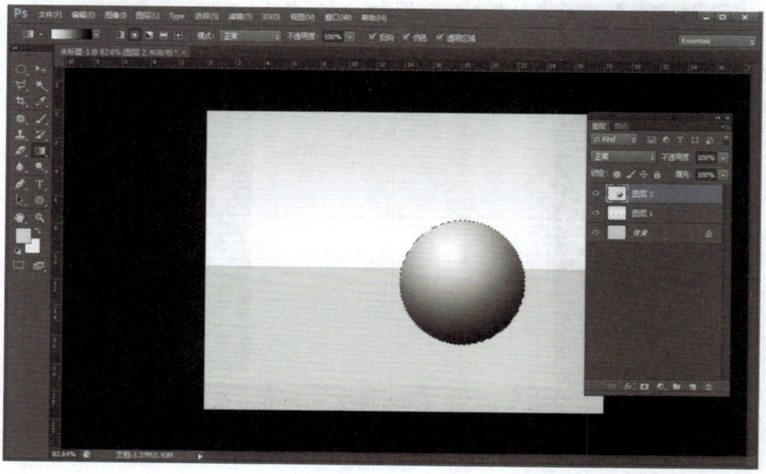

图 5—49　给正圆填充径向渐变

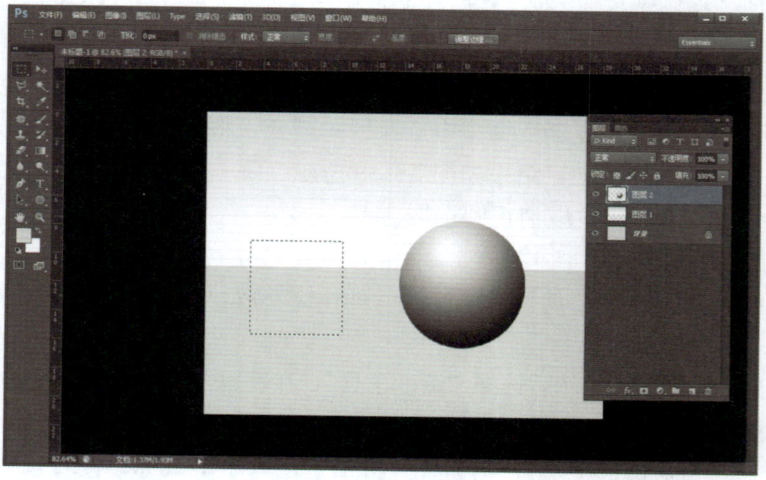

图 5—50　绘制正方形选区

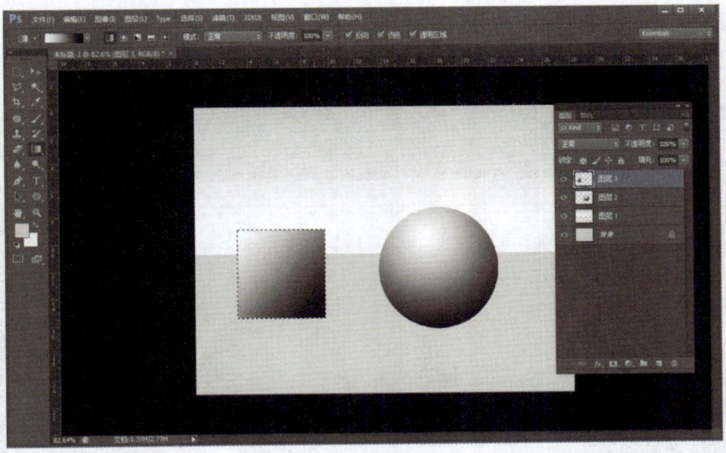

图 5—51　在正方形选区内填充线型渐变

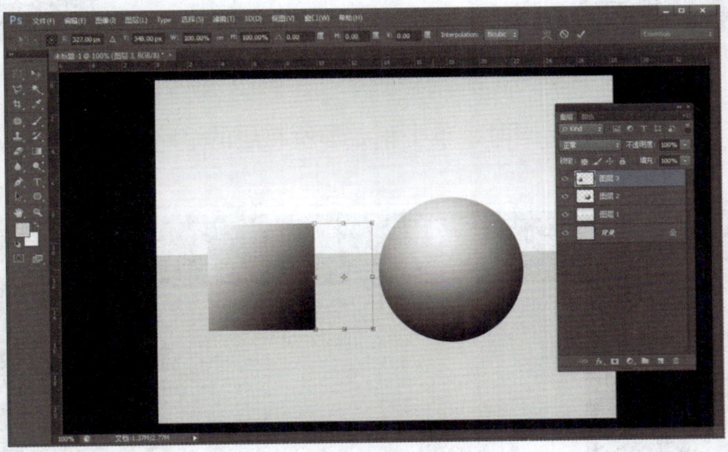

图 5—52　变换选区

（4）在按下 Ctrl 键不放的同时，用鼠标拖动变换框的右边，将选区修改为平行四边形，如图 5—53 所示。

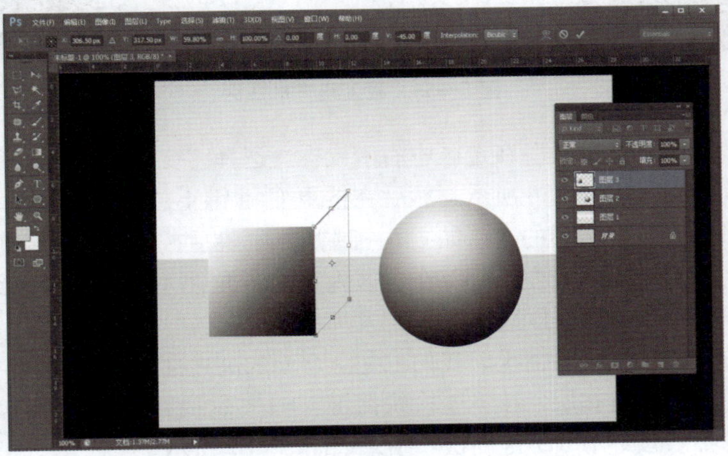

图 5—53　将选区变形为平行四边形

（5）双击变换框，进行确认。然后创建新图层，用“渐变工具”在选区内从左上角往右下角拖动，如图 5—54 所示。最后按下快捷键 Ctrl+D 取消选区。

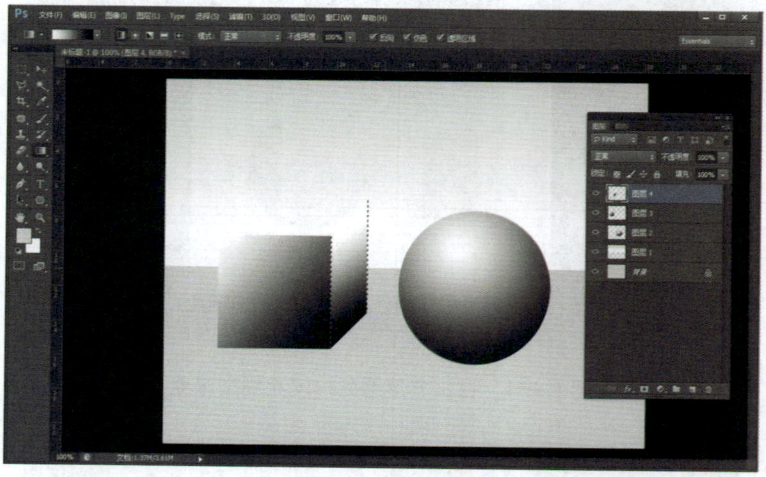

图 5—54　将正方体右侧填充渐变色

（6）在按下 Ctrl 键不放的同时，单击正方形所在层的缩略图，载入正方形选区，如图 5—55 所示。

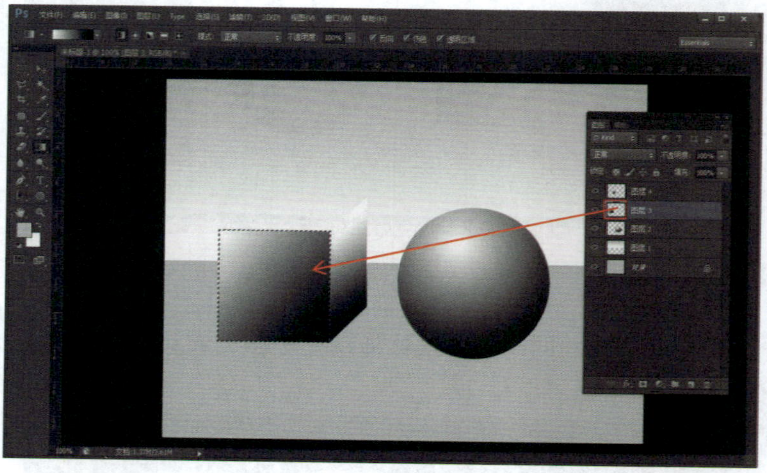

图 5—55　载入正方形选区

（7）选择“矩形选框工具”在选区中右击鼠标，选择“变换选区”命令，将选区的变换框从下往上拖动，如图 5—56 所示。然后在按下 Ctrl 键不放的同时拖动变换框的上边，直拉对齐正方形和平行四边形的边，如图 5—57 所示。最后按下 Enter 键确认变换操作。

（8）创建新图层，用“渐变工具”在选区内从右下角往左上角拖动，结果如图 5—58 所示。然后按下快捷键 Ctrl+D 取消选区。

为了使正方体更符合实际情况，我们可把三个面的高光部分都集中在一个角上。具体操作方法是选择正方形所在层，按下变换快捷键 Ctrl+T，右击出现的变换框，选择“水平翻转”命令，然后按下 Enter 键确认，结果如图 5—59 所示。

（9）调整正方体和球体的摆放位置，如图 5—60 所示。

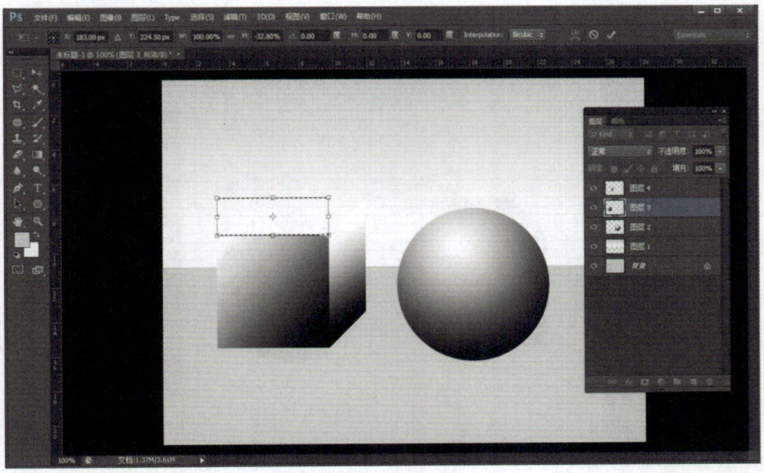

图 5—56　变换选区

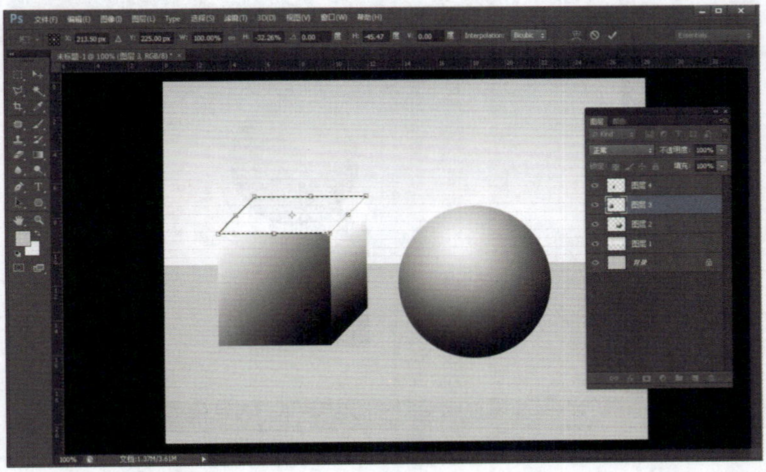

图 5—57　将正方体上面的选区变形为平行四边形

图 5—58　将正方体的上面填充渐变

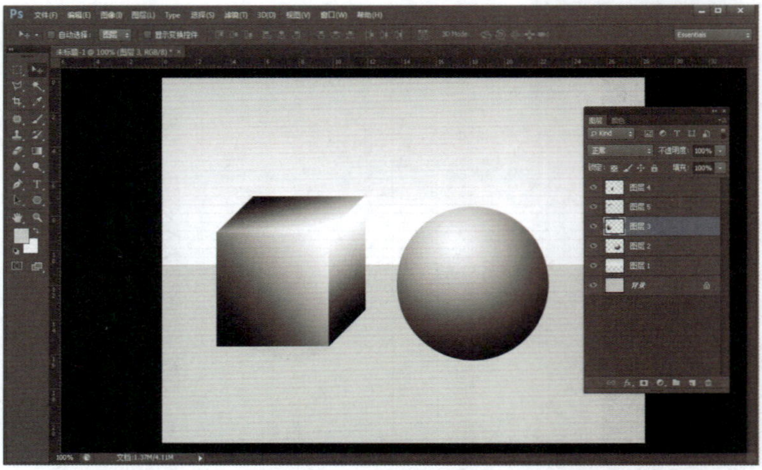

图 5—59　变换正方体正面

图 5—60　调整正方体和球体的位置

第五步，绘制锥体。

(1) 选择“多边形套索工具”，绘制出如图 5—61 所示的锥体右侧的选区。

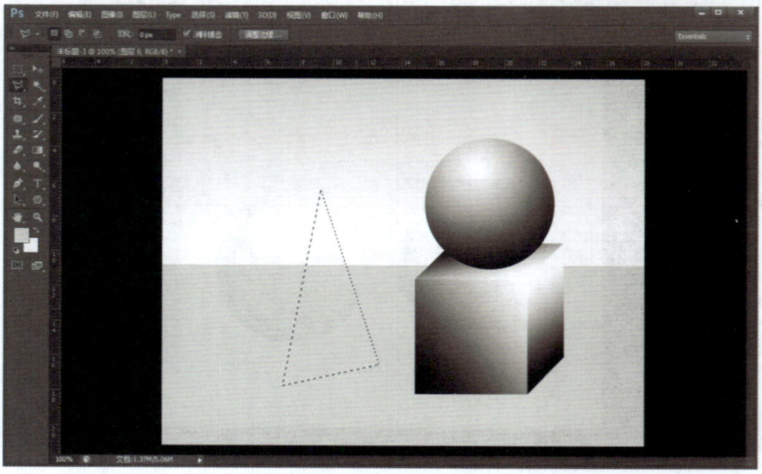

图 5—61　绘制锥体右侧选区

（2）创建一个新图层，在选区内填充浅灰色，如图 5—62 所示。

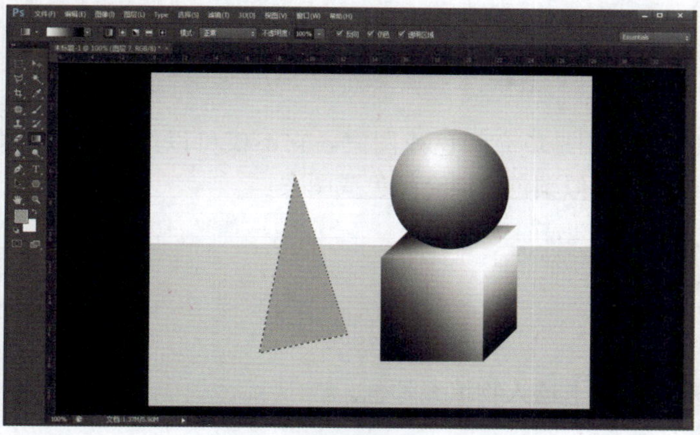

图 5—62　将锥体右侧填充颜色

（3）用“多边形套索工具”绘制另外一个面的选区，如图 5—63 所示。

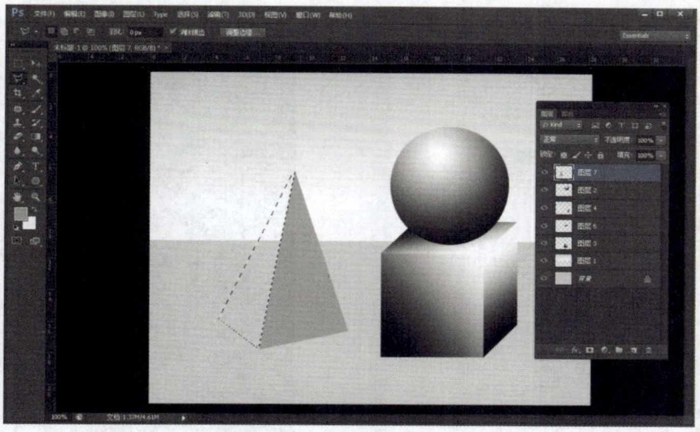

图 5—63　绘制锥体左侧选区

（4）将左侧选区创建一个新图层，填充比右侧面深一点的灰色，然后按下快捷键 Ctrl＋D取消选区，最后的效果如图 5—64 所示。

图 5—64　球体、正方体、锥体的最终效果图

5.3 油漆桶工具

“油漆桶工具”的作用是填充颜色或图案，它不仅可以给整个图层填充颜色或图案，也可以给选区内或某个近似颜色块填充颜色或图案。

【实训十】

● **要求**

给如图 5—65 所示的卡通人物填充颜色。

● **目的**

本实训的知识要点是掌握“油漆桶工具”的使用方法。

● **步骤**

第一步，选择“油漆桶工具”，如图 5—66 所示。

图 5—65 卡通人物

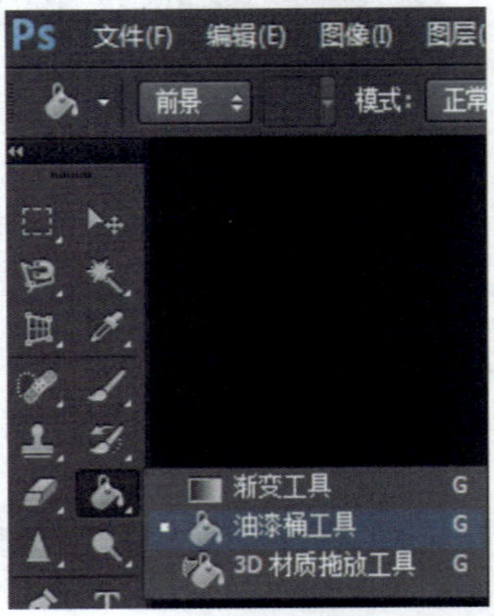

图 5—66 选择“油漆桶工具”

第二步，将前景色改为需要填充的颜色，然后用“油漆桶工具”在相应的位置进行单击填充，如图 5—67 所示。

图 5—67 用“油漆桶工具”进行填充

【实训十一】

● **要求**

用自定义图案的方法制作出如图 5—68 所示的效果图。

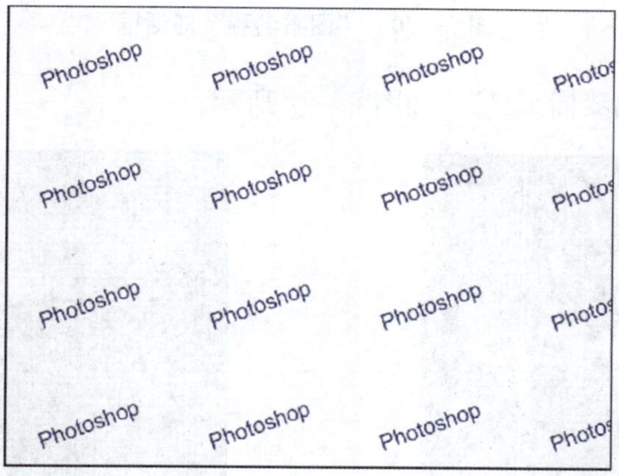

图 5—68　效果图

● **目的**

通过本实训，掌握如何自定义图案，并且学会将自定义的图案进行填充。

● **步骤**

第一步，在新建的空白文件中输入“Photoshop”，用快捷键 Ctrl＋T 对文字进行旋转，然后用“矩形选框工具”选中要编辑的对象，如图 5—69 所示。

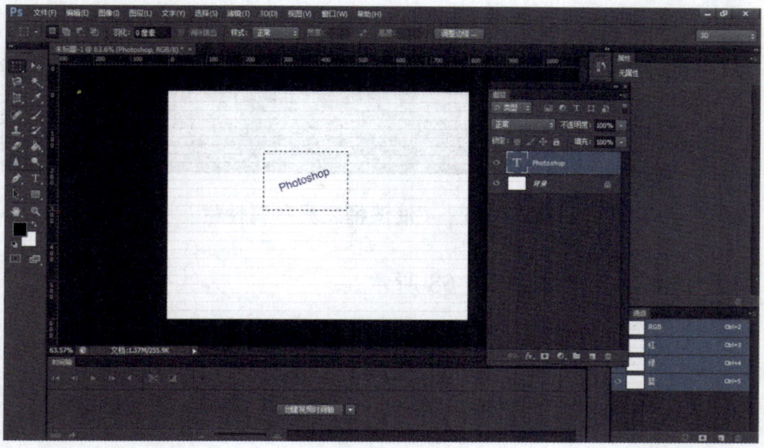

图 5—69　选中要定义的区域

第二步，单击“编辑”→“定义图案”命令，弹出“图案名称”对话框，如图 5—70 所示。在对话框中输入名称“图案 1”，单击“确定”按钮。

第三步，在“图层”面板中将文字层隐藏，选中背景层，如图 5—71 所示。

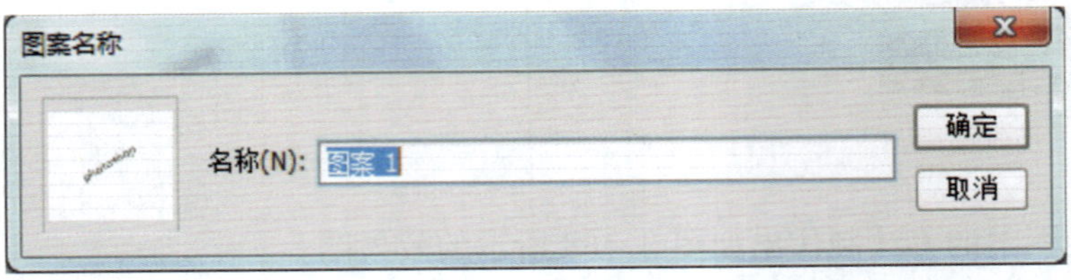

图 5—70　“图案名称”对话框

第四步，选择“油漆桶工具”，如图 5—72 所示。

图 5—71　将“图层”面板中的文字层隐藏

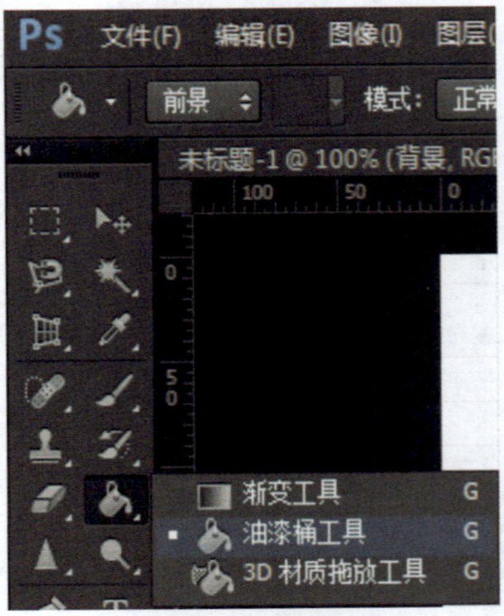

图 5—72　选择“油漆桶工具”

第五步，在“油漆桶工具”属性栏中，选择填充项目为图案，然后在图案下拉菜单中选择最后一个图案，如图 5—73 所示。

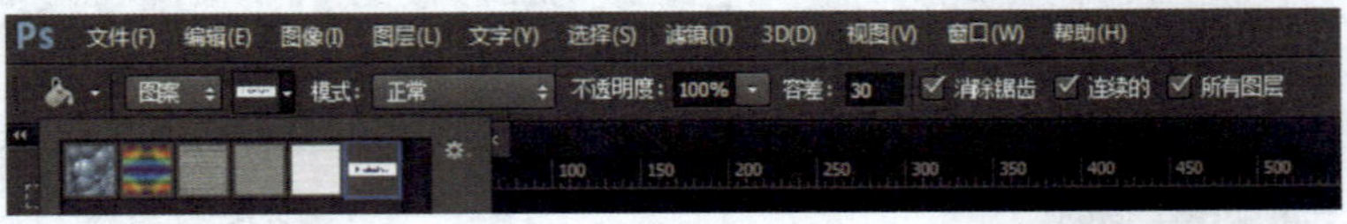

图 5—73　“油漆桶工具”属性栏

第六步，单击图像，效果如图 5—68 所示。

5.4　吸管工具

吸管工具的最主要作用是吸取图像上的颜色。其使用方法非常简单，只要单击图像上要吸取的颜色，前景色块中就会显示吸取的颜色。

5.5　切图

切图，简单又通俗地说，就是将一张大图切割成几张小图。

【实训十二】

● 要求

图 5—74 是一幅网页效果图，请将页面上无法用代码写出来的图片部分 A、B、C、D、E 部分切成小图。

● 目的

通过本实训掌握网页的切图方法。

图 5—74　网页效果图

● 步骤

第一步，用 Photoshop 打开此文件，最好是打开 .PSD 分层文件，然后选择“切片工具”，如图 5—75 所示。

第二步，用“切片工具”在图像上的 A、B、C、D、E 部分分别画出切片框，如图 5—76 所示。

第三步，用“切片选择工具”修改切片的大小，在绘制切片框时一定要精确到像素，如图 5—77 所示。

第四步，将切出来的图导出。单击“文件”→“存储为 Web 所用格式”命令，打开如图 5—78 所示“存储为 Web 所用格式”对话框。

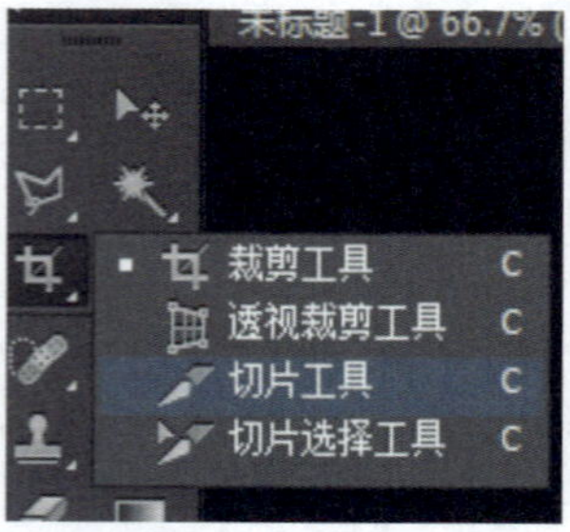

图 5—75 选择“切片工具”

图 5—76 绘制切片框

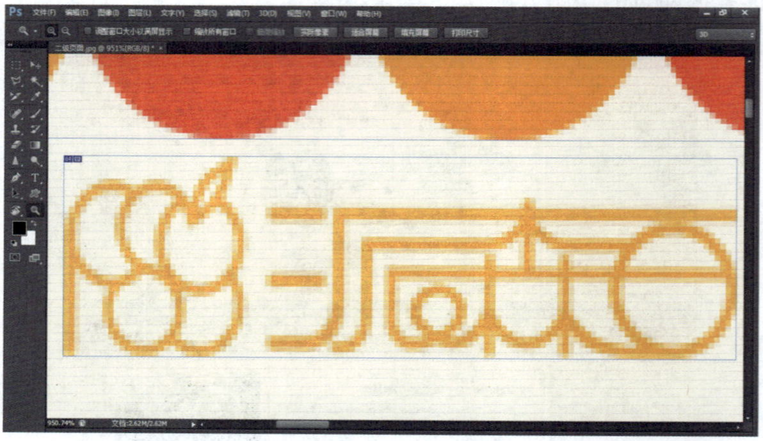

图 5—77 修改切片大小

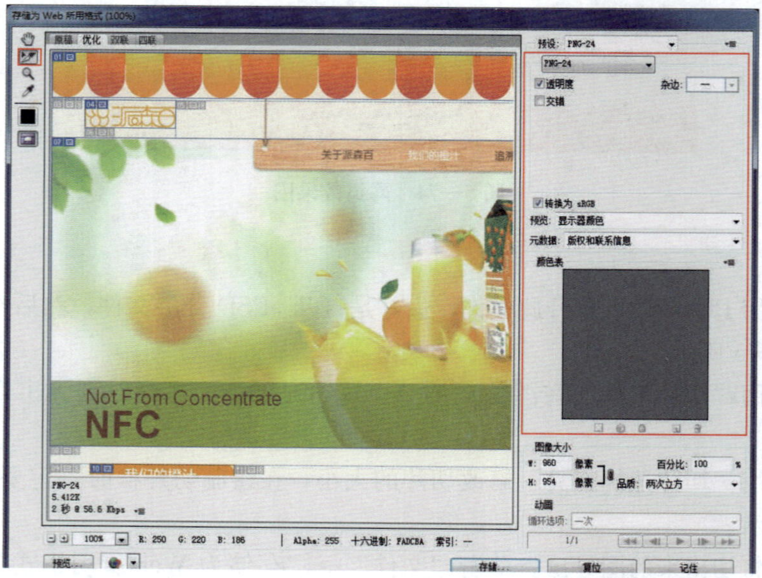

图 5—78 “存储为 Web 所用格式”对话框

第五步，用“存储为 Web 所用格式”对话框中左侧的“切片选择”工具，分别选择不同的切片，然后在右侧对切片做优化。分别设置后，单击“存储”按钮进行保存。

第六步，设置“将优化结果存储为”对话框。每个导出小图片的名字是以设置的名字＋下划线＋切片的编号组成的；格式为“仅限图像”，意思是需要导出的是图片；切片栏选择“所有用户切片”，意思是将我们用“切片工具”绘制的切片导出，自动生成切片框就不要导出了，如图 5—79 所示。

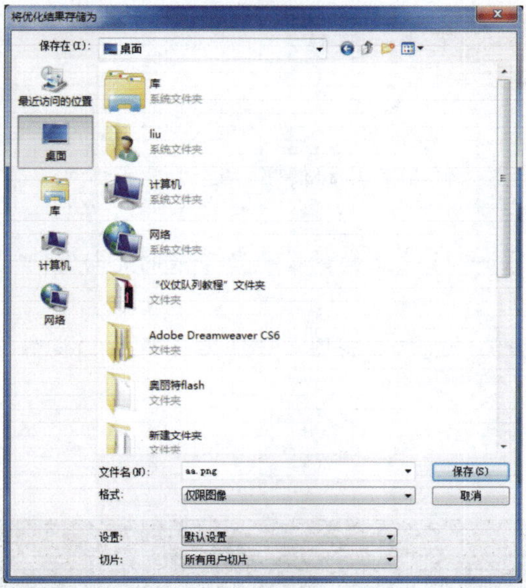

图 5—79　存储设置

第七步，查看导出结果。导出的切片会保存在一个自动生成的 images 文件夹中，如图 5—80 所示。

图 5—80　导出的切片图片

本章小结

本章主要讲解了如何对图像进行修复，例如修改杂点、修改颜色，以及渐变工具的使用方法，还介绍了如何给网页切图。切图主要用切片工具，将图像上要单独导出的部分切成一块一块的区域，然后存储为 Web 格式。

拓展实训 1——乾坤大挪移

【知识要点】

本实训的知识要点是图像修复工具的使用，通过本实训可以掌握基本的修图方法。

【要求】

1. 使用修补工具将图 5—81 右上角的“残留下来的光与影”、“夏末”字样移到原图的书中。

2. 使用本章介绍的图像修复工具将图 5—81 右上角的“残留下来的光与影”、“夏末”字样删除。

3. 最终效果如图 5—82 所示。

【原图与效果图】

图 5—81　原图

图 5—82　效果图

拓展实训 2——去掉图片上多余的人物

【知识要点】

修复工具的综合应用。

【要求】

利用修复工具将素材图片中沙滩上的人去掉。

【原图与效果图】

原图和效果图的对比如图 5—83 所示。

图 5—83　素材与效果图的对比

拓展实训 3——旧貌换新颜

【知识要点】

本实训的知识要点是图案的定义与填充。通过对素材的“改造”掌握图案的定义与填充。

【要求】

1. 文件尺寸为 21 厘米×13 厘米，分辨率为 72 像素/英寸，颜色模式为 CMYK。

2. 效果图 5—84 中的背景字样“Coffee for two”用素材（见图 5—85）上的图像，将其定义成图案后，填充背景。

【效果图】

图 5—84　效果图

图 5—85 素材图

拓展实训 4——制作画册封面

【知识要点】

本实训的知识要点是“矩形选框工具”的绘制与使用、“渐变工具”的使用。同时，了解制作画册封面的过程。

【要求】

1. 文件尺寸为 21 厘米×28.5 厘米，颜色模式为 CMYK，分辨率为 300 像素/英寸。

2. 制作效果图 5—86 所示背景中的白色的线。这些线的制作方法是：(1) 绘制矩形选区；(2) 创建新图层；(3) 单击“编辑”→“描边”命令，在“描边”对话框中设置“宽度”为 2，“颜色”为白色。

【效果图】

效果图如图 5—86 所示。

拓展实训 5——网页切图

【知识要点】

本实训的知识要点是如何使用“切片工具”将网页上的图片部分切出来。

【要求】

将素材图（见图 5—87）上标注的 A、B、C、D、E、F 位置用“切片工具”切出来。其

图 5—86　效果图

中，A 位置为网页的标志部分。B 位置为网页的导航部分。C 位置为网页的 Banner 部分。D 位置为种类搜索列表上的背景图部分。E 位置为列表背景图部分。F 为内容介绍插图部分。

【素材图】

图 5—87　素材图

第 6 章

图层

本章介绍

本章主要介绍图层的基本应用知识和操作技巧，讲解图层的概念、图层的基本操作、智能对象层的使用以及图层样式的操作技巧。通过本章的学习，能够在设计图的过程中熟练地使用图层。

知识目标

- 了解图层的种类
- 掌握图层混合模式的应用技巧
- 掌握图层样式效果的种类

能力目标

- 能够熟练地编辑图层，如图层的建立、删除、重命名等
- 能够在做图的过程中灵活使用不同种类的图层
- 能用图层样式增强设计图的效果，使设计图更加完美

6.1　什么是图层

图层是 Photoshop CC 最核心的功能之一，几乎每一步的操作都会涉及图层，如果没有图层，所有的颜色都放在一个层上，图像将无法修改。

每一个图层可以看作是一张透明的纸，设计者可在每一层上的不同位置进行贴画，只要上层和下层的贴画不重叠，所有的贴画就能都显现出来。

6.2　图层的基本操作

图层的基本操作包括图层的创建、删除、选择等，下面介绍在“图层”面板上的各种

操作。“图层”面板如图 6—1 所示。

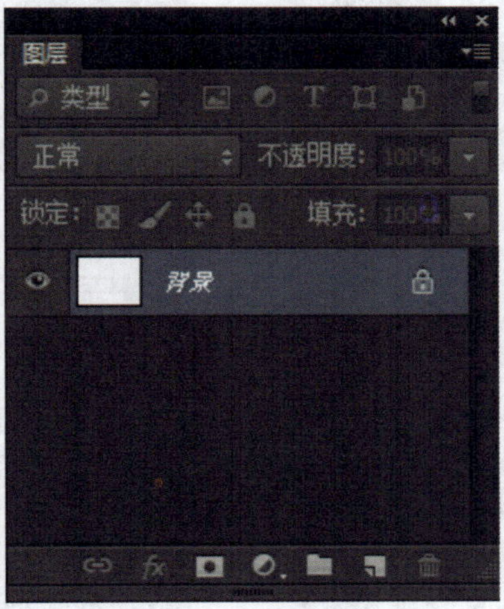

图 6—1　“图层”面板

（1）创建新图层。在“图层”面板中单击“创建新图层”按钮，即可在当前图层上新建一个新图层，新建的图层会自动成为当前图层，如图 6—2 所示。

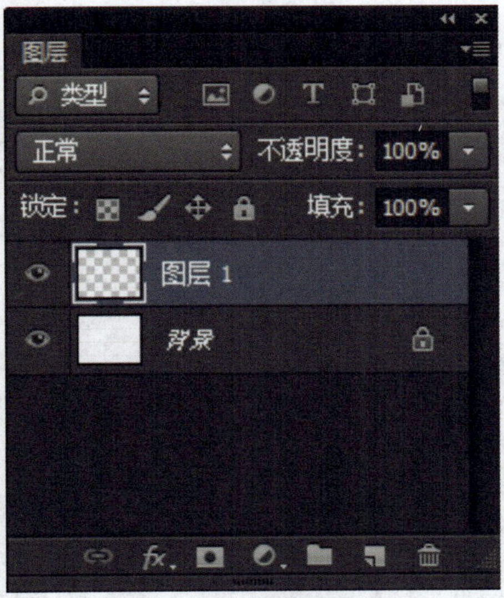

图 6—2　创建新图层

（2）删除图层。要将当前选中的图层删除，可直接按下 Delete 键，或单击“图层”面板中的“删除图层”按钮。

（3）选择图层。要选择一个图层，可在“图层”面板上直接单击要选择的图层。如果要选择连续的图层，可先选择连续的第一个图层，按 Shift 键的同时单击最后一个连续的图层，即可将连续的图层选中，如图 6—3 所示。

若选择不连续的图层，可在按 Ctrl 键的同时依次单击要选择的图层，如图 6—4 所示。

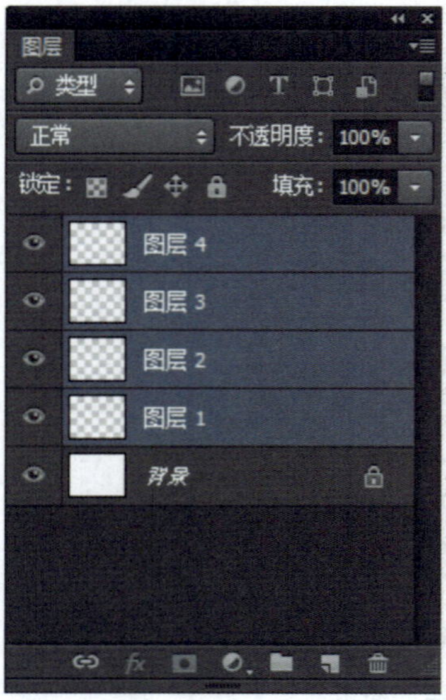

图 6—3　选择连续的图层

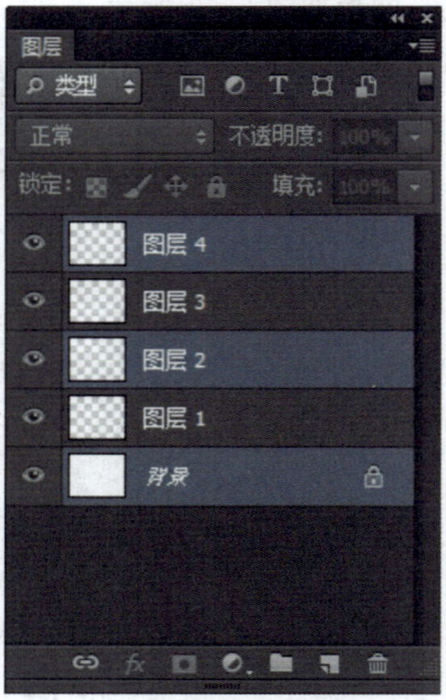

图 6—4　选择不连续的图层

(4) 创建图层组。如果要将多个图层创建在一个组内，可以单击“创建图层组”按钮，然后在这个组里再创建新图层。如果要将已经创建的图层放在新的组里，可以通过拖放的方式来实现，如图 6—5 所示。

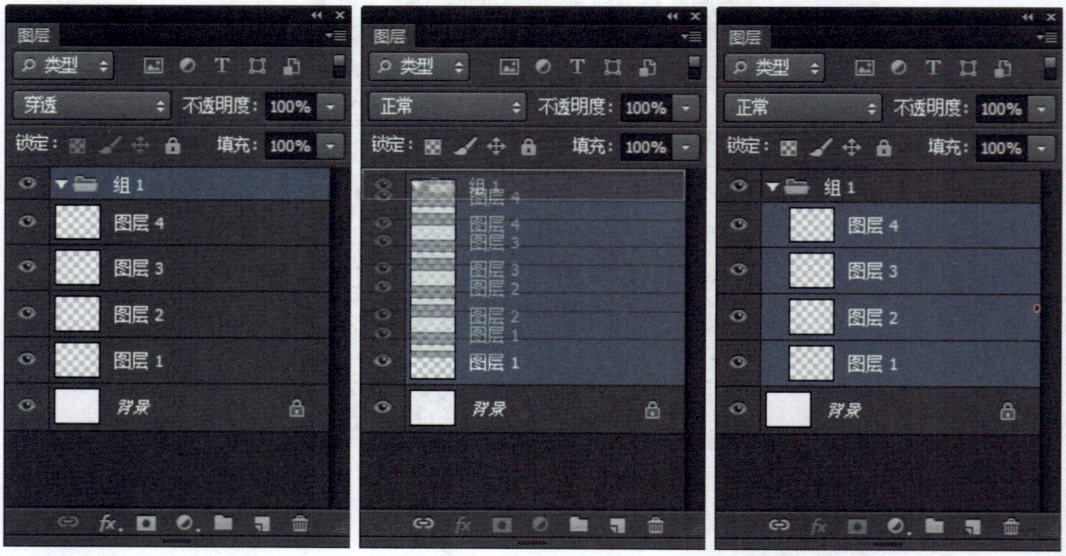

图 6—5　将图层拖进组里

(5) 链接图层。若要将多个图层链接在一起，以实现“牵一发而动全身”的效果，可将要链接的图层选中，单击“链接图层”按钮。

(6) 图层添加样式。可添加的样式有投影、描边、发光、斜面和浮雕、光泽等。

(7) 修改图层的不透明度。选中要修改的图层，直接在不透明度输入框 不透明度：100% 中输入数值即可。

(8) 复制图层。操作方法是将要复制的图层拖至新建图层按钮上。

(9) 显示或隐藏图层。单击图层前的“显示隐藏图层”图标即可。

6.3 图层的类型

Photoshop CC 中可创建多种类型的图层，它们各自都有不同的功能和用途，在“图层”面板中显示的状态也各不相同，如图 6—6 所示。

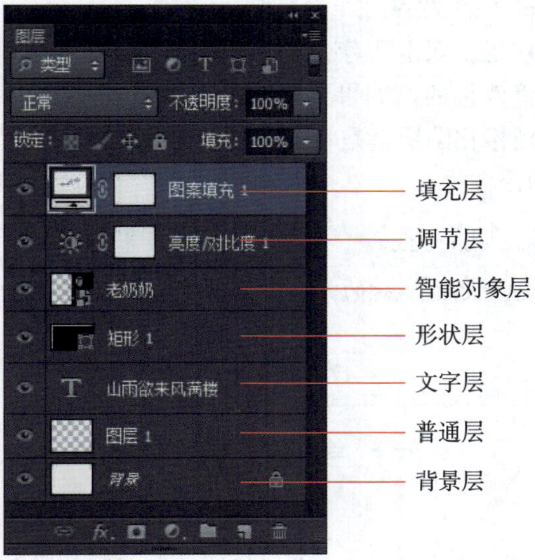

图 6—6 图层的类型

1. 背景层

背景层的建立方法是：在新建文件时，在“新建”对话框中的“背景内容”中，选择“白色”或“背景色”都可以建立出背景层，如图 6—7 所示。

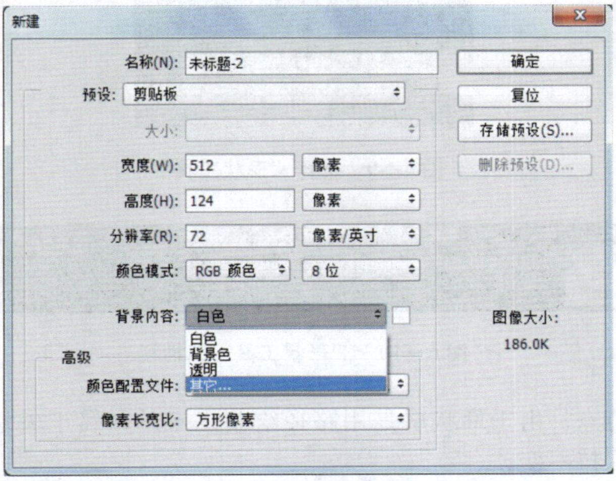

图 6—7 设置新建文件中的背景层

默认情况下背景层是被锁定的，而且不能解锁。如果需要编辑，可将其转为普通层。具体方法是在按下 Ctrl 键的同时，双击“背景”层，这样背景层就能转为普通层，并且可以编辑。

2. 普通层

普通层的建立方法是单击“图层”面板下方的“创建新图层”按钮。

3. 文字层

（1）文字层的建立。用“文字工具” T 输入文字后，即会自动出现文字层。

（2）文字层的特点。在缩放文字层时，文字的清晰度是不变的。层前的缩略图为 T 字图标，图层的名字是所输入的文字。

（3）文字层的操作技巧。双击 T 字缩略图，可将图层上所有的文字选中。另外，文字层是不可以直接使用滤镜效果的，如果要用滤镜，会出现图 6—8 所示的提示，那么图层就必须要进行栅格化。栅格化图层就是将文字层转为普通层，具体方法是单击“图层”→“栅格化”→“文字”命令。

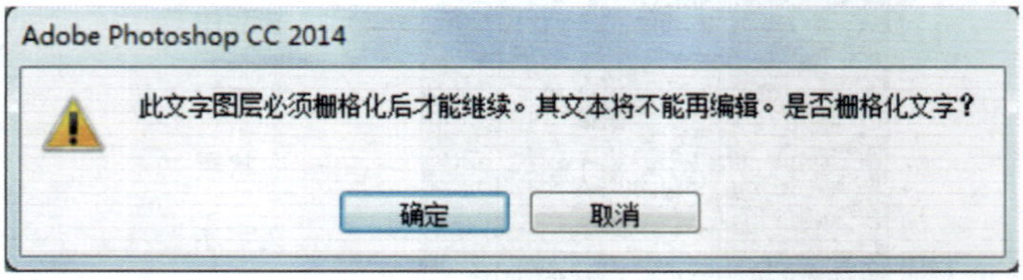

图 6—8　给文字层用滤镜时的提示

4. 形状层

（1）形状层的建立。在用“形状工具”（如图 6—9 所示）或“钢笔工具”绘制路径形状时，如果在“形状工具”属性栏（如图 6—10 所示）的工具模式中选择“形状”，那么绘制形状后，就会产生形状层。

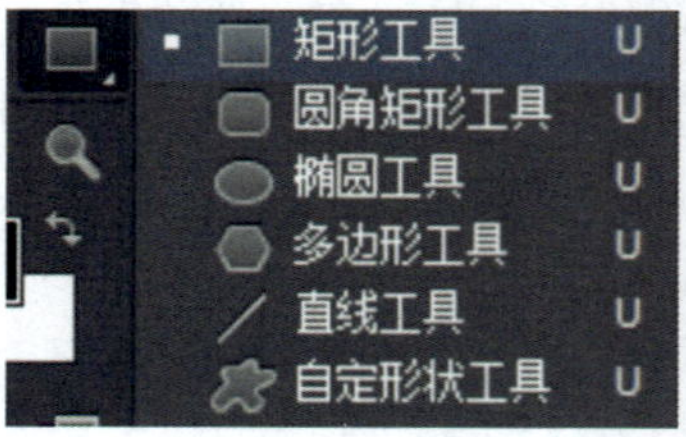

图 6—9　选择“形状工具”

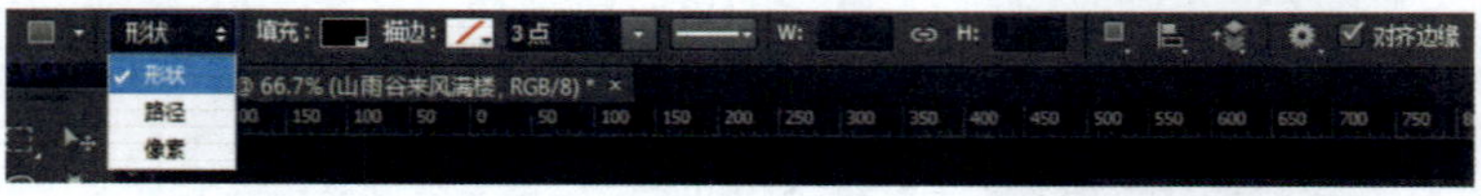

图 6—10　“形状工具”属性栏

（2）形状层的特点。由于形状层是用路径绘制出来的，属于矢量图形，在缩放的时候，清晰度会始终保持不变。

（3）形状层的操作技巧。双击形状层前的缩略图（如图 6—11 所示），可以更改形状的填充颜色。如果要将形状层转为普通层，可单击“图层”→“栅格化”→“形状”命令来实现。

图 6—11　形状层缩略图

5. 智能对象层

(1) 智能对象层的建立。从“计算机”中找到一张图片拖至 Photoshop 中，如图 6—12 所示。按 Enter 键确认后，会产生一个智能对象层，如图 6—13 所示。

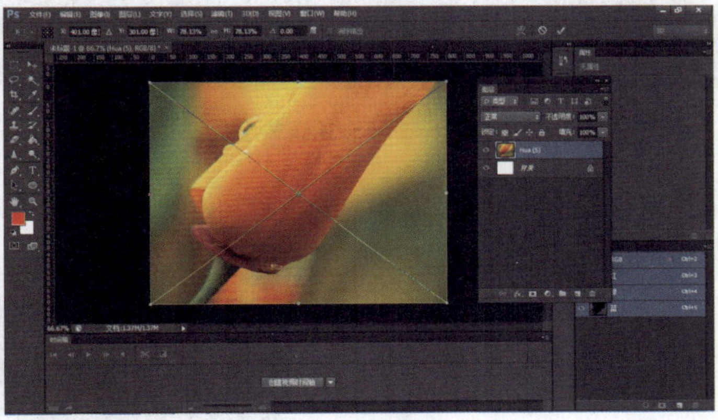

图 6—12　将图片拖至 Photoshop

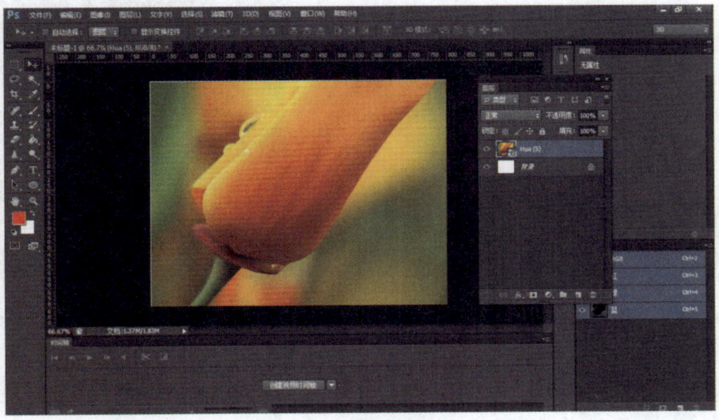

图 6—13　确认图片置入后

(2) 智能对象层的特点。图片在缩放时清晰度不变。智能对象层不能进行例如调色、填充等编辑，如果要编辑，必须转为普通层。具体的操作方法是单击“图层”→“栅格化”→“智能对象”命令。

6. 调节层

(1) 调节层的建立。单击“图层”面板下方的“创建新的填充或调节图层”按钮，选择“亮度对比度”以下的所有选项都可以建立调节图层。调节图层主要是用来调色，对其以下的所有图都起作用。如图 6—14 所示。

图 6—14　创建调节层

（2）调节层的操作技巧。单击调节层前的缩略图（如图 6—15 所示），在“属性”面板中可以进行参数的调整，如图 6—16 所示。

图 6—15　调节层的缩略图

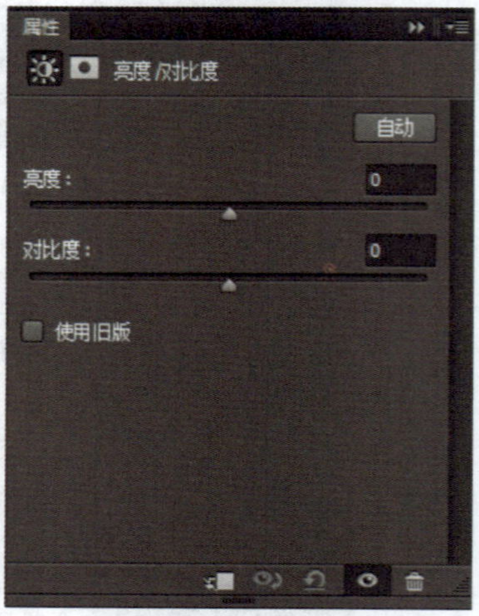

图 6—16　调节层的“属性”面板

7. 填充层

（1）填充层的建立。单击“创建新的填充或调节图层”按钮，选择“纯色”、“渐变”、“图案”任意一种即可建立填充层。

（2）填充层的操作技巧。双击填充层前的缩略图（如图 6—17 所示），可以在弹出的对话框中设置填充的颜色。

图 6—17　填充层的缩略图

6.4　排列与分布图层

“图层”面板中的图层是按照创建的先后顺序排列的，设计者根据需要可以调整图层的排列次序。如果需要将多个图层对齐或平均分布间距，可以使用“移动工具”属性栏中的“对齐”或“分布”命令来实现。

6.4.1　调整图层的排列次序

【实训一】

● 要求

通过调整图层的叠放次序，将图6—18中的黄色花压上粉色花。

图6—18　需要更改叠放次序的两个图层

● 目的

通过在“图层”面板中调整图层的叠放次序，掌握调整图层叠放次序的方法。

● 步骤

第一步，打开素材文件，选中黄色花所在图层。

第二步，向上拖动黄色花所在图层，如图6—19所示。

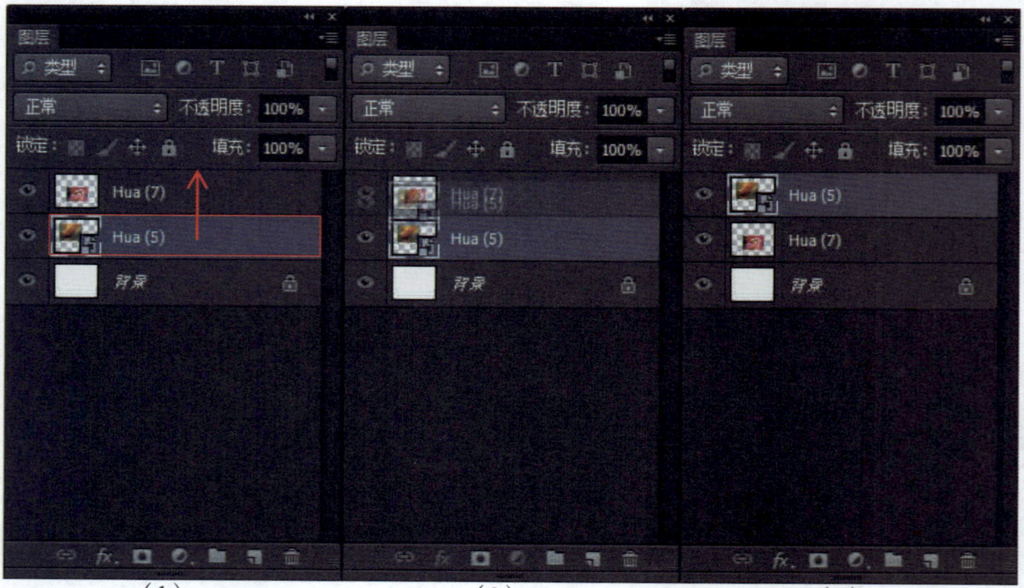

（1）　　　　（2）　　　　（3）

图 6—19　拖动图层

第三步，查看调整后的效果，如图 6—20 所示。

图 6—20　效果图

【实训二】

● **要求**

完成如图 6—21 所示的效果图。

图 6—21　效果图

● **目的**

通过使用快捷键调整图层的叠放次序，体验使用快捷键的效率。

● 步骤

第一步，新建文件后，将前景色调为红色，用“文字工具” 在图像上单击，输入文字“咱们结婚吧”。

第二步，用“文字工具”分别将“咱”“结”“吧”三个字的颜色通过“文字工具”属性面板改为黄色，如图6—22所示。

图6—22　“文字工具”属性面板

第三步，先选择“椭圆选框工具”，然后在按下Shift键不放的同时拖动绘制出正圆选区，如图6—23所示。

第四步，新建图层，并将前景色红色填充到选区内，如图6—24所示。

图6—23　绘制正圆选区

图6—24　给选区填色

第五步，取消选区。

第六步，选择“移动工具” ，在按下Alt键不放的同时拖动复制出一个红色圆图层，如图6—25所示。

第七步，同第六步，如图6—26所示。

图6—25　复制圆图层

图6—26　继续复制圆

第八步，选择三个圆的所在图层，按下快捷键Ctrl+Shift+[将图移至最底层。

注：调整图层叠放次序对应的菜单命令在“图层”→“排列”中，快捷键为：

1. 上移一层：Ctrl+]。
2. 下移一层：Ctrl+[。
3. 移至最顶层：Ctrl+Shift+]。
4. 移至最底层：Ctrl+Shift+[。

6.4.2　调整图层的对齐和分布

【实训三】

● 要求

1. 制作如图6—27所示的效果图。

2. 图片设置为可自定义，最好是一个系列的，这样做出来的效果会更好。

图 6—27 效果图

● 目的

通过本实训，熟练掌握图层对齐和分布的操作。

● 步骤

第一步，找到四张素材图片，并将其拖至 Photoshop CC 程序内，如图 6—28 所示。

图 6—28 置入四张图片

第二步，选中四张图片所在图层，并将其缩小，如图 6—29 所示。

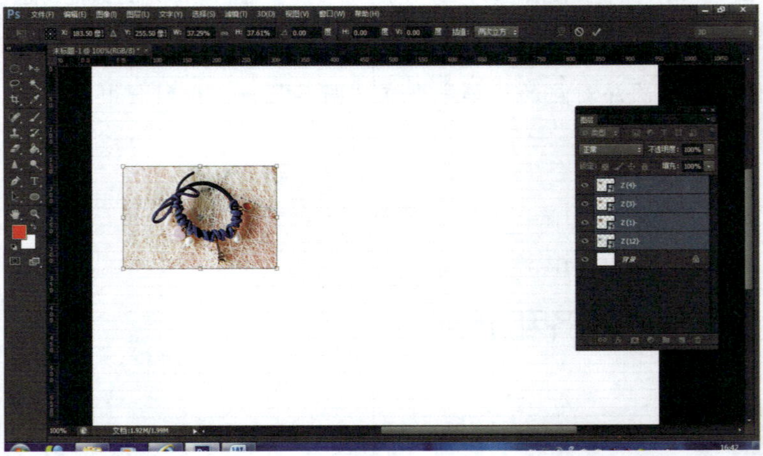

图 6—29 缩小四张图片

第三步，将四个图层移开，如图 6—30 所示。

图 6—30 移开四个图层

第四步，再次将四个图层选中，单击“移动工具”属性栏中的“顶对齐”按钮，结果如图 6—31 所示。

图 6—31 对齐的四个图层

第五步，首先将四个图所在位置的最左边图片和最右边的图片定位好。将第一个图移到最左边，第四个图移到最后边，如图 6—32 所示。然后在第一个图至第四个图的范围内，平均分布四个图的间距，单击“水平居中分布”按钮，结果如图 6—33 所示。

第六步，在第一张图片的下面输入产品说明文字，如图 6—34 所示。

第七步，选中“移动工具”，按下 Alt 键不放的同时拖动进行复制，如图 6—35 所示。

第八步，将文件存储。具体操作为先单击“文件”→“保存”命令，然后选择保存位置，输入文件名，选择 . PSD 格式，最后单击“确定”按钮。

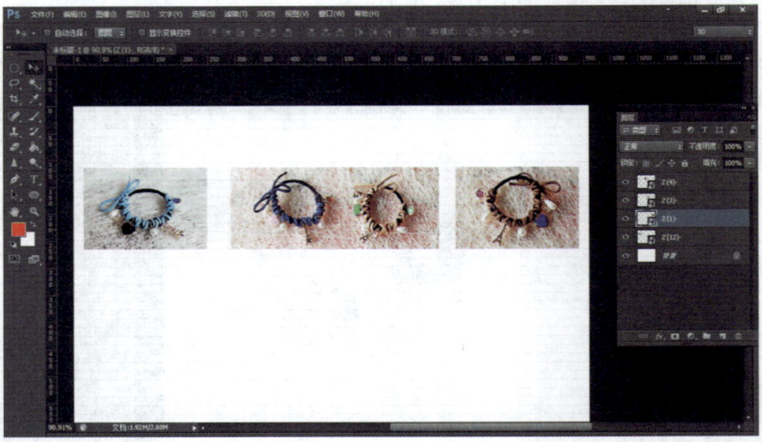

图 6—32　定位最左和最右边的图

图 6—33　平均间距分布后的图

图 6—34　输入产品说明文字

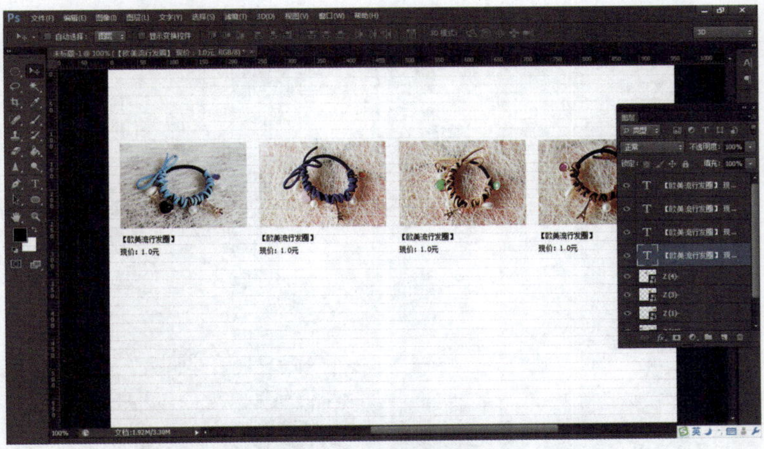

图 6—35 复制产品说明文字

6.5 合并图层

1. 合并选中的图层

如果要合并选中的图层，可单击“图层”面板右拉菜单（如图 6—36 所示）中的“合并图层”命令，合并后的图层会自动使用上面图层的名称，如图 6—37 所示。

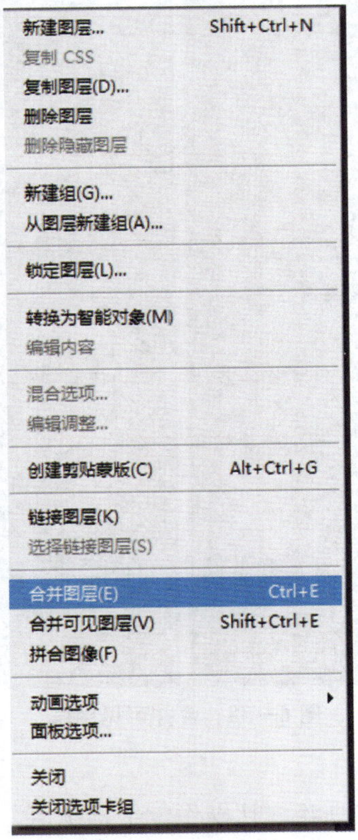

图 6—36 “图层”面板的右拉菜单

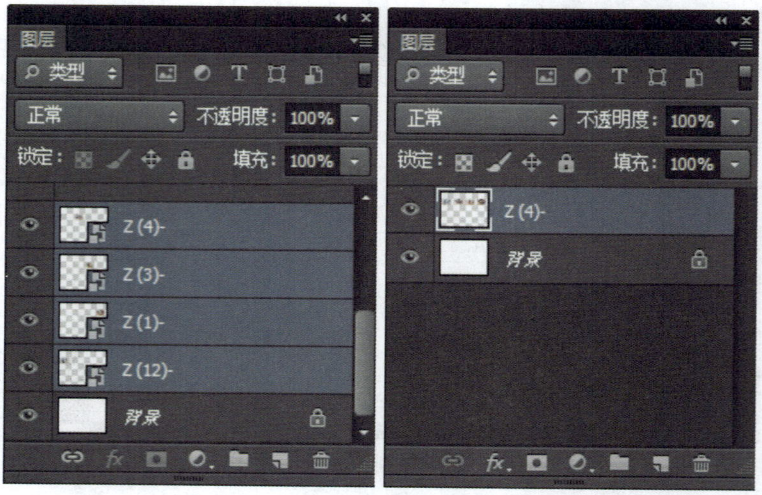

图 6—37　合并选中的图层

2. 合并可见图层

合并可见图层即将所有显示的图层合并，其操作方法是单击“图层”面板右拉菜单中的“合并可见图层”命令，结果如图 6—38 所示。

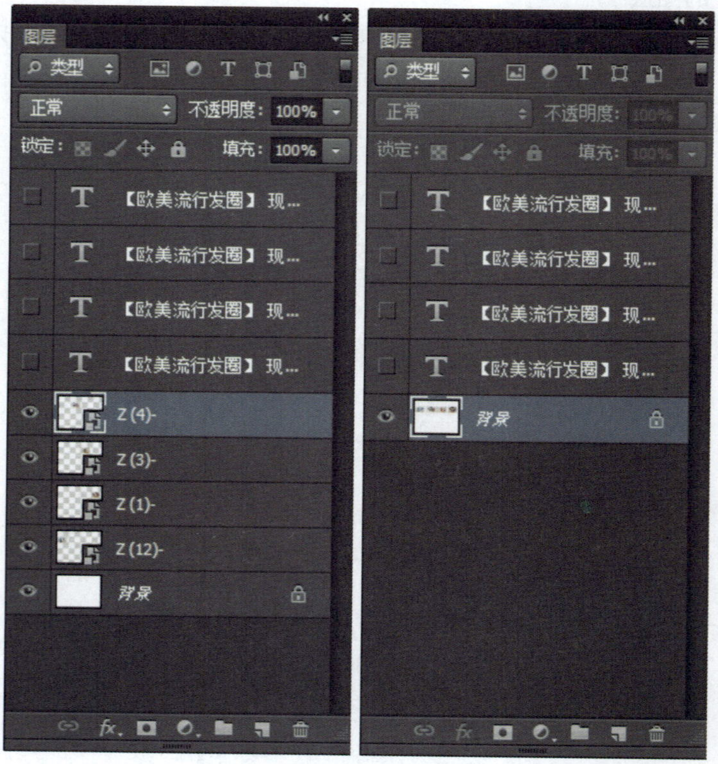

图 6—38　合并可见图层

3. 拼合图像

拼合图像即将所有的图层都合并，其操作方法是单击“图层”面板右拉菜单中的“拼合图像”命令，结果如图 6—39 所示。

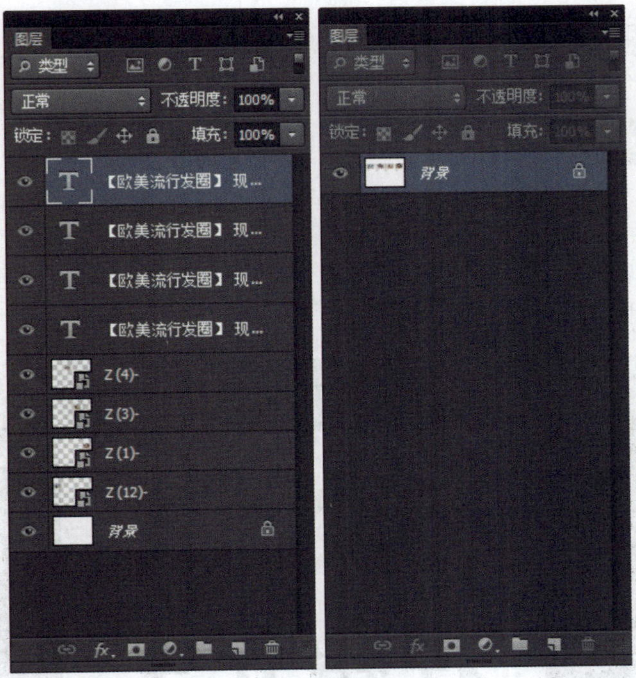

图 6—39　拼合图像

6.6　图层样式

图层样式主要用于制作一些效果，如投影、浮雕、描边、颜色叠加等效果。利用图层样式可以创建一些带有金属或立体效果的图。

6.6.1　添加图层样式

对于图 6—35 所示的图片，如要增加投影效果，可单击“图层”面板下方的“添加图层样式”图标 fx，选择“投影”命令，如图 6—40 所示。

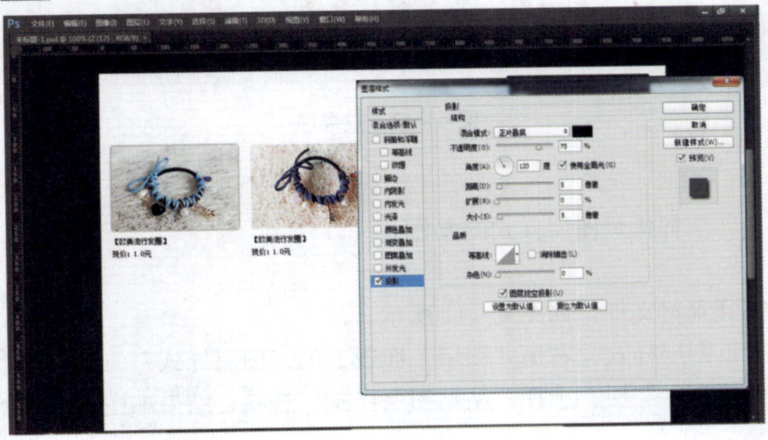

图 6—40　给图片添加投影效果

6.6.2 拷贝图层样式

【实训四】

● **要求**

将素材文件（见图 6—41）中的“图层样式”字样的图层样式，拷贝到“促销文字”字样的图层上，结果如图 6—42 所示。

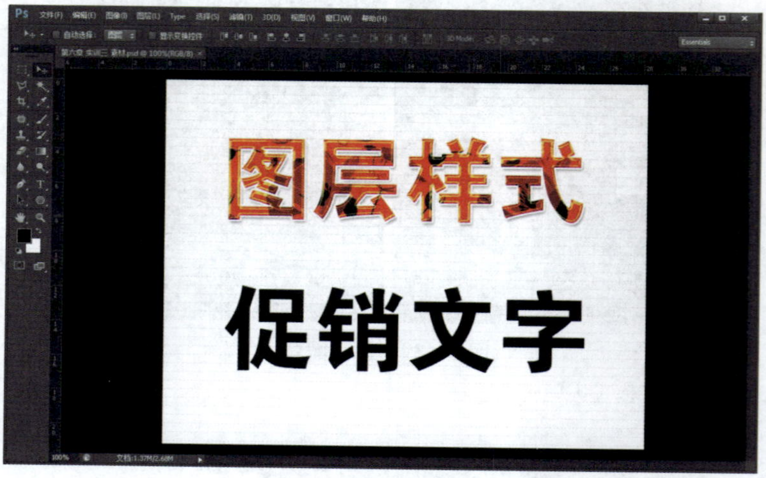

图 6—41　素材文件

图 6—42　效果图

● **目的**

通过本实训，掌握拷贝图层样式的操作方法。

● **步骤**

第一步，打开素材文件，如图 6—41 所示。

第二步，拷贝图层样式。右击“图层”面板上的“图层样式”，选择“拷贝图层样式”选项，右击“促销文字”层，选择“粘贴图层样式”选项，结果如图 6—43 所示。

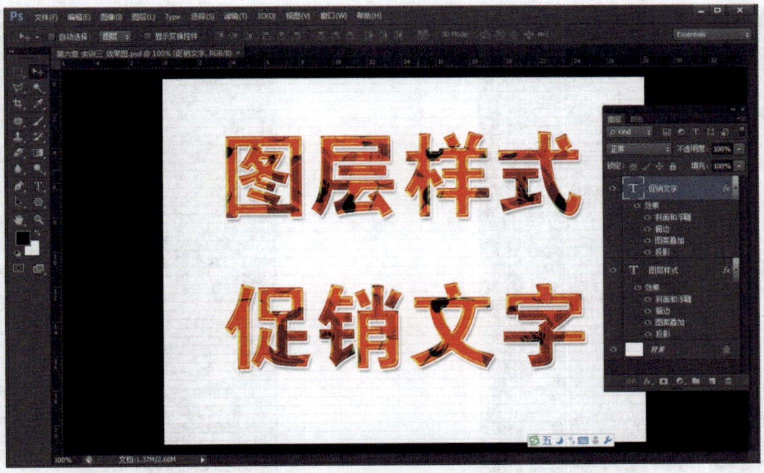

图 6—43　拷贝图层样式后的效果图

6.6.3　修改图层样式

如果需要修改图层样式，可以直接双击“图层样式”选项（如图 6—44 所示），在弹出的“图层样式”对话框中修改内容，最后单击“确定”按钮。

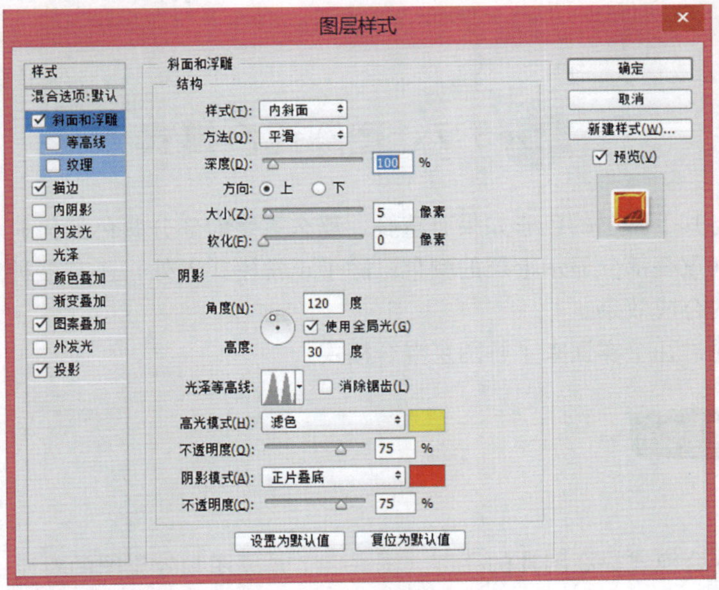

图 6—44　“图层”样式

6.6.4　删除图层样式

一个图层上可以用多种样式，如果要删除本图层上所有的样式，可以将“效果”拖至“删除图层”按钮上，如图 6—45 所示，这样，图层上所有的样式就被删除了。如果要删除本图层上的一种样式，如图 6—46 所示，将“描边”样式删除，可以将“描边”拖至“删除图层”按钮上。

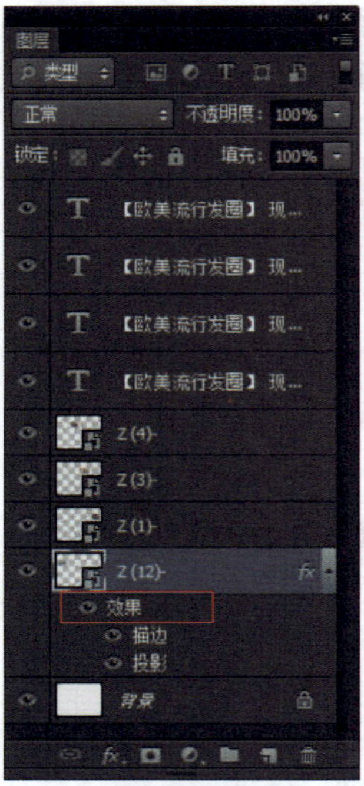

图 6—45　删除某图层上的所有样式

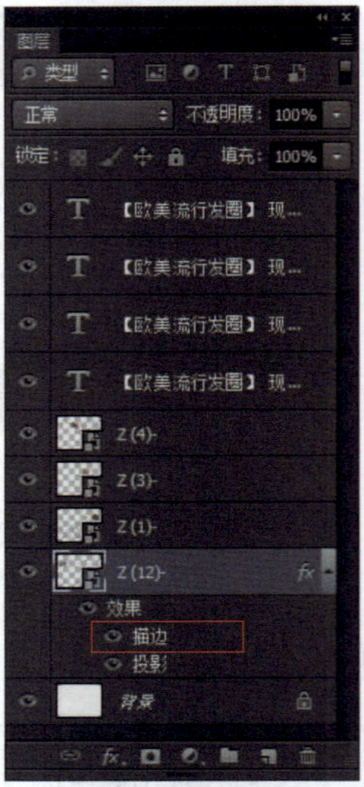

图 6—46　删除本图层上的一种样式

6.7　图层混合模式

一个图层与其下图层的色彩如果有重叠，那么重叠的部分颜色如何显示，默认情况是正常模式时，则重叠部分显示上层的颜色。除了正常模式以外，还有多种混合模式，它们可以产生迥异的合成效果。

下面我们通过几个实训来了解图层混合模式。

【实训五】

● **要求**

利用图层混合模式提高图片的亮度。图 6—47 是原图与效果图的对比。

图 6—47　原图与效果图的对比

● 目的

通过本实训，了解如何利用图层混合模式提高图片的亮度。

● 步骤

第一步，打开素材图片，如图 6—48 所示。

图 6—48　打开素材图片

第二步，复制图层。右击“图层”面板的背景层，选择“复制图层”命令，如图 6—49 所示。

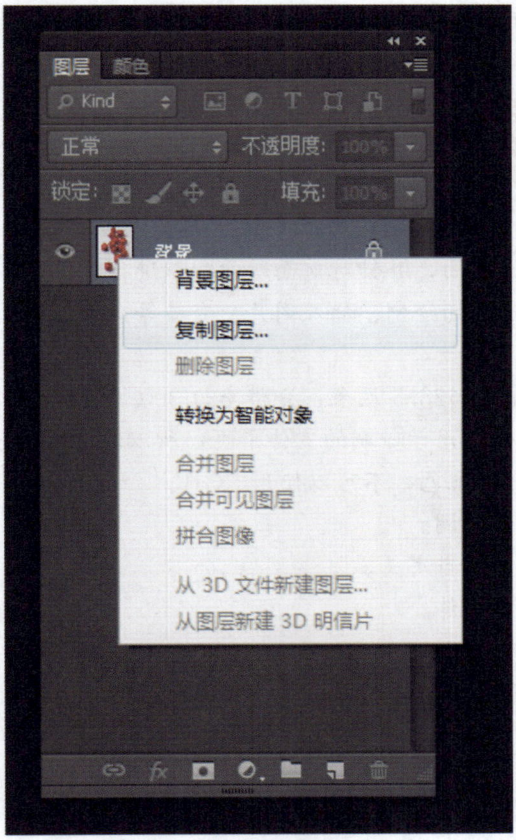

图 6—49　单击“复制图层”命令

第三步，选择图层混合模式。选择“图层 1”，混合模式改为“滤色”，即可提高图像的亮度，如图 6—50 所示。

图 6—50　设置混合模式后的效果

本章小结

本章主要对图层进行了详细的讲解，包括图层的基本操作、图层样式、图层的混合模式等。通过本章的学习，可以掌握图层的基本操作技巧。

拓展实训 1——制作售楼宣传单页

【知识要点】

本实训的知识点较为全面，并针对前面所学知识进行了汇总，其中包括建立文件、颜色的填充与修改、基本选区的绘制、插入图片、变换等。

【要求】

1. 文件尺寸为 14 厘米×28.5 厘米，分辨率为 300 像素/英寸，颜色模式为 CMYK。
2. 由于本实训的文件是用于印刷的宣传单页，所以需要留出 3 毫米的出血。
3. 所有颜色用 CMYK 配色，不可以使用 RGB。
4. 外观要美，比例不失调。
5. 图中使用的图片可以自定义。
6. 最后需要做出成品文件。

【效果图】

效果图如图 6—51 和图 6—52 所示。

图6—51 单页正面

图6—52 单页背面

拓展实训2——制作广告公司画册的封面封底

【知识要点】

印刷文件的建立要求；出血的设置；画册立体效果图的制作；文件的存储格式；图层的操作。

【要求】

1. 封面尺寸为21厘米×28.5厘米，封底尺寸为21厘米×28.5厘米，颜色模式为CMYK，分辨率为300像素/英寸，出血为3毫米。

2. 将封面和封底做在一个文件中。

3. 将分层文件保存，另存一份.JPEG的文件。

4. 利用图层蒙版做出画册的立体效果图。

【效果图】

画册的平面图和立体效果图分别如图6—53和图6—54所示。

图6—53 平面图

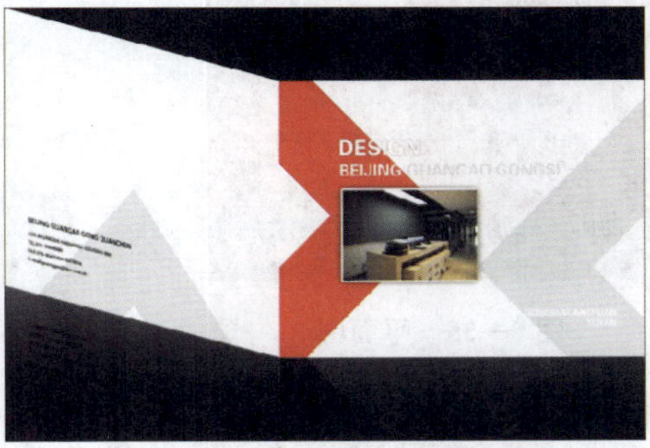

图6—54 立体效果图

拓展实训3——制作招聘X展架

【知识要点】

X展架文件的制作；X展架立体效果图的制作；图层的操作；文件不同的格式的存储。

【要求】

1. 文件尺寸为 60 厘米×160 厘米，颜色模式为 CMYK，分辨率为 72 像素/英寸。
2. 立体效果图尺寸为 1 024 像素×768 像素。
3. 将分层文件保存，另存一份 .JPEG 的文件。
4. 做出展架的立体效果图。

【效果图】

展架的平面图和立体效果图如图 6—55 和图 6—56 所示。

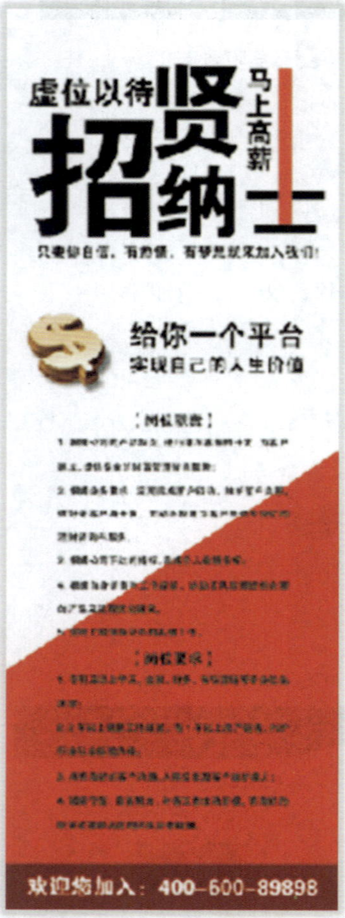

图 6—55　平面图

图 6—56　立体效果图

拓展实训 4——制作设计公司名片

【知识要点】

名片文件的制作；名片立体效果图的制作；图层的操作；软件基本操作。

【要求】

1. 文件尺寸为 9 厘米×5.4 厘米，出血 1 毫米，分辨率为 300 像素/英寸，颜色模式为 CMYK。

2. 名片正面做一个文件，背面做一个文件，如图 6—57 和图 6—58 所示。

图 6—57 名片正面

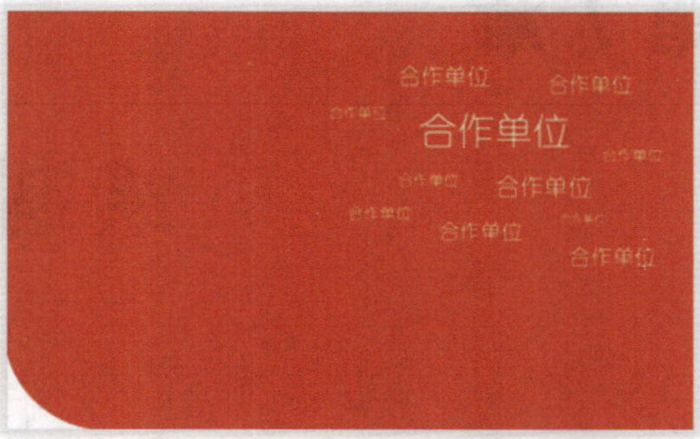

图 6—58 名片背面

3. 将平面文件做出立体效果图，如图 6—59 所示。

【效果图】

图 6—59 名片的立体效果图

第 7 章

绘制图像

本章介绍

本章主要介绍画笔工具的使用方法，以及历史记录面板如何配合历史记录画笔来进行图像的修复。通过本章的学习，可以掌握用画笔工具进行图像的绘制，用历史记录画笔对图像进行局部修复的操作方法。

知识目标

- 掌握画笔工具的用法
- 掌握画笔的各种类型
- 掌握如何使用画笔面板
- 掌握历史记录面板如何配合历史记录画笔工具进行图像处理
- 掌握橡皮擦工具的使用方法

能力目标

- 能熟练使用画笔工具进行图像绘制
- 能熟练使用历史记录画笔工具进行图像的修复
- 能熟练使用橡皮擦工具

正确使用绘图工具是绘画和编辑图像的基础。画笔工具可以绘制出各种绘画效果。历史记录画笔工具可以将图像恢复到以前的某一历史状态，以对图像的局部做特殊的修改。

7.1 画笔工具

“画笔工具” 的属性栏如图 7—1 所示。

图 7—1　“画笔工具”属性栏

（1）画笔预设。单击“画笔预设”按钮后，可设置画笔直径大小、画笔硬度、画笔笔尖形状，如图 7—2 所示。

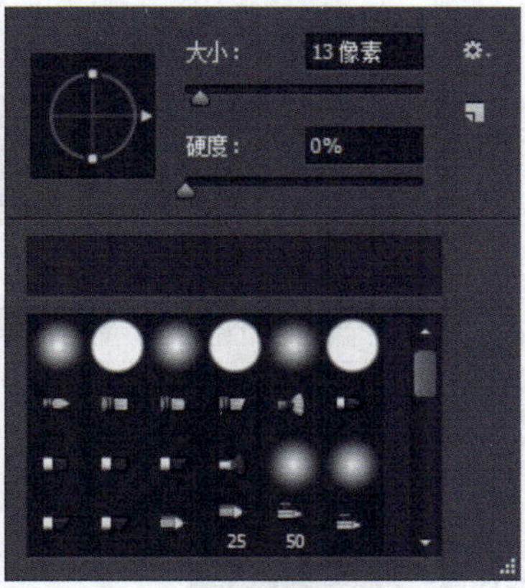

图 7—2　“画笔预设”对话框

（2）不透明度。画笔可绘制出颜色透明度。

【实训一】

● **要求**

1. 文件尺寸为 500 像素×500 像素，颜色模式为 RGB，分辨率为 72 像素/英寸。
2. 制作出如图 7—3 所示的游戏菜单的效果图。

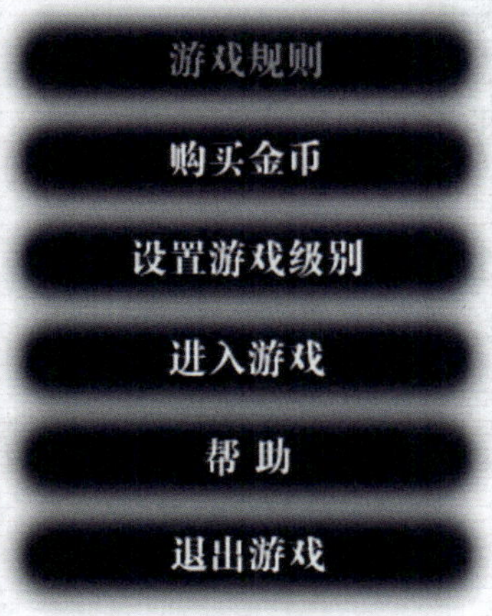

图 7—3　游戏菜单

● **目的**

通过本实训掌握“画笔工具”的基本用法。

● **步骤**

第一步，根据要求建立新文件。

第二步，选择“画笔工具”。设置大小为 50 像素，硬度为 0%，如图 7—4 所示。

第三步，创建一个新图层，先将前景色调为黑色，然后在按下 Shift 键不放的同时，在文件中直接拖动绘制水平线，结果如图 7—5 所示。

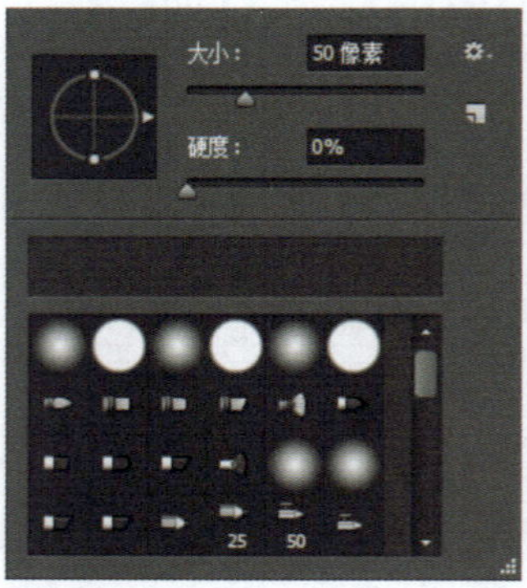

图 7—4 设置“画笔工具”的参数

图 7—5 用“画笔工具”绘制水平线

第四步，输入文字后，将文字层和黑色画笔层放在背景层的左右居中位置。

第五步，选中文字层和画笔层，在按下 Alt+Shift 键不放的同时，向下拖动鼠标复制背景效果，然后将文字进行修改，结果如图 7—6 所示。

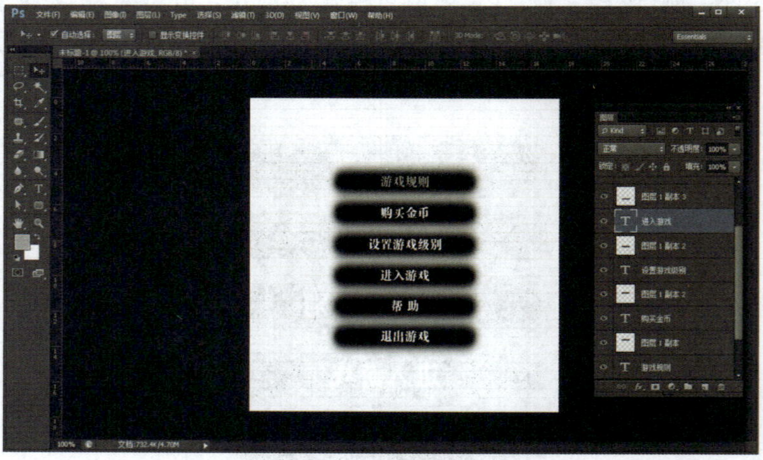

图 7—6 游戏菜单制作完成

7.1.1 画笔的类型

画笔笔尖的类型有很多种，选择不同的画笔笔尖，可以绘制出不同的图案效果。画笔笔尖类型可以选择程序自带的类型，也可以自定义，还可以从网上下载外部文件。

下面通过实训来掌握三种类型画笔笔尖的操作方法。

【实训二】

● 要求

1. 文件尺寸为 500 像素×500 像素，颜色模式为 RGB，分辨率为 72 像素/英寸。
2. 利用“画笔工具”绘制出如图 7—7 所示的效果图。

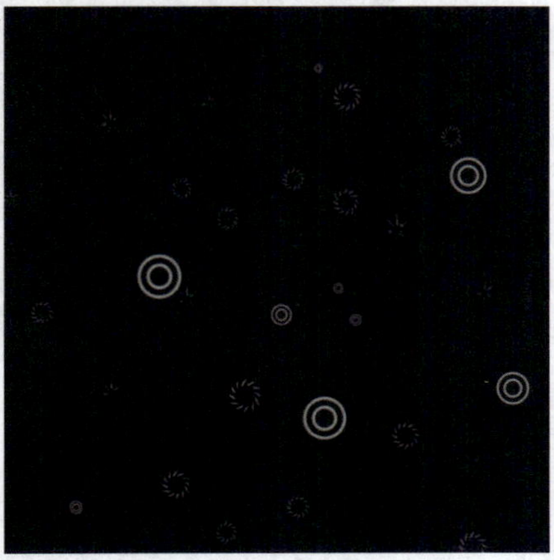

图 7—7　效果图

● 目的

通过本实训可以掌握程序自带画笔类型的操作方法。

● 步骤

第一步，按要求建立新文件。

第二步，选择“画笔工具”，打开画笔预设中的右拉菜单，如图 7—8 所示。

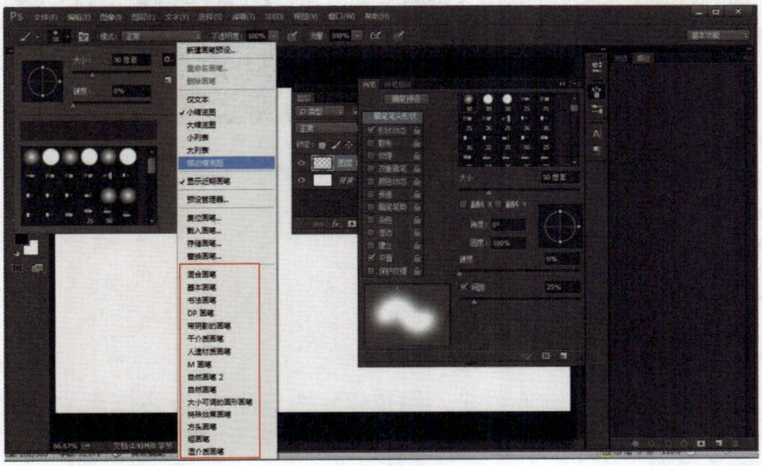

图 7—8　画笔预设的右拉菜单

第三步，选择“混合画笔”类型，如图 7—9 所示。

第四步，将文件背景填充为黑色。

第五步，设置前景色为白色，建立一个新图层，单击选择“交叉排线 4”画笔类型，并在文件中单击绘制图形，如图 7—10 所示。

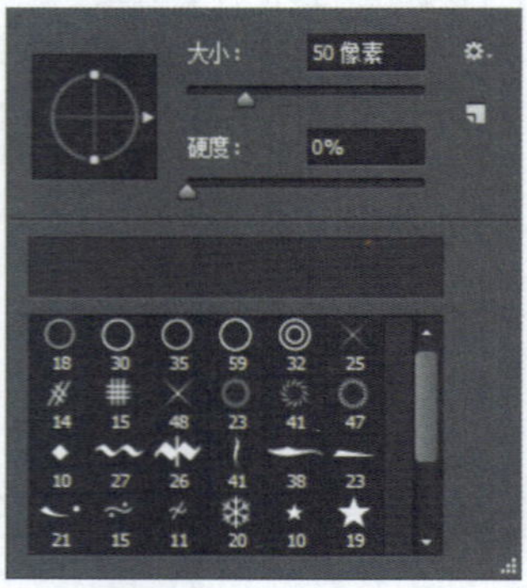

图 7—9 “混合画笔”类型

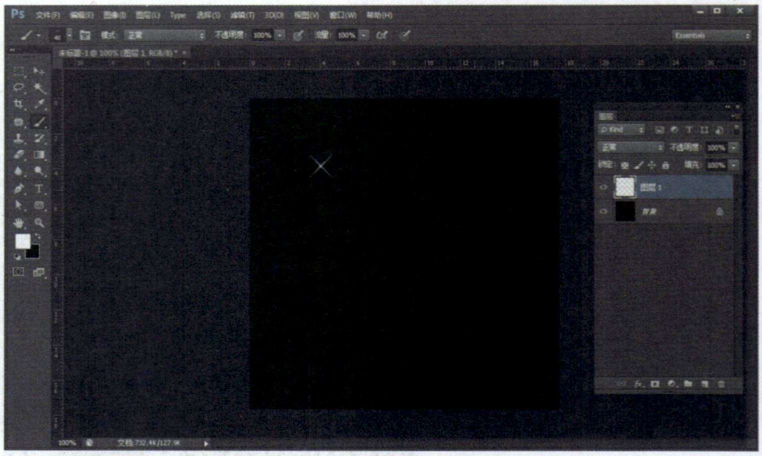

图 7—10 用“交叉排线 4”画笔绘制的图

依次选择不同的类型，在文件中单击绘制图形，结果如图 7—11 所示。

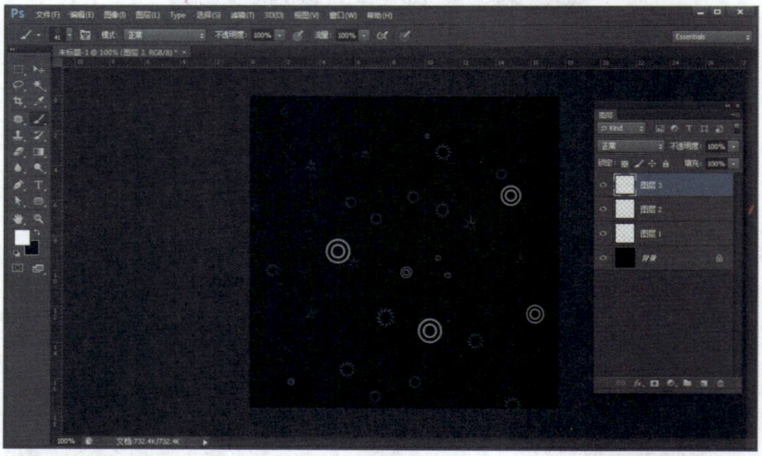

图 7—11 选择不同类型的笔尖绘制出来的图

【实训三】

● 要求

1. 文件尺寸为 500 像素×500 像素，颜色模式为 RGB，分辨率为 72 像素/英寸。
2. 使用“画笔工具”的自定义功能制作图 7—12。

图 7—12　效果图

● 目的

通过本实训掌握如何自定义及使用自定义画笔。

● 步骤

第一步，根据要求制作新文件。

第二步，输入要定义成画笔笔尖的文字，如图 7—13 所示。

图 7—13　输入要定义成画笔笔尖的文字

第三步，用“矩形选框工具”将要定义的文字选中，如图 7—14 所示。

图 7—14　选中要定义的文字

第四步，单击“编辑”菜单，选择“定义画笔预设”，然后单击“确定”按钮。

第五步，选择“画笔工具”，在画笔预设中选择定义的画笔笔尖。

第六步，创建一个新图层，将前景色调为绿色，取消矩形选区，在文件中进行单击绘制图形，如图 7—15 所示。

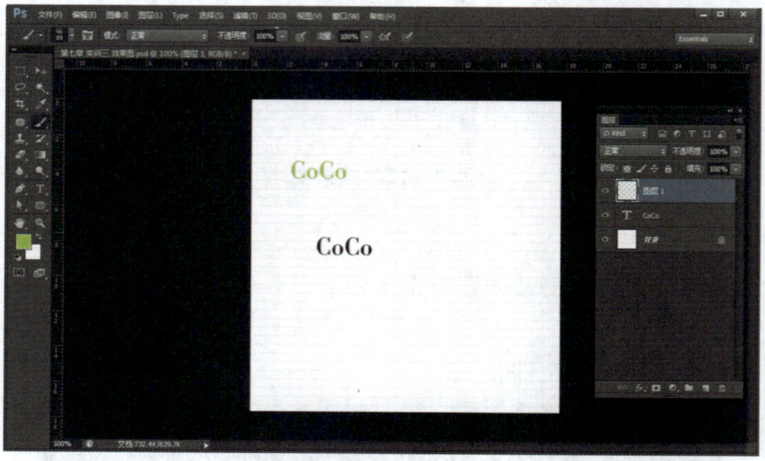

图 7—15　使用自定义的画笔绘制图形

第七步，通过调整画笔的笔尖大小和前景色，在文件中进行图形的绘制，结果如图 7—16 所示。

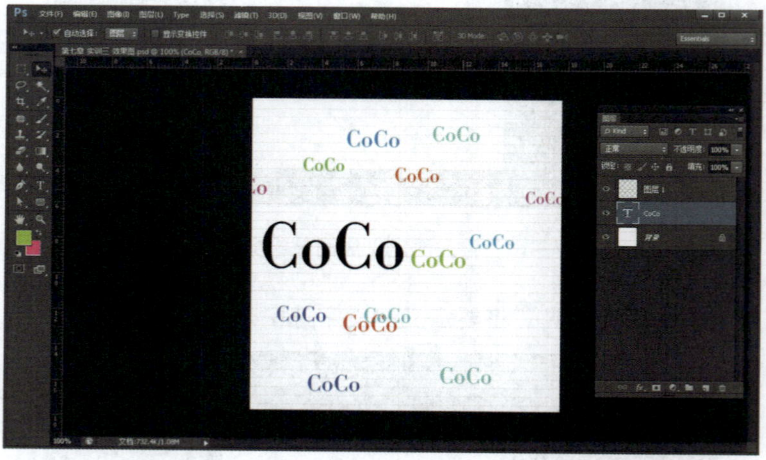

图 7—16　使用自定义画笔绘制的图像

【实训四】

● 要求

1. 文件尺寸为 720 像素×800 像素，分辨率为 72 像素/英寸，颜色为 RGB 模式。
2. 使用“画笔工具”制作出图 7—17 的效果。

图 7—17　效果图

● 目的

通过本实训掌握如何使用下载的外部画笔文件来处理图像。

● 步骤

第一步，根据要求建立新文件。

第二步，建立新图层，填充为蓝色渐变，如图 7—18 所示。

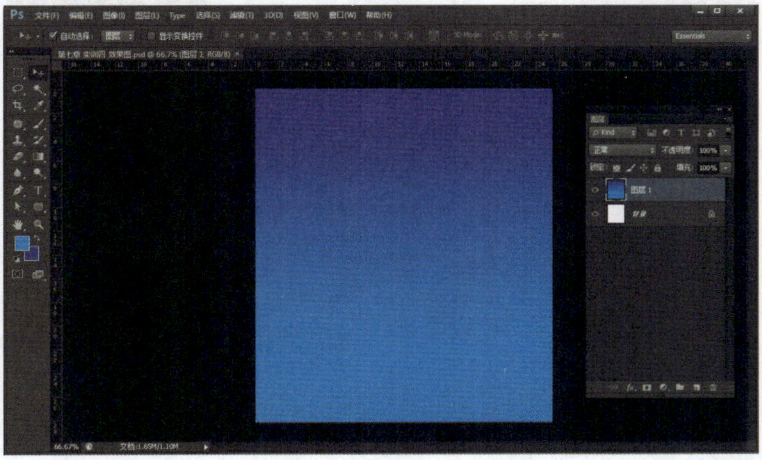

图 7—18　填充蓝色渐变

第三步，插入天坛图片，如图 7—19 所示。

第四步，打开“画笔预设”右拉菜单，选择“载入画笔”命令，如图 7—20 所示。

在弹出的“载入”对话框（如图 7—21 所示）中，选择要载入的云的画笔安装文件，扩展名是 . ABR。

图 7—19　插入天坛图片

图 7—20　选择“载入画笔”命令

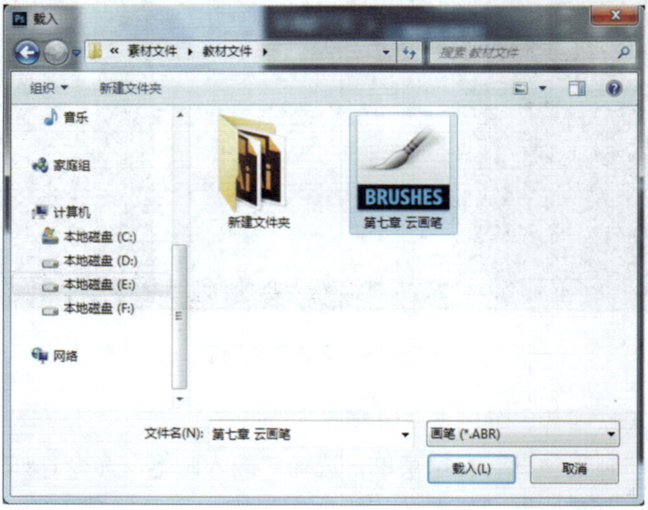

图 7—21　“载入”对话框

第五步，在“图层 1”的上方再建立一个图层，如图 7—22 所示。

第六步，将前景色调为白色，选择云画笔的类型，在文件中单击绘制云的图形，结果如图 7—23 所示。

图 7—22　建立新图层

图 7—23　绘制云

7.1.2　画笔面板

按下快捷键 F5 可打开“画笔”面板，如图 7—24 所示。

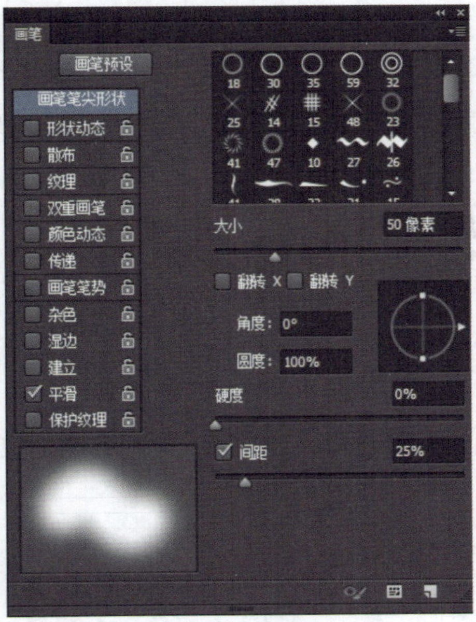

图 7—24　打开“画笔”面板

在“画笔”面板中有很多更详细的画笔设置参数，如“画笔笔尖形状”、“形状动态”、“散布”、“颜色动态”等。

用“画笔笔尖形状”工具除了可以设置画笔大小、硬度外，还可以设置画笔的间距、笔尖的角度、笔尖的圆度等。图 7—25 是通过选择方头画笔并通过改变画笔大小、角度、圆度、间距而绘制出来的图形。

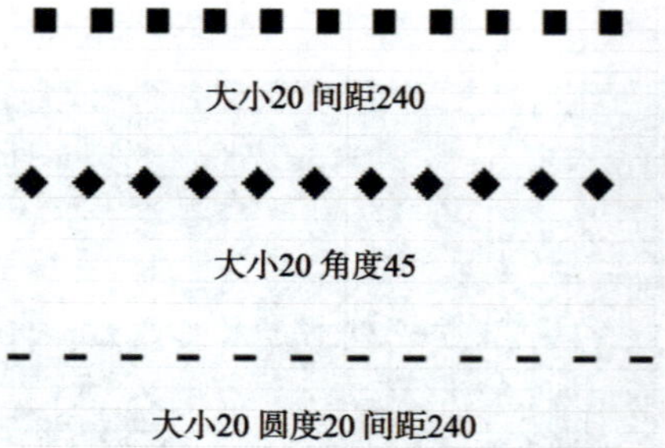

图 7—25　方头画笔通过调整大小、角度、圆度、间距绘制出来的图形

在“形状动态”选项中，可以通过设置大小抖动、圆度抖动等参数，绘制出大小不一的随机形状，如图 7—26 所示。

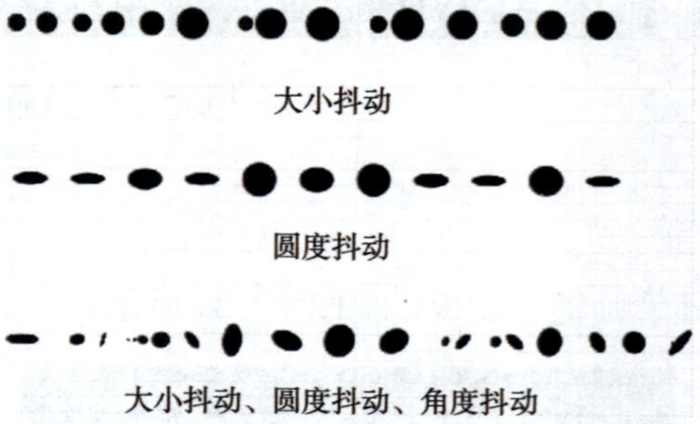

图 7—26　通过设置形状动态绘制出来的图形

“散布”工具可通过调整散布、数量，绘制出随机散发的图形效果，如图 7—27 所示。

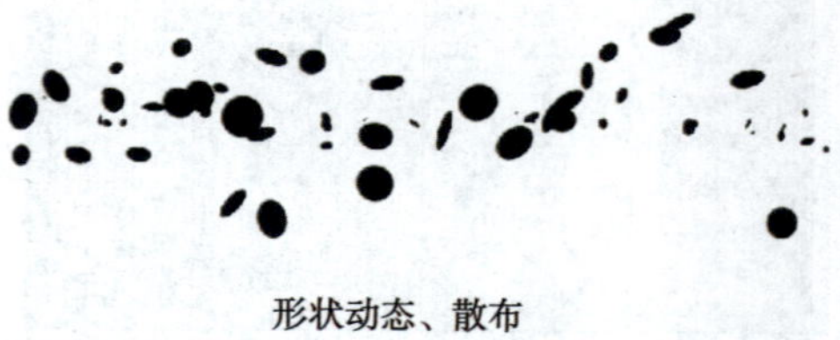

图 7—27　散布效果

“颜色动态”工具可通过设置前背景色抖动、色相抖动、饱和度抖动、亮度抖动等绘制出五颜六色的图形效果，如图 7—28 所示。

图 7—28　颜色动态的设置效果

7.2　历史记录画笔工具

“历史记录画笔工具”主要是用于将图像部分区域恢复到某一特定的历史状态。通常是“历史记录画笔工具”与“历史记录”面板一起使用。下面先了解“历史记录”面板，如图 7—29 所示。

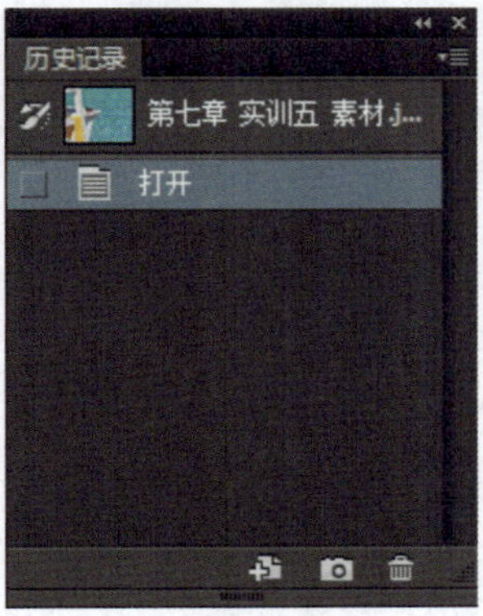

图 7—29　“历史记录”面板

“历史记录”面板中记录的是对当前文件所做的操作，但并不是每一步操作都会被记录下来。在默认情况下，记录的是最近操作的 20 步，如果要更改记录的步数，可以按下快捷键 Ctrl+K，打开“首选项”对话框，在“首选项”对话框中的“性能”中进行更改，如图 7—30 所示。

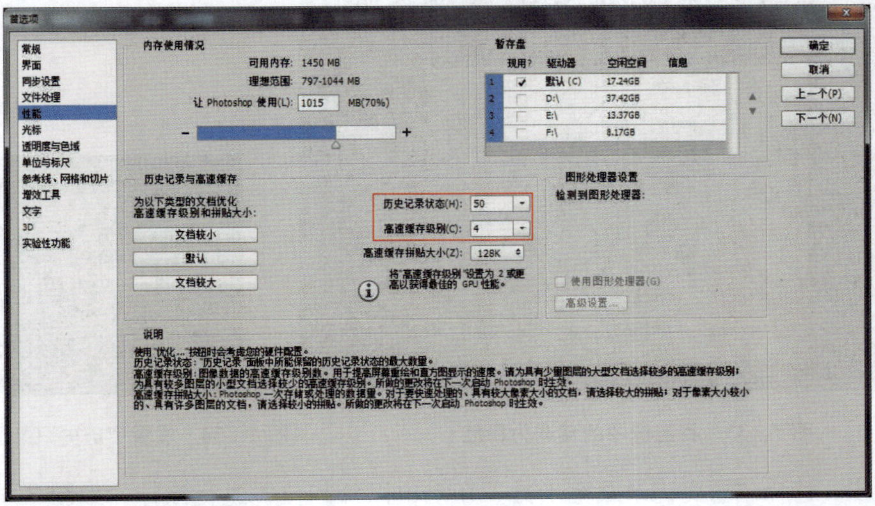

图 7—30　“首选项”对话框中的“性能”

在“历史记录”面板中可以设置历史记录的源，也就是在用“历史记录画笔工具”涂抹时返回到历史某一步的样子，那么要返回到的这一步的状态，就叫“历史记录画笔的源”。

【实训五】

● 要求

将图 7—31 中的浴巾调为粉红色，修改后的效果如图 7—32 所示。

图 7—31　素材图片

图 7—32　修改后的图片

● 目的

通过本实训掌握“历史记录画笔工具”的使用方法。

● 步骤

第一步，打开素材图片，如图 7—31 所示。

第二步，用“色相/饱和度”调色命令，将色相值调为－76，图像中的黄即被调为粉红，效果如图 7—33 所示。

第三步，设置“历史记录画笔的源”为“打开”，如图 7—34 所示。

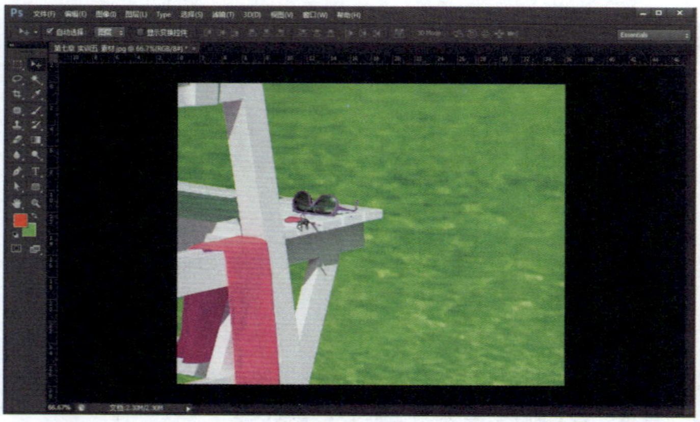

图 7—33　将图像中的黄调为粉红

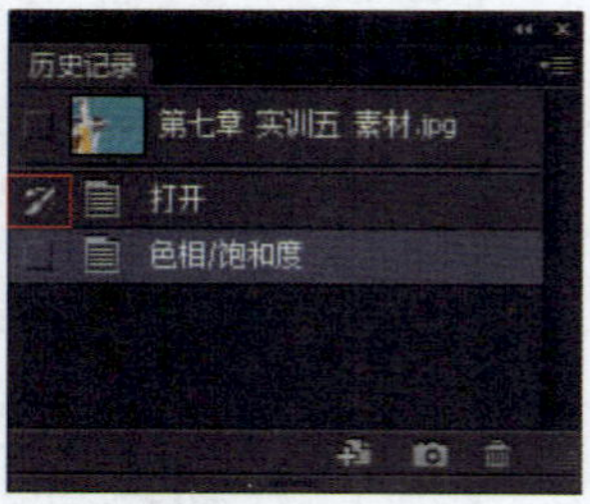

图 7—34　设置“历史记录画笔的源”

第四步，选择“历史记录画笔工具”在浴巾以外的位置进行涂抹，如图 7—35 所示，在涂的过程中注意“历史记录画笔工具”的笔尖大小、硬度要根据情况不断调整。

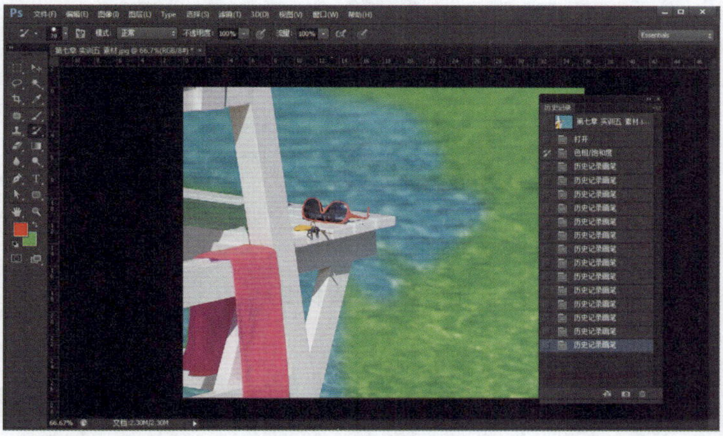

图 7—35　用“历史记录画笔工具”在图像上进行涂抹

7.3　橡皮擦工具

“橡皮擦工具”主要用于擦除图像上的颜色，其属性栏如图 7—36 所示。

图 7—36　“橡皮擦工具”属性栏

“橡皮擦工具”可以通过“画笔预设”设置橡皮擦大小、硬度、形状，如图 7—37 所示。

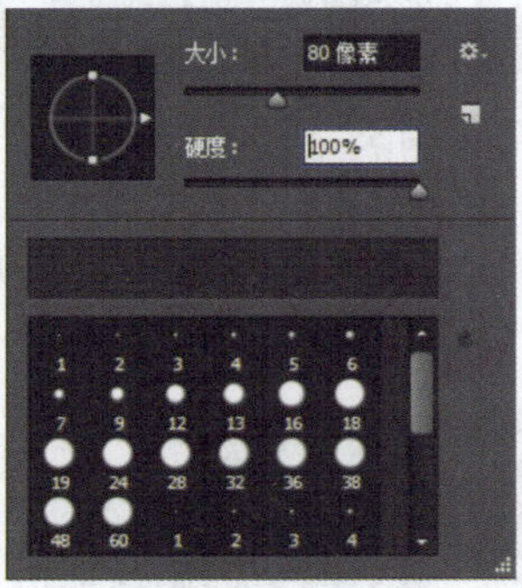

图 7—37　“橡皮擦工具”的画笔预设

【实训六】

● 要求

1. 将图片（如图 7—38 所示）的宽度加宽到 1 860 像素。
2. 在修改的过程中图片要保持比例不变。
3. 通过复制图片来补齐加宽的部分。

图 7—38　素材图片

● 目的

通过本实训掌握“橡皮擦工具”的基本用法。

● 步骤

第一步，打开素材图片。

第二步，将画布的左侧设置为宽一倍，如图 7—39 所示。

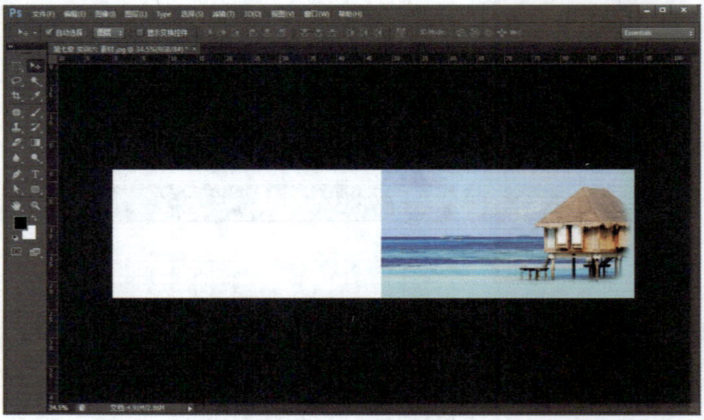

图 7—39　加宽画布

第三步，复制右侧的图像。用“矩形选框工具”将右侧图像选中，如图 7—40 所示。然后先后按 Ctrl+C 组合键和 Ctrl+V 组合键将其复制在一个新的图层上，如图 7—41 所示。

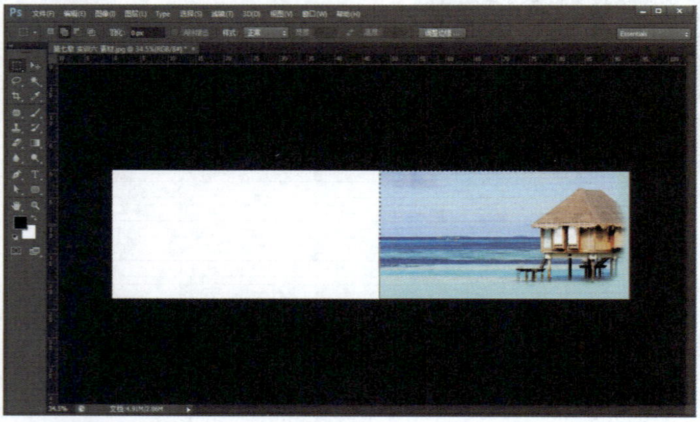

图 7—40　用“矩形选框工具”选中右侧图像

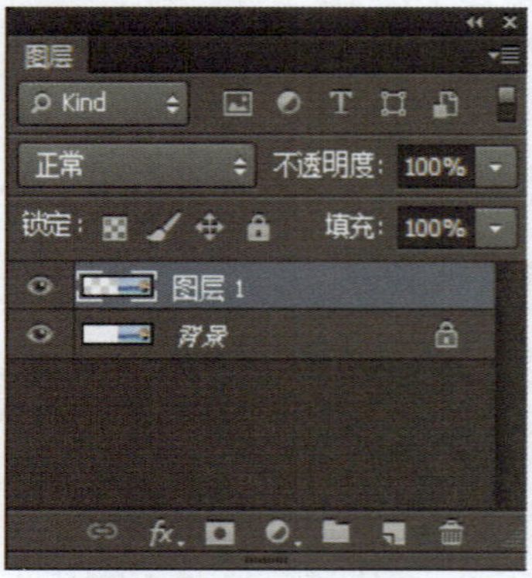

图 7—41　将图像复制在一个新图层上

第四步，给图片做镜像处理。按下快捷键 Ctrl＋T，右击变换框，选择“水平翻转”命令，如图 7—42 所示，然后按下 Enter 键确认。

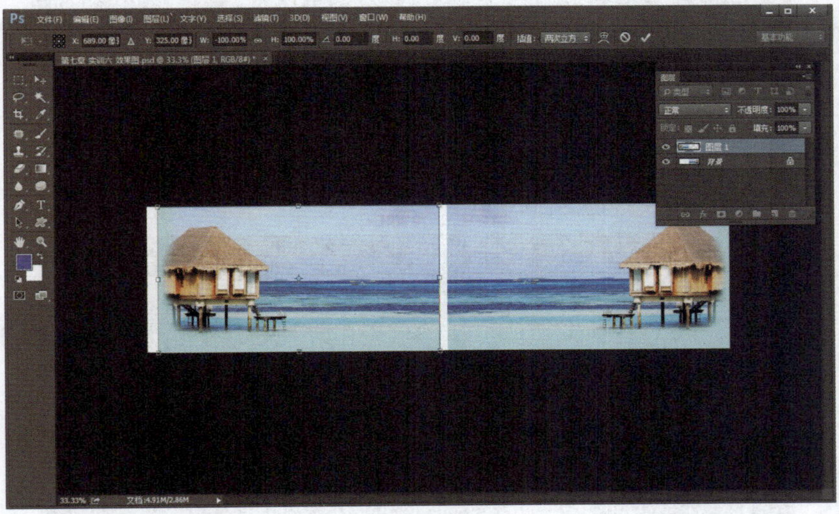

图 7—42　给图像做镜像处理

第五步，合成图像。将左侧图片向右移动，使之重叠，用“橡皮擦工具”将笔尖的硬度调到最低，在重叠部分进行擦除使两个图层合成，结果如图 7—43 所示。如果将“背景”层隐藏，那么“图层 1”将变成图 7—44 所示的效果。

图 7—43　擦除重叠的位置

第六步，裁剪图像。用“裁剪工具”绘制一个裁剪框将多余的部分裁掉，如图 7—45 所示。

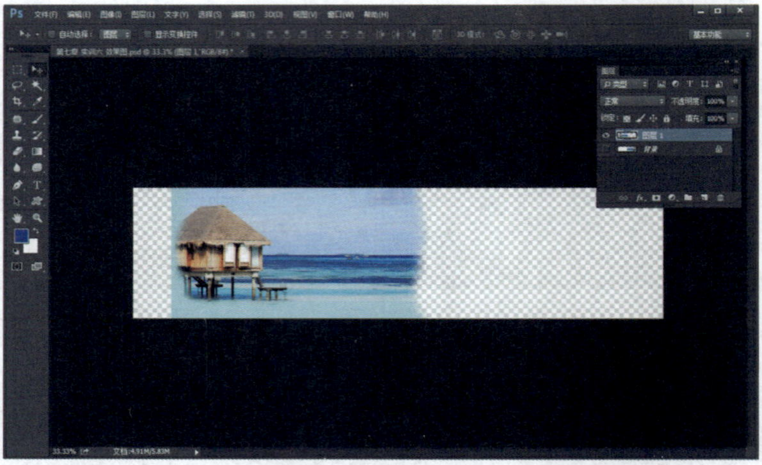

图 7—44　隐藏背景层看擦除效果

图 7—45　将图像裁剪后的效果

本章小结

本章主要讲解了画笔工具和历史记录画笔工具的使用方法。画笔工具主要是通过调整不同类型的笔尖来绘制各种各样的图案，历史记录画笔工具是通过与历史记录面板的配合使用来完成图像的修复。

拓展实训 1——制作情人节网站的 Banner

【知识要点】

画笔工具的应用；画笔中的特殊效果类型；魔棒工具抠图；图层样式；等等。

【要求】

1. 文件尺寸为 960 像素×500 像素，分辨率为 72 像素/英寸，颜色模式为 RGB。
2. 用画笔工具制作背景花朵。
3. 文件制作完成后存为 .JPEG 格式与 .PSD 格式两种文件。

【效果图】

效果图如图 7—46 所示。

图 7—46　情人节网站的 Banner

拓展实训 2——给物体加发光效果

【知识要点】

画笔工具的应用。

【要求】

给图 7—47 所示图片带钻石的地方加发光的效果。

【效果图】

效果图如图 7—48 所示。

图 7—47　加光前的图

图 7—48　加光后的图

拓展实训 3——给蜡烛增强发光效果

【知识要点】

画笔工具的应用；画笔面板的使用。

【要求】

把图 7—49 中蜡烛的发光量加大。

【原图与效果图】

加大发光量后的图如图 7—50 所示。

图 7—49　原图

图 7—50　加大发光量的图

拓展实训 4——制作培训学校网站的 Banner

【知识要点】

自定义画笔；画笔面板的使用；图层样式的操作。

【要求】

利用自定义画笔制作下面 Banner 图的背景图案，如图 7—51 所示。

【效果图】

图 7—51　培训学校网站的 Banner

第 8 章

图像调色

本章介绍

本章主要介绍调整图像色彩所使用的命令。通过本章的学习，可以根据需要使用调整命令对图像的色彩进行处理，还可以对图像进行特殊颜色的处理。

知识目标

- 掌握亮度/对比度、色相/饱和度、色彩平衡、反相、曲线、色阶等常用调色命令的使用方法
- 了解“图像”菜单“调整”选项中每个调色命令的功能

能力目标

- 能够根据要求对图像的整体或局部进行调色

8.1 Photoshop CC 的调整命令

色彩不仅可以真实地记录物体，还可以带给我们不同的心理感受。创造性地使用色彩，可以营造出各种独特的氛围和意境，使图像更具表现力。Photoshop CC 提供了大量调整色彩和色调的工具，可以处理图像和数码照片。

Photoshop CC 中的调整命令主要是用于图像调色，常用的有曲线、色阶、色彩平衡、色相/饱和度、亮度/对比度、替换颜色等。

8.2 调整命令的使用方法

Photoshop CC 中的调整命令可以通过两种方法来使用，一种是直接单击“图像”→

“调整”中的各种命令，另一种是建立“调整图层”。

【实训一】

● 要求

使用“色阶”调色命令提高图像亮度，图 8—1 是原图与效果图的对比。

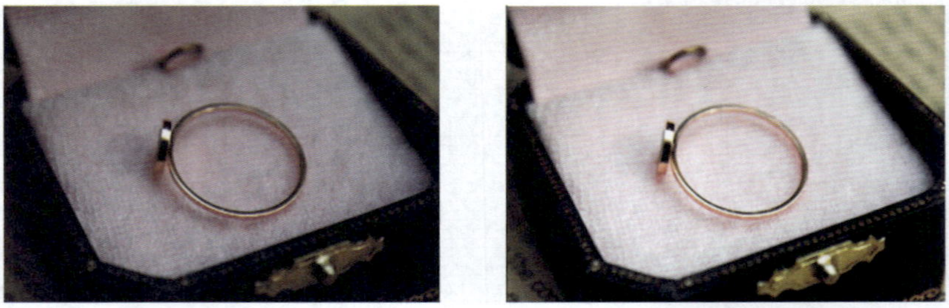

原图　　　　效果图

图 8—1　原图与效果图的对比

● 目的

通过本实训，掌握如何使用调色命令对图像进行调色。

● 步骤

第一步，打开素材图片，如图 8—2 所示。

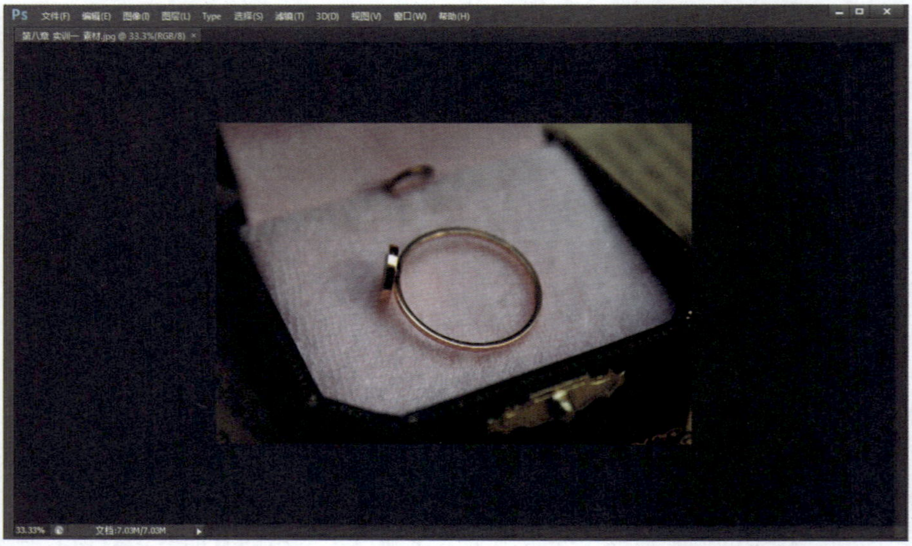

图 8—2　素材图片

第二步，单击“图像”→“调整”→“色阶”命令，打开如图 8—3 所示的“色阶”对话框。

第三步，设置色阶参数，如图 8—4 所示。

最后的结果参见图 8—1 中的效果图。

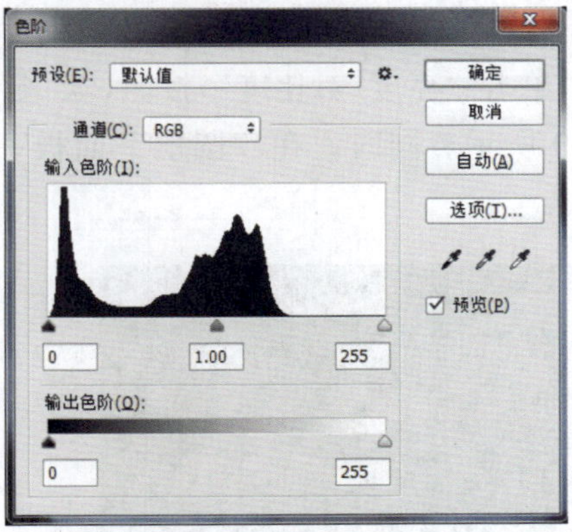

图 8—3　“色阶”对话框

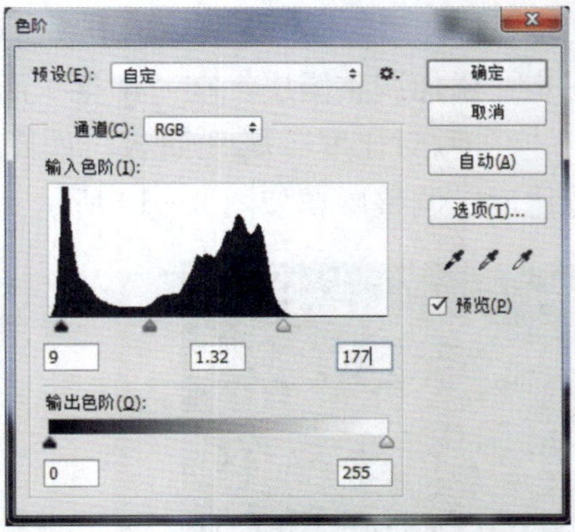

图 8—4　设置色阶参数

【实训二】

● 要求

使用“调整图层”对图像进行调色。图 8—5 是原图与效果图的对比。

原图

效果图

图 8—5　原图与效果图对比

● 目的

通过本实训，掌握如何使用“调整图层”工具对图像进行调色。

● 步骤

第一步，打开素材图片，如图 8—6 所示。

图 8—6　打开素材图片

第二步，打开“调整”面板。单击“窗口”菜单，选择“调整”命令，如图 8—7 所示。

第三步，添加调整图层。在“调整”面板中单击“亮度/对比度”按钮，如图 8—8 所示，弹出“亮度/对比度”属性面板，如图 8—9 所示。同时，在“图层”面板中增加了“亮度/对比度”调整层，如图 8—10 所示。

图 8—7　“调整”面板

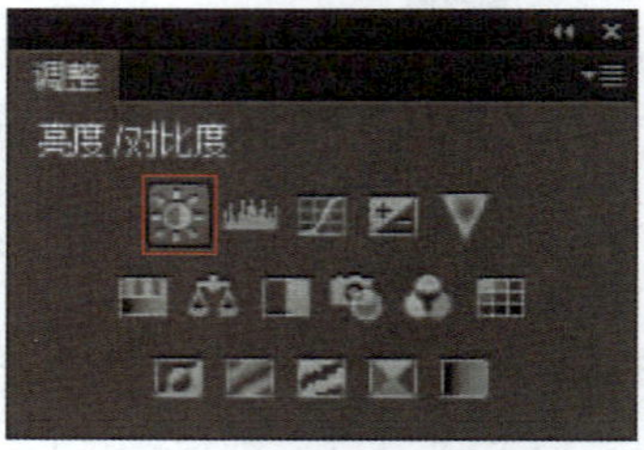

图 8—8　在“调整”面板中单击“亮度/对比度”按钮

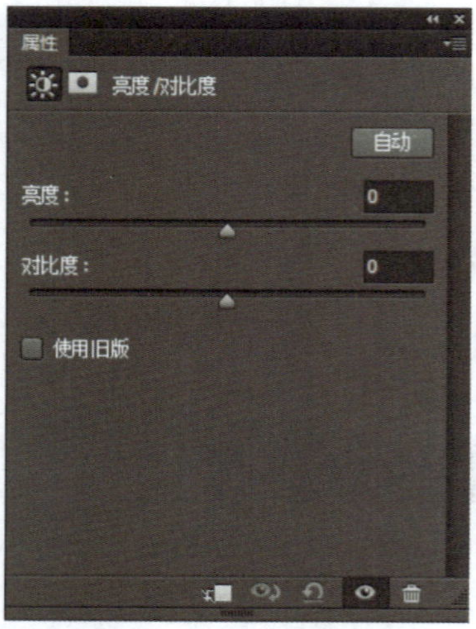

图 8—9　“亮度/对比度”属性面板

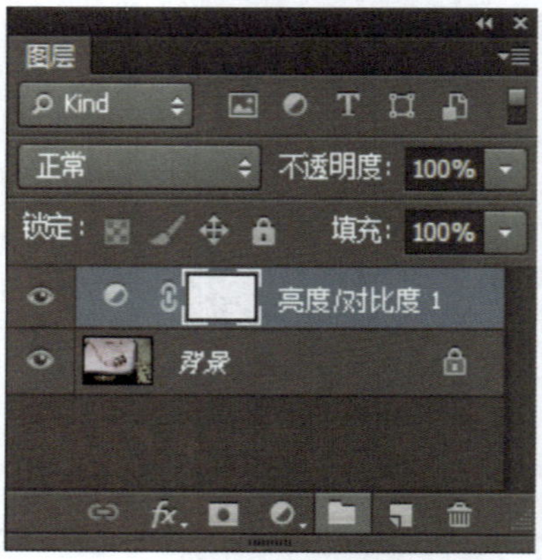

图 8—10　在“图层”面板增加了“亮度/对比度”调整层

第四步，在“属性”面板设置“亮度/对比度”的调色参数，如图 8—11 所示。图片最终效果如图 8—12 所示。

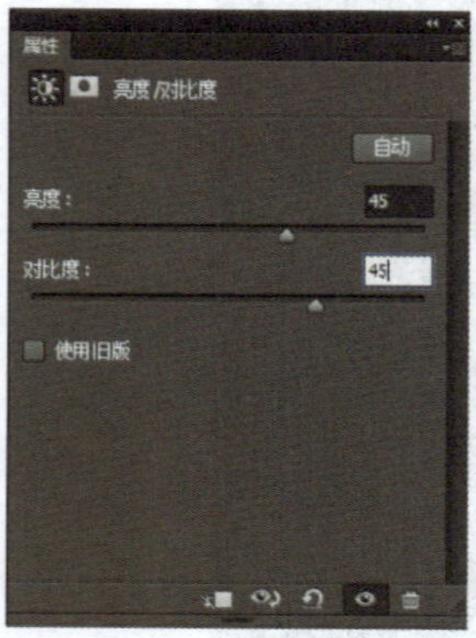

图 8—11　设置“亮度/对比度”参数

图 8—12　图片最终效果

8.3 快速调整图像

“快速调整”命令可以自动调整图像的颜色和色调，适用于对各种调色工具不太熟的人，其主要工具有“自动色调”、“自动对比度”、“自动颜色”等。

使用“自动色调”的前后效果对比如图 8—13 所示。

图 8—13　使用“自动色调”的前后效果对比

使用“自动对比度”的前后效果对比如图 8—14 所示。

图 8—14　使用“自动对比度”的前后效果对比

使用“自动颜色”的前后效果对比如图 8—15 所示。

图 8—15　使用“自动颜色”的前后效果对比

8.4　亮度/对比度

“亮度/对比度”命令可以对图像的亮度、对比度分别进行调整，通常调整对比度的情况比较多，因为适当地调整对比度，可以提高图像的清晰度。而亮度，一般会通过“曲线”、“色阶”命令来调整。

图 8—16 是“亮度/对比度”对话框，调整时只需要移动滑杆直接观看图像效果即可。

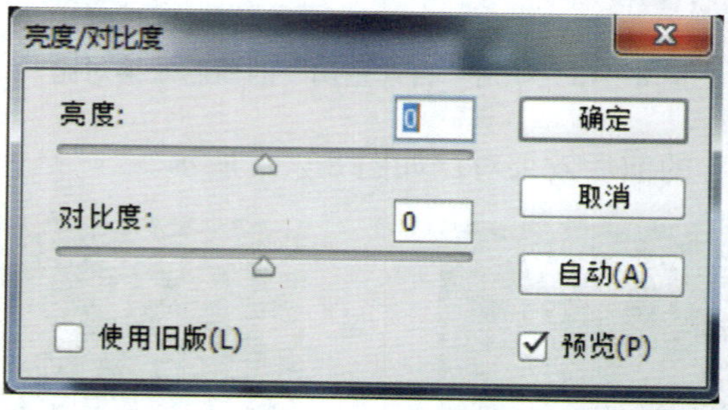

图 8—16　“亮度/对比度”对话框

【实训三】

● **要求**

使用“亮度/对比度”命令提高素材图片的亮度。

● **目的**

通过调整图 8—17 的对比度，体验“亮度/对比度”命令的应用。

● 步骤

第一步，单击“图像”→“调整”→“亮度/对比度”命令，打开“亮度/对比度”对话框，如图 8—16 所示。

第二步，分别拖动“亮度”、“对比度”滑杆，直到图像清晰度效果达到满意为止。最后的效果参见图 8—18。

图 8—17　调整前的原图

图 8—18　调整后的效果图

8.5　色相/饱和度

颜色的三要素是色相、饱和度、亮度。色相，指色彩的相貌；饱和度，指颜色的鲜艳程度；亮度，指颜色的明亮程度。

在“色相/饱相度”对话框中可对这三个要素进行调整，如图 8—19 所示。

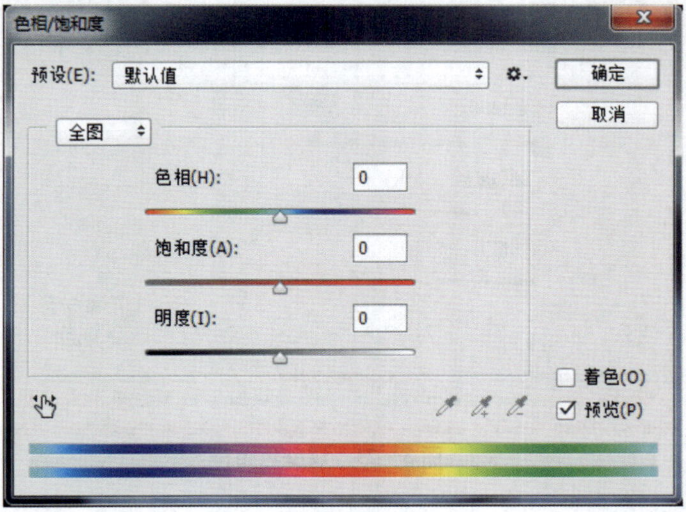

图 8—19　“色相/饱和度”对话框

【实训四】

● 要求

使用“色相/饱和度”调色命令将素材图片中的蓝天调成深黄色，图 8—20 是原图与效果图的对比。

原图

效果图

图 8—20　调整色相前后对比

● 目的

通过本实训可以加深对颜色色相的了解。

● 步骤

第一步，用快捷键 Ctrl+U 打开“色相/饱和度”对话框，如图 8—19 所示。

第二步，拖动色相下的滑杆，如图 8—21 所示。调整后的效果参见图 8—20 中的效果图。

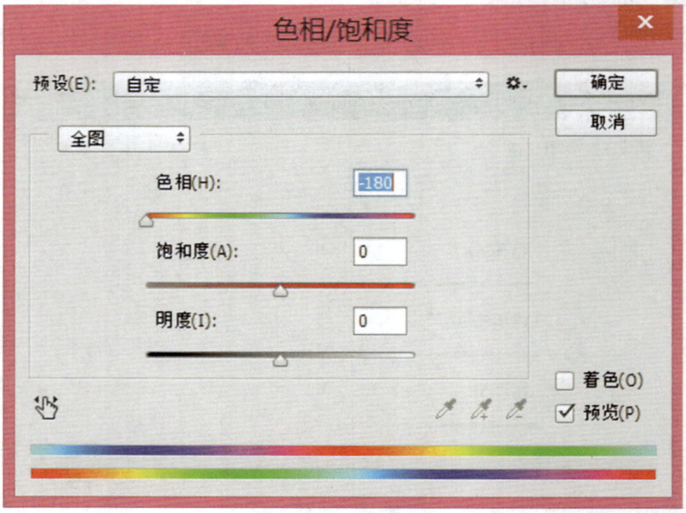

图 8—21　调整色相

【实训五】

● 要求

使用“色相/饱和度”调色命令提高花的鲜艳程度。图 8—22 是花调整前后的对比图。

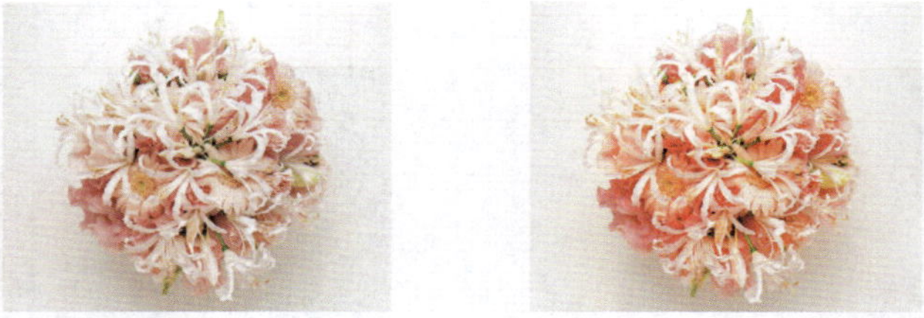

原图　　效果图

图 8—22 调整饱和度前后对比

● 目的

通过本实训可以加深对饱和度的了解。

● 步骤

第一步，单击“图像”→“调整”→“色相/饱和度”命令，打开“色相/饱和度”对话框。

第二步，拖动“饱和度”下的滑杆（如图 8—23 所示），边调整边预览图像效果，调到合适后，单击“确定”按钮。最后的效果图参见图 8—22。

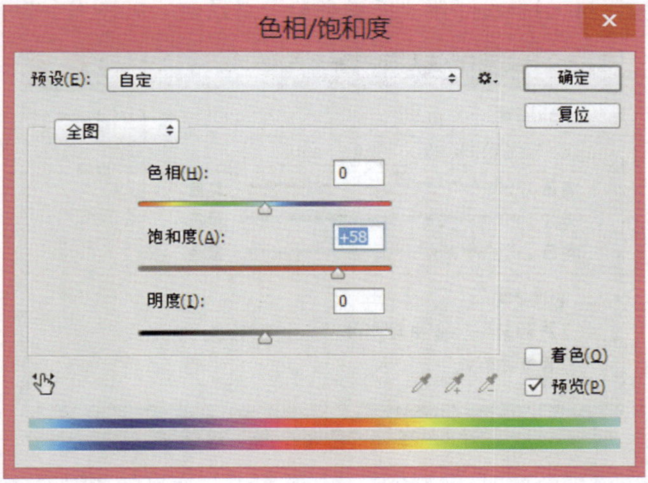

图 8—23 调整饱和度

8.6 色彩平衡

“色彩平衡”命令可用来调整图像中的各种色彩的平衡，可以调整图像的高光部分、中间调部分、暗调部分。

【实训六】

● 要求

使用“色彩平衡”命令降低图像的红色调，图 8—24 是用“色彩平衡”命令调整图片前后的对比。

原图　　　　效果图

图 8—24　色彩平衡调色前后对比

● **目的**

本实训主要用到“色彩平衡”命令，通过操作掌握用“色彩平衡”命令调整图像色彩。

● **步骤**

第一步，用快捷键 Ctrl+B 打开“色彩平衡”对话框，如图 8—25 所示。

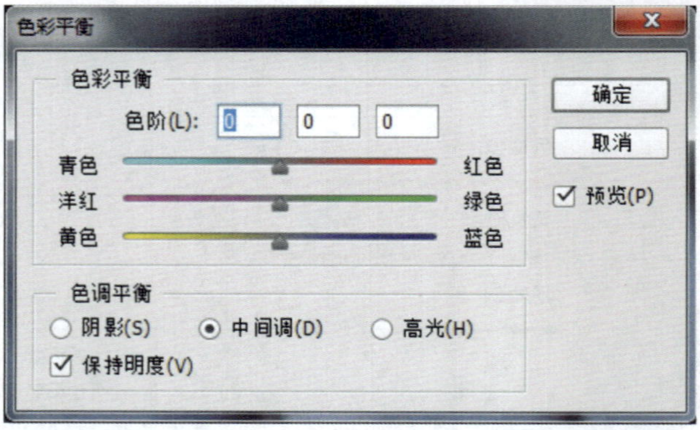

图 8—25　“色彩平衡”对话框

第二步，在“色彩平衡”对话框的第一组滑杆中，如果往青色这边滑，意思是红色减少；第三组滑杆中，滑杆往蓝色这边滑，意思是黄色减少。本实训需要去掉的是红色和黄色，所以如图 8—26 所示对图像进行色彩调整。

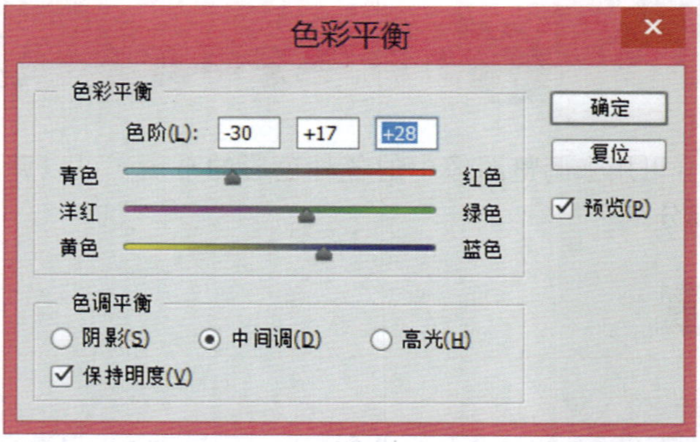

图 8—26　调整“色彩平衡”参数

8.7　反相

反相，主要是将颜色反转做出负片的效果。图 8—27 是反相前后对比。单击“图像”→“调整”→“反相”命令，即可实现反相效果。

图 8—27　反相前后对比

8.8　替换颜色

“替换颜色”命令可以将图像中某一种颜色通过调整色相、饱和度、亮度替换为另一种颜色。图 8—28 为替换颜色前后的对比效果。

图 8—28　替换颜色前后的对比效果

具体操作方法如下：

第一步，单击“图像”→“调整”→“替换颜色”命令，打开“替换颜色”对话框，如图 8—29 所示。

第二步，在“替换颜色”对话框中的图像缩略图中，单击要替换掉的颜色。

第三步，通过调整色相、饱和度、明度三个值调出要替换的结果色。在此期间，需一边调整一边观察图像的变化，如果图像上的颜色没有完全被替换，可以加大“替换颜色”对话框中的“颜色容差”值，这样可增加要替换的同一种相似颜色的范围。

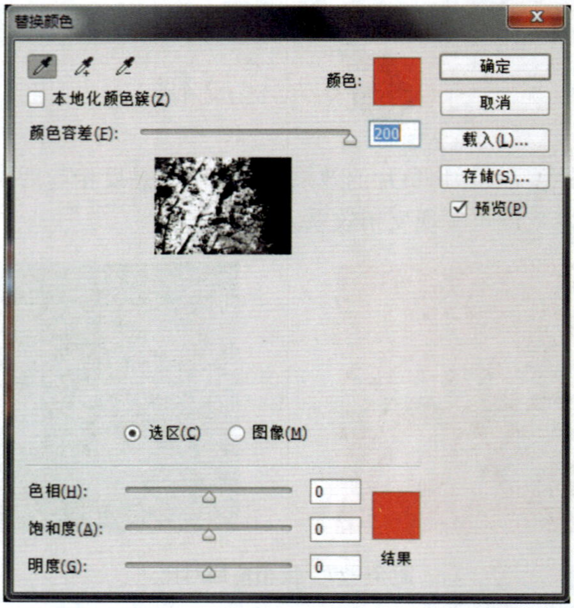

图 8—29 “替换颜色”对话框

8.9 曲线

“曲线”是在调整图片亮度、对比度时常用到的一个命令，在曲线上单击即可增加点，通过拖动点，可以调节颜色的明与暗，如图 8—30 所示。曲线上最多可以有 16 个点，这 16 个点可以将图像整个色调范围（0～255）分成 15 段来进行调整。但是，一般在调整的时候有 1 个、2 个点就可以了。下面讲述如何用“曲线”命令调整图片。

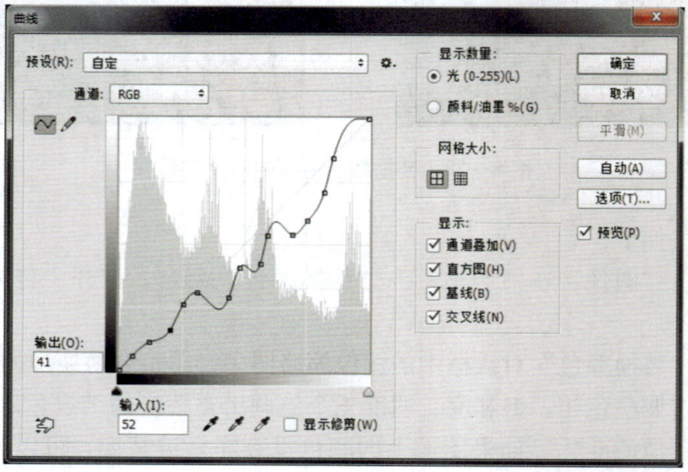

图 8—30 “曲线”对话框

在 RGB 模式下，向上拖动曲线上的点，可提高图片的亮度，如图 8—31 所示。向下拖动曲线上的点，可降低图片的亮度，如图 8—32 所示。在 CMYK 模式下，则相反。

图 8—31　在 RGB 模式下向上拖动曲线提高图片亮度

图 8—32　在 RGB 模式下向下拖动曲线降低图片亮度

8.10　色阶

“色阶”是 Photoshop 中使用频率较高的调色命令，它可以调整图像上的阴影、高光、中间调三种不同的部分。

一般使用“色阶”命令来调整图像的亮度和清晰度。

【实训七】

● 要求

用“色阶”命令调整图像的亮度。图 8—33 是用“色阶”命令调整前后的对比效果。

图 8—33　“色阶”命令调整前后的对比效果

● 目的

通过本实训掌握“色阶”命令的基本用法。

● 步骤

第一步，用快捷键 Ctrl+L 打开“色阶”对话框，如图 8—34 所示。

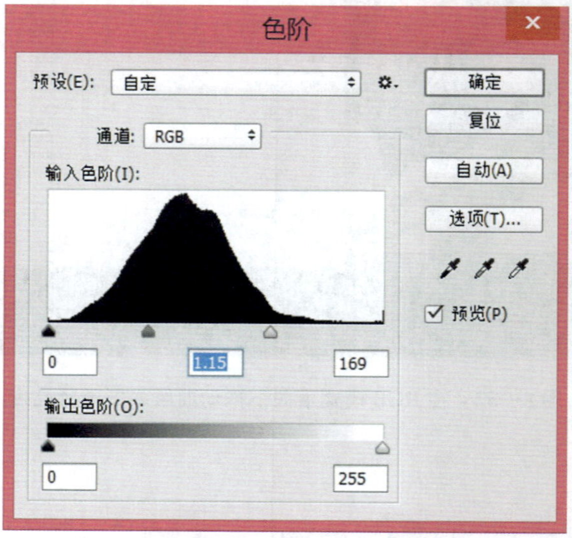

图 8—34　“色阶”对话框

第二步，通过调节三个滑杆实现效果。黑色滑杆是用来调整图像上的暗调部分的，灰色滑杆用来调整图像上的中间调部分，白色滑杆用来调整图像上的高光部分。图 8—33 的原图有两个问题，一是有些暗淡，二是有些模糊。所以要将中间调调亮，提高图像的亮度，并要将暗调再暗一点，使高光再稍微亮一点点，这样可提高图像的颜色对比，而图像的清晰度也会相应提高。

本章小结

本章主要讲述了一些常用的调色命令。调整图片的亮度使用“曲线”、“色阶”、“亮度/对比度”命令较为合适；给图片变换色彩使用“色相/饱和度”、“色彩平衡”、“替换颜色”命令较为合适；加大图片的对比度，同时使图片变清晰可使用“亮度/对比度”命令。

另外，还介绍了一些快速调整图像颜色的方法，如“自动色调”、“自动颜色”、“自动对比度”命令等。

拓展实训 1——让荷花更鲜艳

【知识要点】

本实训主要是使用“色相/饱和度”命令给图像增加饱和度。

【要求】

将原图调整得更加鲜艳，提高饱和度。

【原图与效果图】

原图和效果图分别如图 8—35 和图 8—36 所示。

图 8—35 荷花的原图

图 8—36 荷花的效果图

拓展实训 2——制作清新亮丽的明信片

【知识要点】

本实训的知识要点是掌握“反相”命令的使用方法以及明信片的制作。

【要求】

文件尺寸为 16.5 厘米×10.2 厘米，颜色模式为 CMYK，分辨率为 300 像素/英寸。

【效果图】

效果图如图 8—37 所示。

图 8—37　明信片的效果图

拓展实训 3——酒瓶大变身

【知识要点】

本实训的知识要点是掌握“色相/饱和度”命令的使用方法。

【要求】

将绿色的酒瓶通过调整“色相/饱和度”的参数，变为紫红色酒瓶，图 8—38 是原图与效果图的对比。

【原图与效果图】

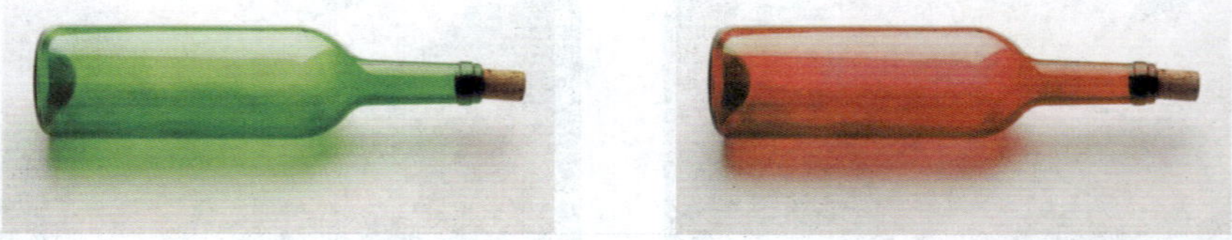

图 8—38　酒瓶变身前后对比

拓展实训 4——给商品图片调色

【知识要点】

本实训主要练习调色命令的综合应用，利用所学的调色命令调整图片的颜色。

【要求】

利用调色命令将原图（见图 8—39）调成如图 8—40 所示的效果。

【原图与效果图】

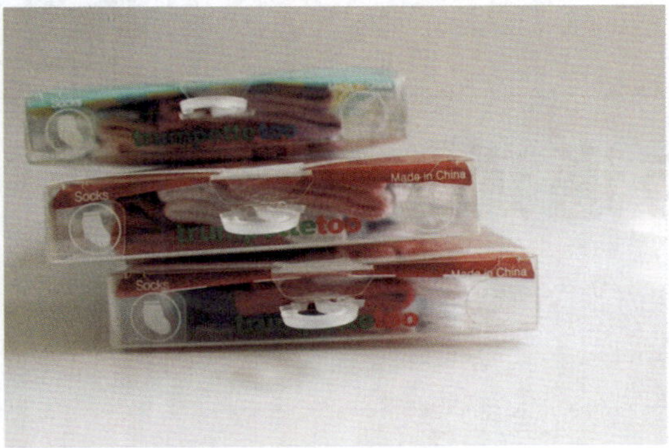

图 8—39　原图

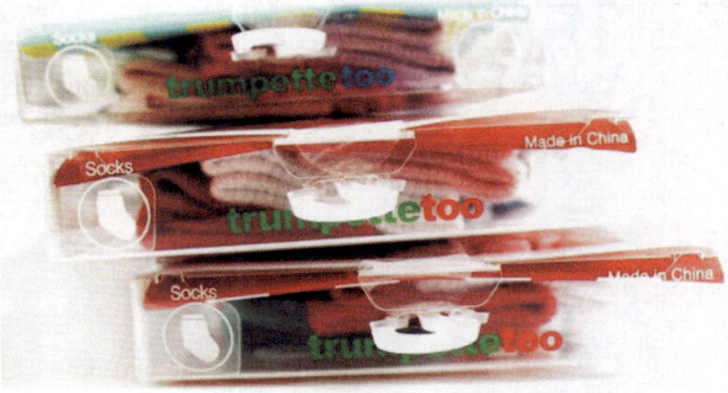

图 8—40　效果图

拓展实训 5——调整图像局部色彩

【知识要点】

本实训的知识要点是如何调整图像的局部颜色。

【要求】

利用调色命令加亮素材图片的左半部分颜色，图 8—41 是原图与效果图的对比。

【原图与效果图】

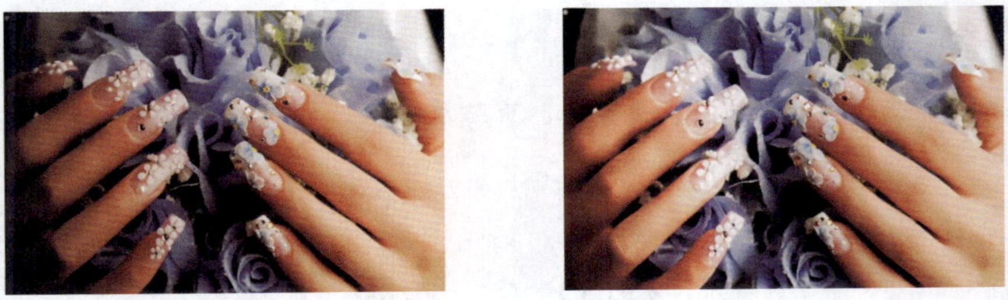

图 8—41　原图与效果图对比

第 9 章

蒙版与通道

本章介绍

本章主要介绍不同种类蒙版的作用及通道的种类。通过本章的学习可以掌握蒙版的使用方法和不同种类通道的应用。

知识目标

- 了解图层蒙版、矢量蒙版、剪贴蒙版的使用方法
- 掌握不同种类通道的使用方法

能力目标

- 能熟练地使用图层蒙版、矢量蒙版、剪贴蒙版
- 能熟练地使用不同种类的通道

9.1 蒙版

蒙版主要用于图像的合成、修图、调色等。它可以将图层的某部分隐藏，但不会删除，因此，用蒙版处理图像是一种非破坏性的编辑方式。

下面简单地介绍一下两种常用的蒙版：矢量蒙版、图层蒙版。

9.1.1 矢量蒙版

矢量蒙版，最主要是用路径来控制图层上哪部分显示或隐藏。

矢量蒙版需要封闭式路径，矢量蒙版可以将路径内的显示，路径外的隐藏。

【实训一】

● 要求

将图 9—1 中的婴儿图像放在一个如图 9—2 中的不规则路径内，并将其他部分隐藏。

图 9—1　婴儿原图

图 9—2　婴儿效果图

● 目的

通过本实训掌握矢量蒙版的操作方法。

● 步骤

第一步，打开素材文件，如图 9—3 所示。

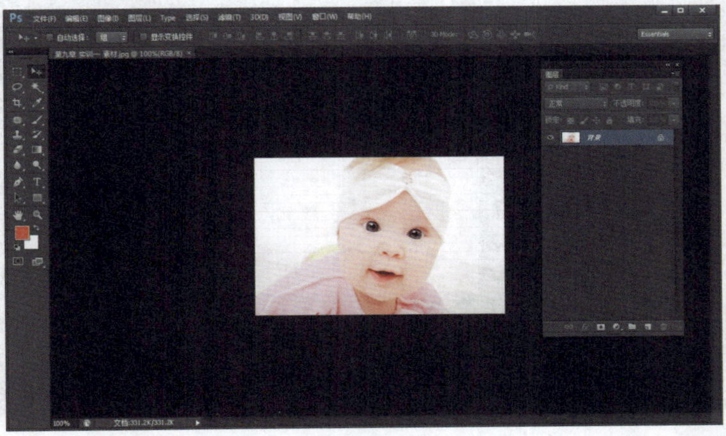

图 9—3　打开婴儿图像的素材文件

第二步，将背景层转为普通层。在按下 Alt 键不放的同时双击背景层，结果如图 9—4 所示。

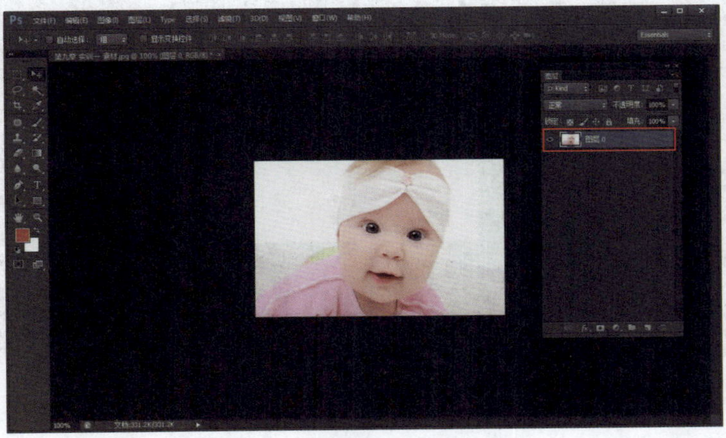

图 9—4　将背景层转为普通层

第三步，选择“自定形状工具”，如图 9—5 所示。

第四步，设置“自定形状工具”绘制的类型为“路径”，同时选择相应的形状，如图 9—6 所示。

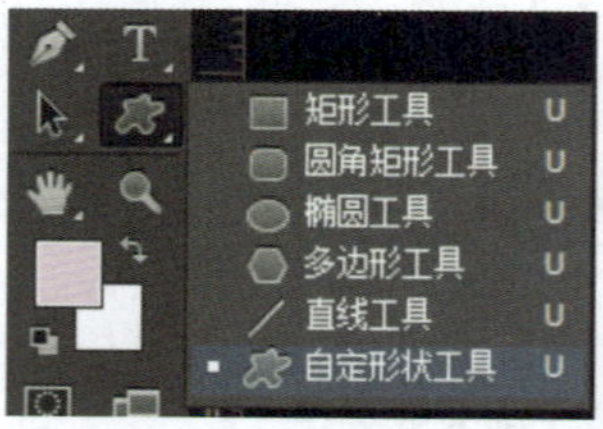

图 9—5 选择“自定形状工具”

图 9—6 “自定形状工具”属性栏

第五步，在原图上绘制完路径后（如图 9—7 所示），单击“图层”→“矢量蒙版”→“当前路径”命令，结果如图 9—8 所示。

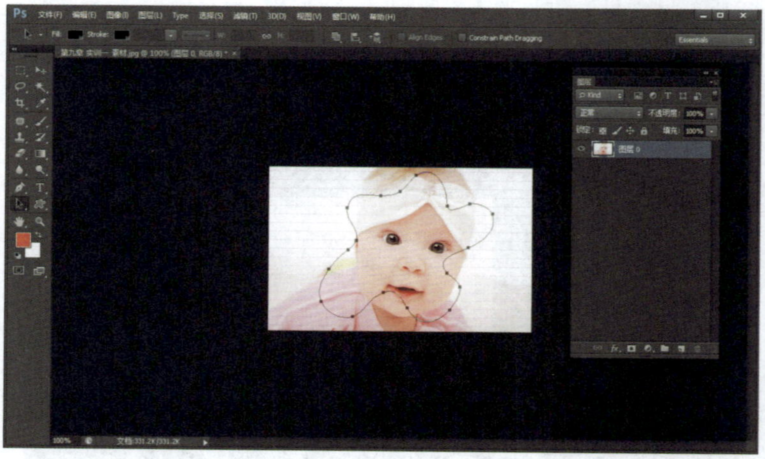

图 9—7 在原图上绘制路径

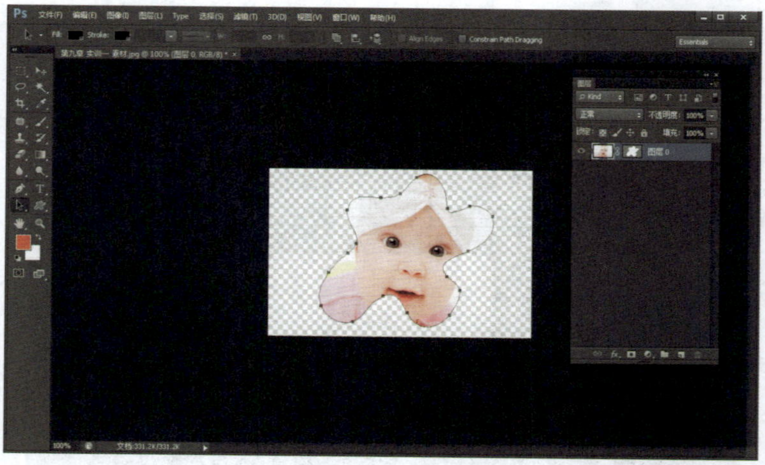

图 9—8 建立矢量蒙版

第六步，制作背景。创建一个新图层，填充浅粉色，如图 9—9 所示。然后将“图层 1”拖至“图层 0”的下方，结果如图 9—10 所示。保存图片即完成操作过程。

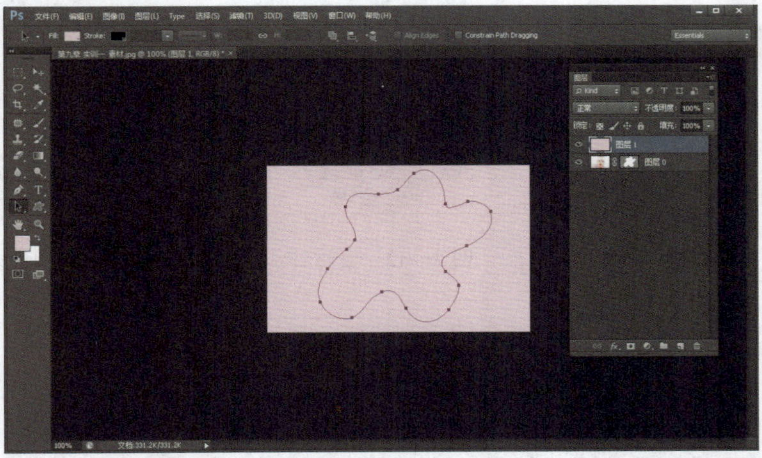

图 9—9　创建新图层

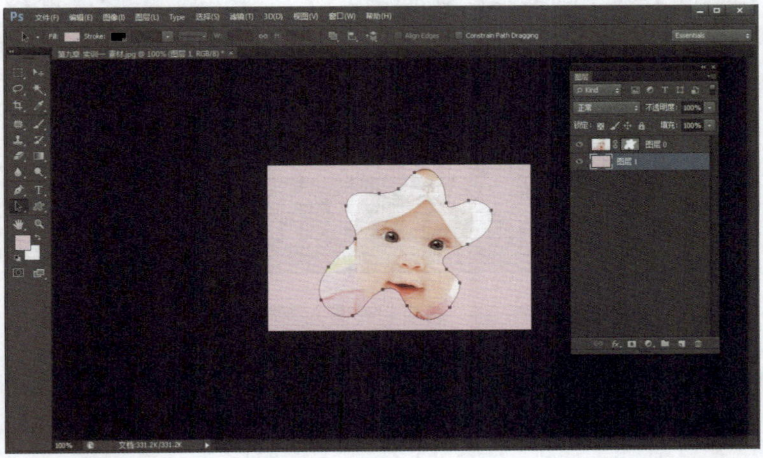

图 9—10　将粉色层移至下层

9.1.2　图层蒙版

图层蒙版主要是填充黑色，用于隐藏图层上不需要显示的部分。

【实训二】

● **要求**

利用图层蒙版将素材一（见图 9—11）和素材二（见图 9—12）合成（见图 9—13）。

● **目的**

通过图像合成掌握图层蒙版的使用方法。

图 9—11　素材一

图 9—12　素材二

图 9—13　合成的效果图

● **步骤**

第一步，打开素材二图片，然后置入素材一图片，如图 9—14 所示。

图 9—14　将素材一置入素材二中

第二步，将素材的大小调至合适大小后，给素材一图片所在图层添加蒙版。其方法是单击“图层”面板下方的“添加矢量蒙版”按钮，效果如图 9—15 所示。

图 9—15　添加矢量蒙版

第三步，选择“画笔工具”，如图 9—16 所示。

第四步，将前景色调为黑色，用“画笔工具”在素材一上进行涂抹，将不需要显示的地方用画笔都画上黑色，结果如图 9—17 所示。

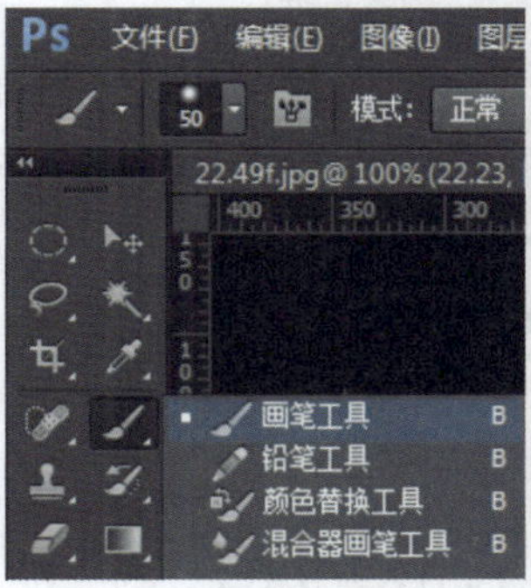

图 9—16　选择“画笔工具”

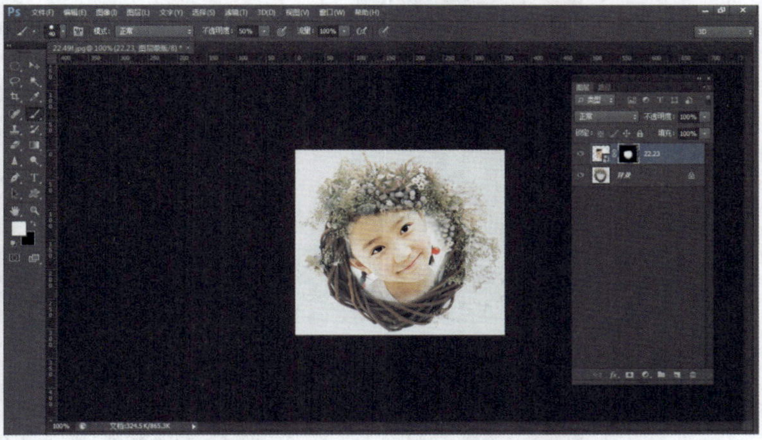

图 9—17　最后的效果图

除了以上两种蒙版外，常用的还有剪贴蒙版。剪贴蒙版是用下层图形的形状来控制上层图像某一部分显示或隐藏。下面通过实训来掌握剪贴蒙版的操作方法。

【实训三】

● **要求**

1. 新建一个宽度为 800 像素，高度为 600 素，分辨率为 72 像素/英寸，颜色模式为 RGB 的文件。
2. 制作一个胶卷条，如图 9—18 所示。
3. 效果图中胶卷条上的图片可以自己随意选择。

图 9—18　胶卷条的效果图

● **目的**

通过本实训掌握剪贴蒙版的用法。

● **步骤**

第一步，新建一个文件。宽度为 800 像素，高度为 600 素，分辨率为 72 像素/英寸，颜色模式为 RGB。

第二步，绘制胶卷条。用“矩形选区工具”绘制一个矩形选区，如图 9—19 所示。

创建一个新图层，填充黑色，如图 9—20 所示，然后取消选区（快捷键为 Ctrl+D）。

在黑色矩形条上绘制一个小正方格，如图 9—21 所示。

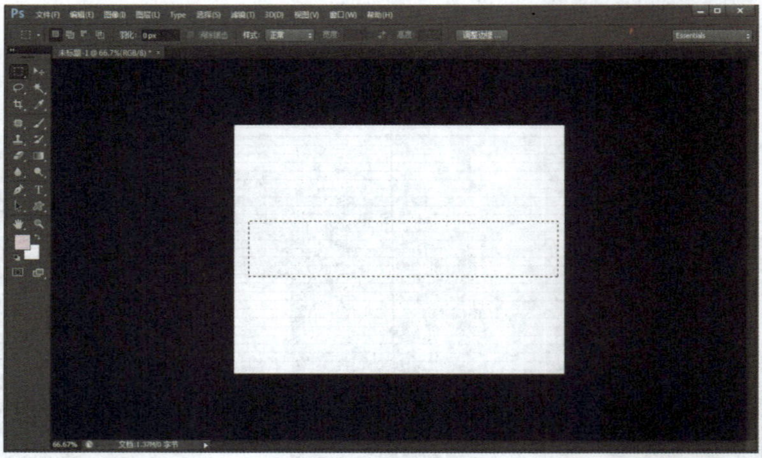

图 9—19　绘制矩形选区

图 9—20　在选区内填充黑色

图 9—21　绘制小正方格

在按下 Alt＋Shift 键不放的同时，用移动工具拖动复制小正方格，如图 9—22 所示。

图 9—22　拖动复制小方格

选中复制出的小正方格图层（选择图层 1，按下 Shift 键不放，单击图层 1 副本 6），然后再按下 Alt＋Shift 键不放拖动，结果如图 9—23 所示。

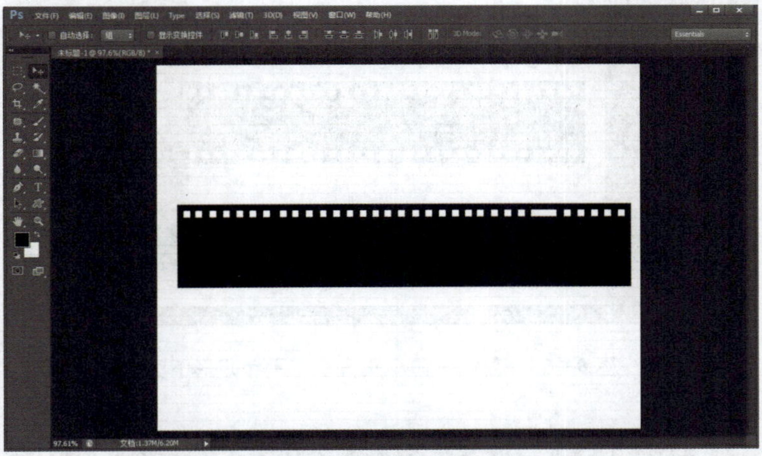

图 9—23　复制出多个正方格

将小正方格所有的图层都选中，并将其间距平均分布，单击“移动工具”属性栏中的“水平居中分布”按钮，结果如图 9—24 所示。

间距如果合适，可不再修改，可按下快捷键 Ctrl＋E 将图层合并。

将小方正格条复制一层放在黑色矩形的下面，如图 9—25 所示。

在黑色矩形中间绘制一个小矩形，如图 9—26 所示。

将小矩形复制，直到黑色矩形右侧，如图 9—27 所示。

第三步，在胶卷条上放图片。选择第一个要放图片的小矩形所在的图层，然后在“计算机”中找到对应的图片后，拖至 Photoshop CC 中，如图 9—28 所示。

将其比例缩放至小矩形块大小时，按 Enter 键确认，如图 9—29 所示。

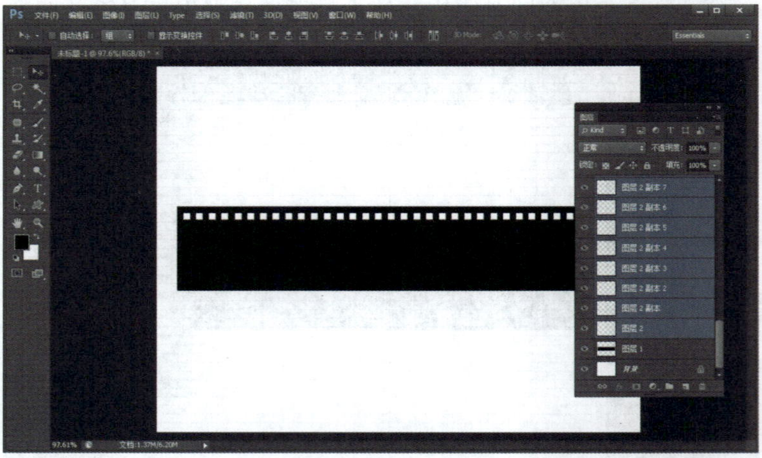

图 9—24　将小正方格的间距平均分布

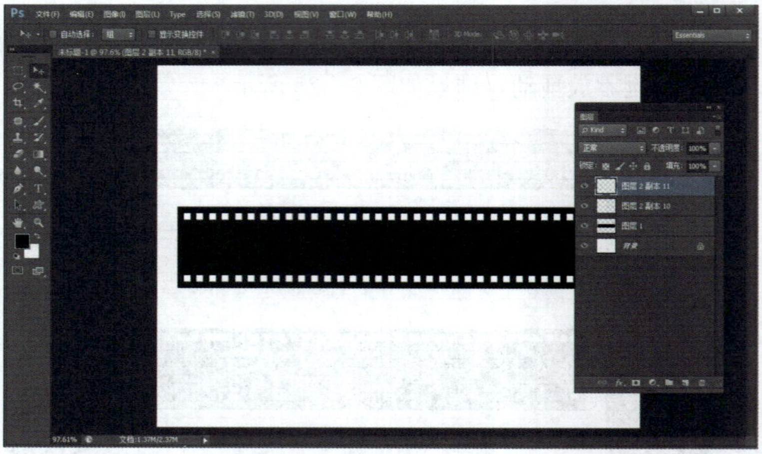

图 9—25　复制一排小正方格在黑色矩形下面

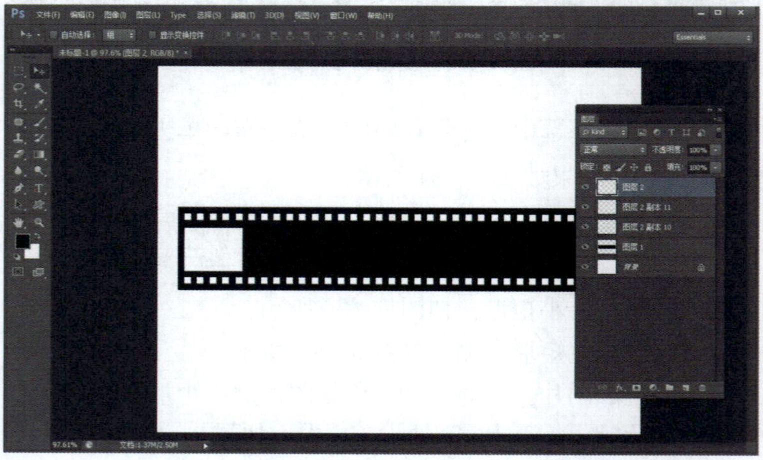

图 9—26　绘制黑色矩形中间的小矩形

图 9—27　复制中间小矩形

图 9—28　置入第一张图片

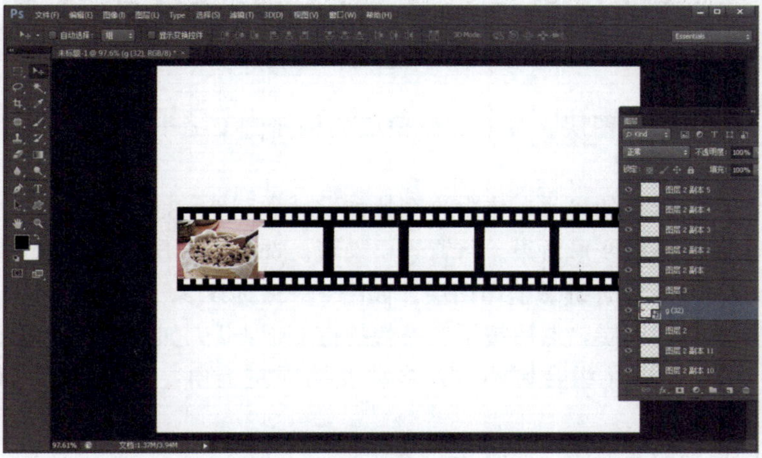

图 9—29　调整第一张图片的大小

然后选择该图片层，按下剪贴蒙版的快捷键 Ctrl+Alt+G，则小矩形块外的图片部分将不显示，如图 9—30 所示。

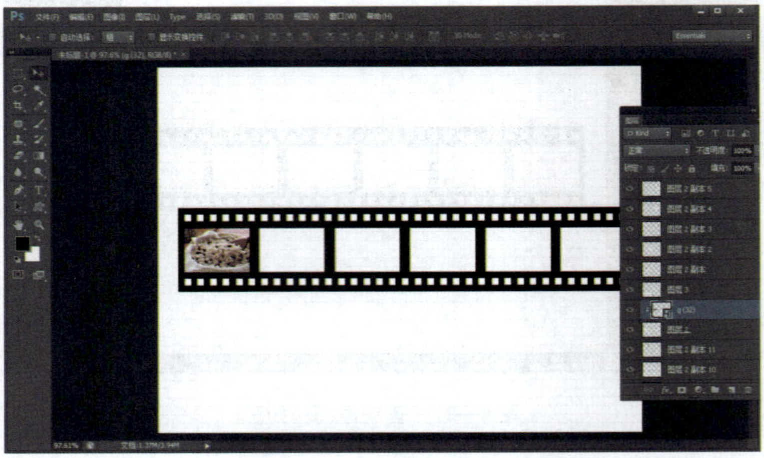

图 9—30 使用剪贴蒙版

第四步，选择第二个小矩形所在图层，然后置入第二张图片，如图 9—31 所示。

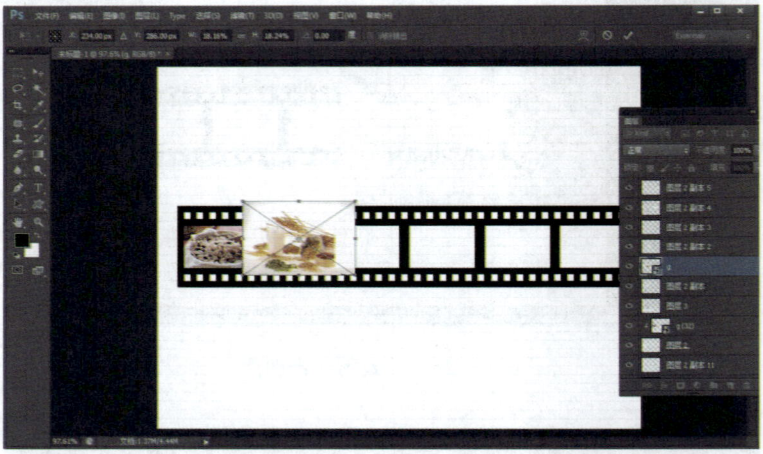

图 9—31 置入第二张图片

选择第二张图片所在图层，按下剪贴蒙版的快捷键 Ctrl+Alt+G，结果如图 9—32 所示。

第五步，按照第四步的操作，依次将图片加完，如图 9—33 所示。

第六步，给胶卷条做变形效果。将背景层隐藏，选择“图层”面板的最上方图层，按下Ctrl+Alt+Shift+E 组合键做盖印图层，如图 9—34 所示。

选择最上层的盖印图层，然后按下变换快捷键 Ctrl+T，如图 9—35 所示。

按下 Ctrl+Alt+Shift 组合键不放，拖动变换框左上角，对胶卷条进行变形，如图 9—36 所示。

隐藏除盖印层外的其他层，如图 9—37 所示。

复制盖印层，做水平翻转，结果如图 9—38 所示。

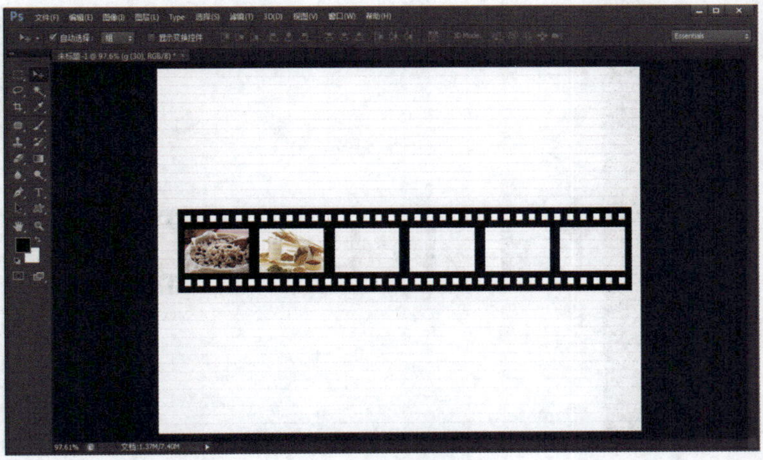

图 9—32　给第二张图片做剪贴蒙版

图 9—33　将胶卷条上的图片都加完效果

图 9—34　隐藏背景层做盖印图层

图 9—35　打开盖印图层变换框

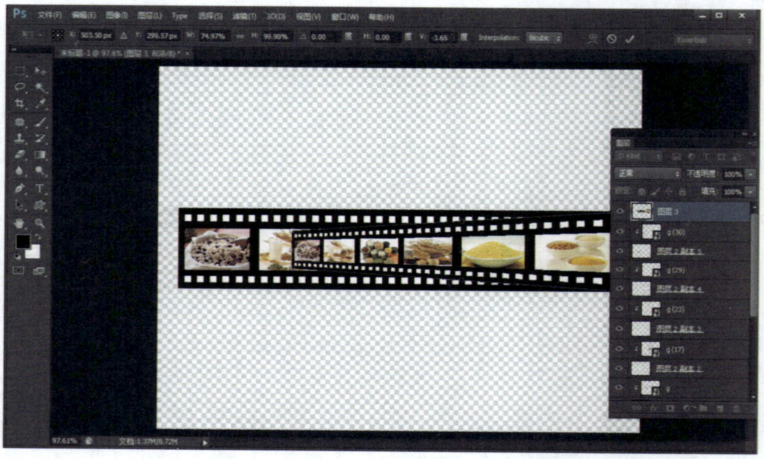

图 9—36　给胶卷条做变形

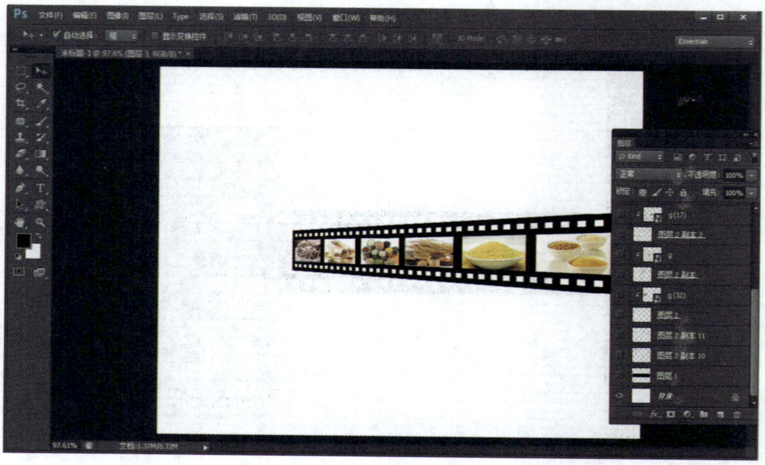

图 9—37　隐藏除盖印层外的其他层

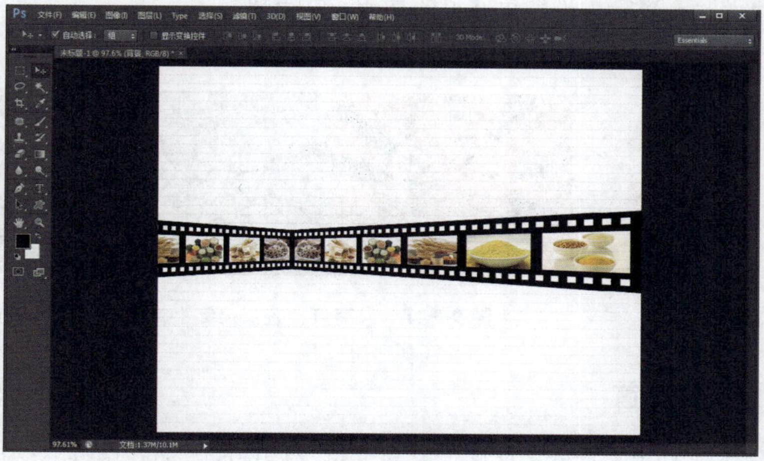

图 9—38 复制盖印层并做水平翻转

9.2 通道

通道属于 Photoshop CC 中的高级功能，由于此功能不易理解，在此只讲简单实用的内容。

通道有颜色通道、Alpha 通道、专色通道三种类型。下面介绍一下这三种通道类型的基本操作方法。

9.2.1 颜色通道

颜色通道，主要用来查看色彩信息。在建立文件时如果选择了 RGB 模式，那么“通道”面板中显示的颜色通道有三个单色通道，分别是红、绿、蓝，如图 9—39 所示。

图 9—39 “通道”面板

如果在建立文件时，颜色模式选择错了，如需要建 CMYK 模式的文件，结果建立文件的时候选择了 RGB 模式，可以单击“图像”→“模式”→“CMYK 颜色”命令，将图像模式更改过来。

图 9—40 是一张非常漂亮的 RGB 模式的彩图，如果这张图中只有红，或只有绿，或

只有蓝，效果见图 9—41。可见颜色通道的功能非常重要。

图 9—40　RGB 模式彩图

图 9—41　只有红（左）、绿（中）、蓝（右）的效果图

9.2.2　Alpha 通道

Alpha 通道主要是用来存储选区的。之前学过存储选区，如在图 9—42 所示的对话框中输入选区的名称时，对话框中有很多地方会出现“通道”字样，就是此功能的实际应用。

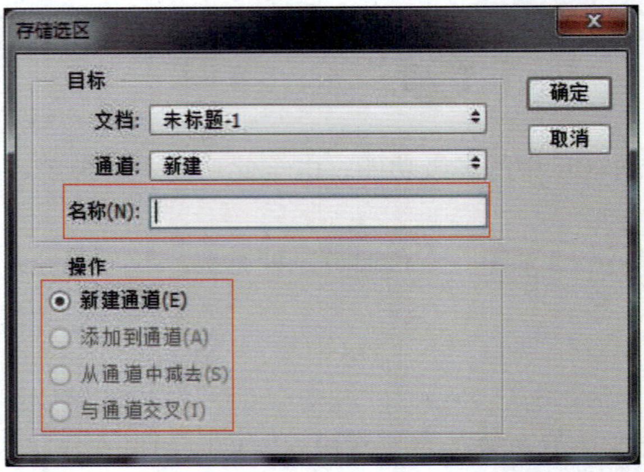

图 9—42　“存储选区”对话框

【实训四】

● **要求**

观察通道与存储选区的关系。

● **目的**

通过本实训了解存储选区和通道之间的关系。

● **步骤**

第一步，在图像上绘制一个选区，然后单击“选择”→“存储选区”命令，在名称中输入“椭圆选区”，如图 9—43 所示。

第二步，打开“通道”面板，会看到面板中增加了一个通道“椭圆选区”，如图 9—44 所示。

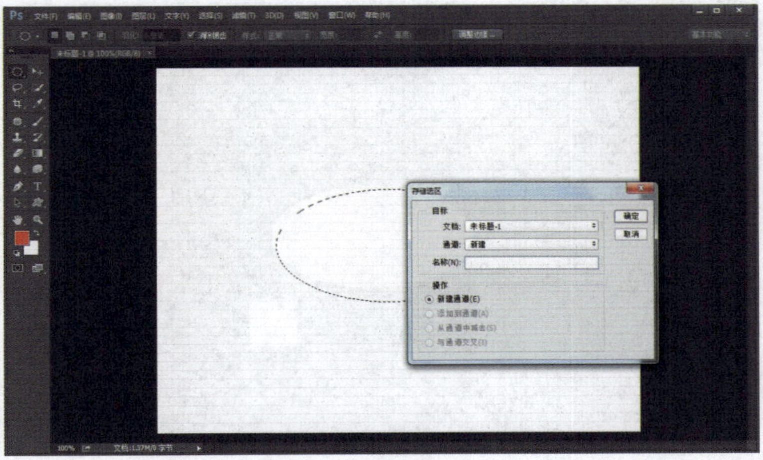

图 9—43　打开“存储选区”对话框

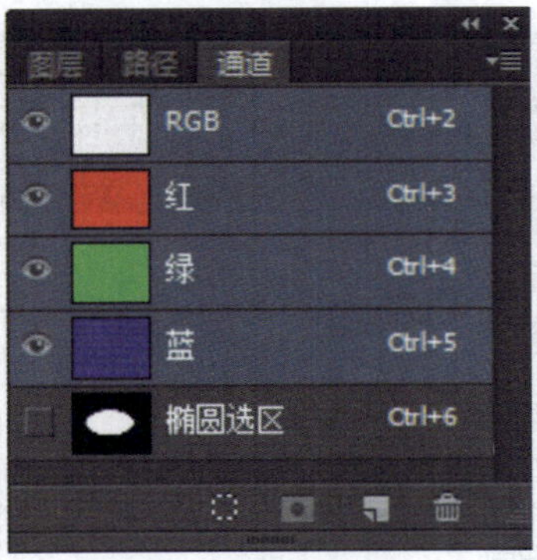

图 9—44　“通道”面板中增加了“椭圆选区”

第三步，单击“椭圆选区”通道进行观察，如图 9—45 所示。

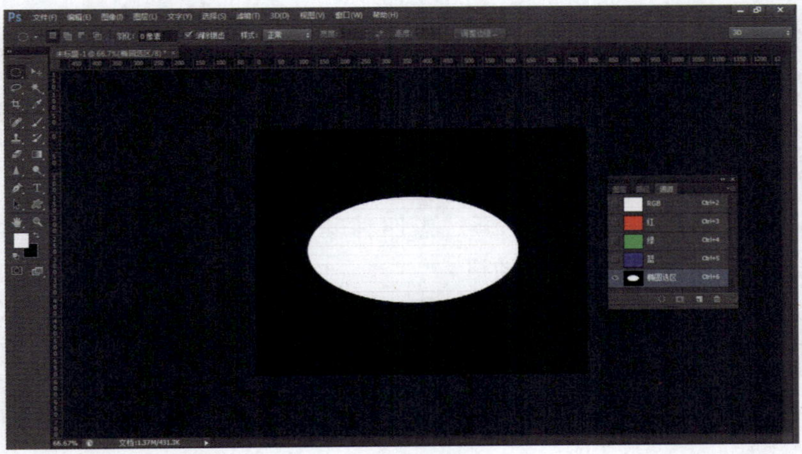

图 9—45　椭圆选区通道

第四步，在椭圆选区的旁边绘制一个正方形选区，并将其填充白色，如图 9—46 所示。

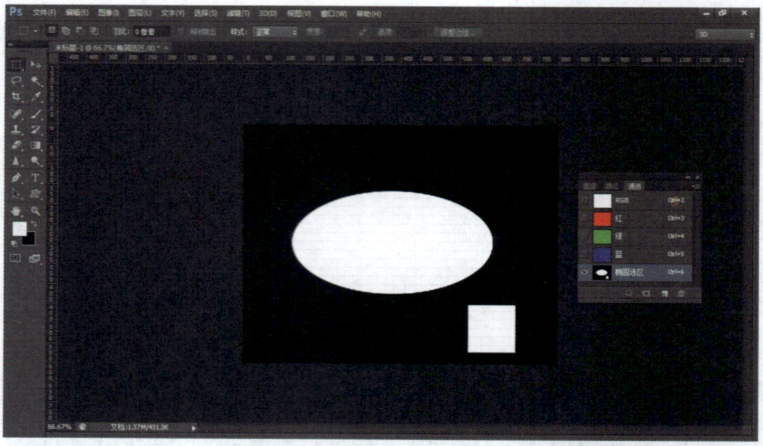

图 9—46　在通道中绘制正方形选区

第五步，在“通道”面板中，单击“RGB”，如图 9—47 所示。

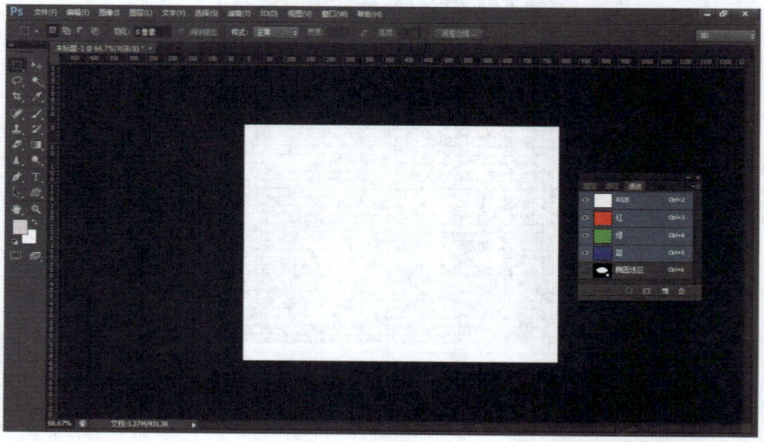

图 9—47　返回 RGB

第六步，单击“选择”→“载入选区”命令，在“通道”面板中选择“椭圆选区”后，单击“确定”按钮，观察存储的选区有何变化。

9.2.3　专色通道

专色印刷是指除了用青、品红、黄、黑四种颜色外的油墨印刷图像。在 Photoshop CC 中，专色通道就是新增加的油墨通道。

【实训五】

● 要求

添加一个专色通道。

● 目的

通过本实训掌握如何添加专色通道。

● **步骤**

第一步，选择“横排文字蒙版工具”，如图 9—48 所示。

第二步，在图像上单击输入需要用特殊油墨印刷的文字，如图 9—49 所示。

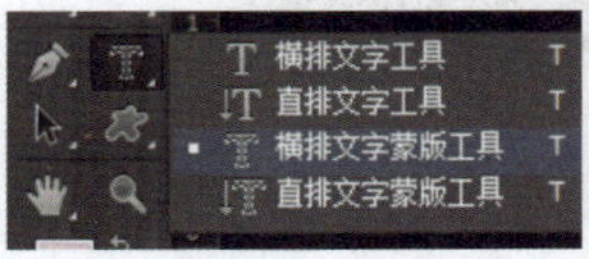

图 9—48　选择“横排文字蒙版工具”

图 9—49　输入文字

第三步，在“通道”面板的右拉菜单中选择“新建专色通道”选项，如图 9—50 所示。

图 9—50　选择“新建专色通道”

第四步，设置专色的颜色以及密度，如图 9—51 所示。

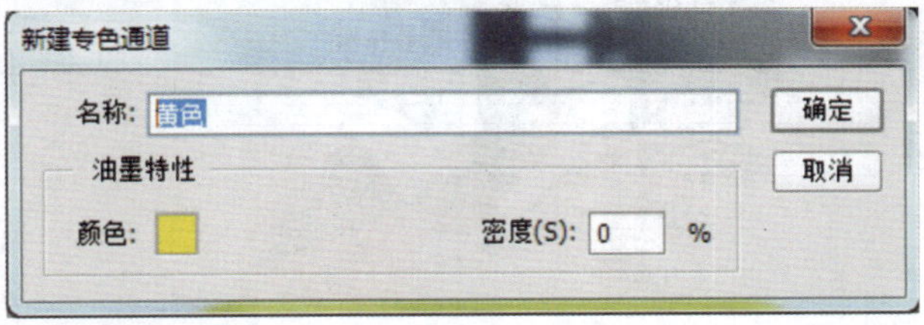

图 9—51　设置“专色通道”

第五步，观察图中的结果，最后的效果如图 9—52 所示。

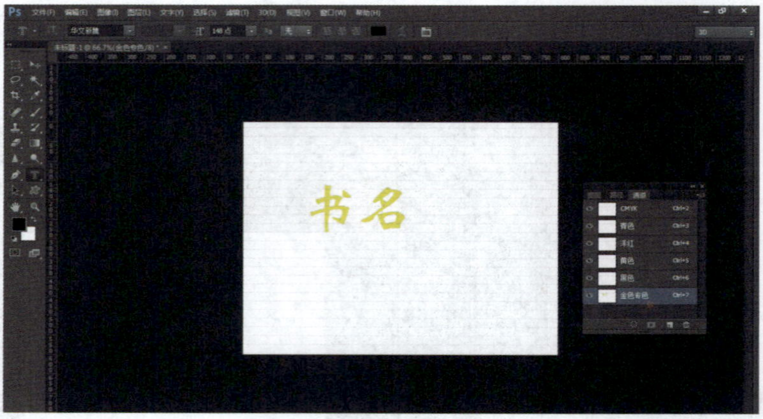

图 9—52 添加专色通道后的效果图

本章小结

本章主要讲解了矢量蒙版和图层蒙版的功能和操作方法，具体介绍了利用蒙版修复图片和做图像合成的操作步骤。

另外，本章还讲解了通道的三个类型：颜色通道、Alpha 通道、专色通道。讲解了利用颜色通道查看颜色信息，利用 Alpha 通道抠图，利用专色通道在印刷中做出特殊效果。

拓展实训——制作网页的 Banner 图

【知识要点】

本实训的知识要点是蒙版的使用方法。

【要求】

1. 文件尺寸为 1 180 像素×350 像素，分辨率为 72 像素/英寸，颜色模式为 RGB。

2. 做出如图 9—53 所示的效果图，要求图片可随意替换。

【效果图】

图 9—53 效果图

第 10 章

矢量工具与路径

本章介绍

本章主要介绍矢量工具的操作方法，路径的绘制、编辑以及形状图形的绘制。通过本章的学习，学生可以根据需要快速地绘制出所需要的路径，并对路径进行修改与编辑，还可应用绘图工具绘制出系统自带的图形，提高图像制作的效果。

知识目标

- 熟练掌握圆角矩形工具的使用方法
- 熟练掌握钢笔工具的使用方法
- 熟练掌握路径面板的使用方法
- 熟练掌握路径选择工具的使用方法
- 熟练掌握直接选择工具的使用方法

能力目标

- 能根据需要用钢笔工具绘制出所需图形
- 能熟练使用钢笔工具抠图
- 能用路径选择工具熟练地对路径进行变换、复制、对齐等
- 能用直接选择工具熟练地修改路径

10.1 矢量工具

Photoshop CC 中的钢笔工具、形状工具都属于矢量绘制工具，它们可以创建出不同类型的对象，包括形状图层、工作路径、像素图形。

在“矢量工具”属性栏中有相应的类型设置，如图 10—1 所示。

图 10—1　“矢量工具”属性栏

【实训一】

● **要求**

使用形状工具创建不同类型的对象。

● **目的**

通过使用形状工具创建不同类型的对象，掌握形状工具的基本用法。

● **步骤**

第一步，选择“圆角矩形工具”，如图 10—2 所示。

第二步，在“圆角矩形工具”属性栏中选择“形状”选项，直接拖动进行图像绘制，绘制完毕后，“图层”面板中会产生形状层，如图 10—3 所示。

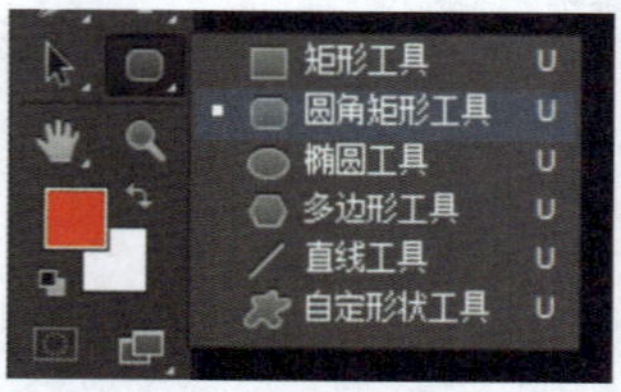

图 10—2　选择“圆角矩形工具”

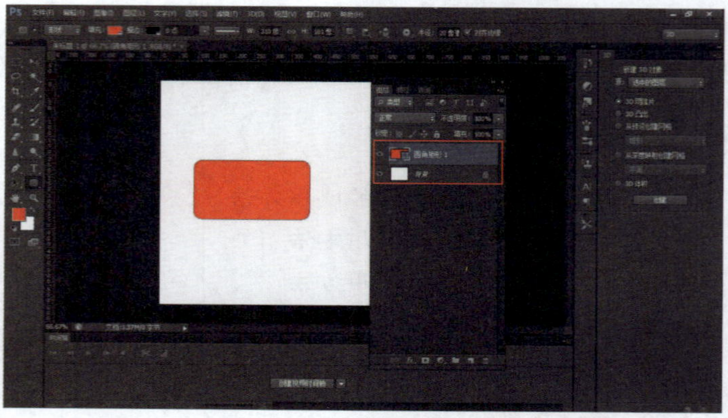

图 10—3　使用“圆角矩形工具”产生的形状层

第三步，在“圆角矩形工具”属性栏中，选择“路径”选项，在图像上直接绘制，可以单独绘制出一个路径来，如图 10—4 所示。

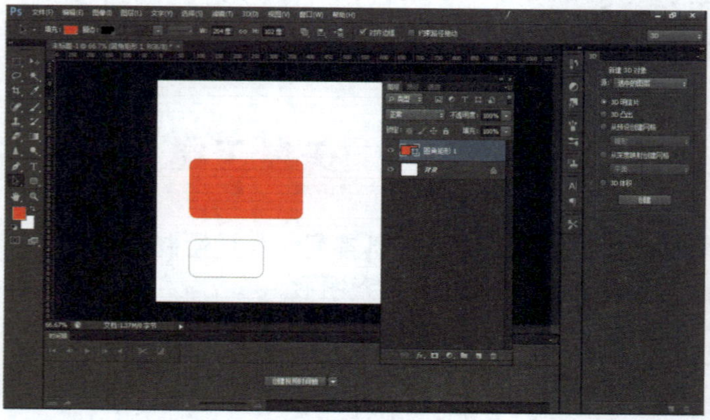

图 10—4　单独绘制出来的路径

第四步，新建一个图层，在“圆角矩形工具”属性栏中选择“像素”选项，在图像上直接绘制，最后在新的图层上直接填充颜色绘制出一个圆角矩形，如图 10—5 所示。

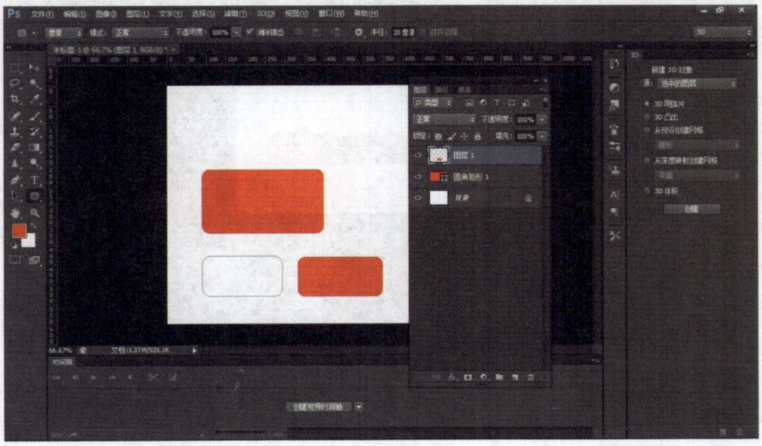

图 10—5　绘制有填充颜色的圆角矩形

【实训二】

● **要求**

使用“自定形状工具”和“圆角矩形工具”绘制出如图 10—6 所示的形状，并且添加图层样式。

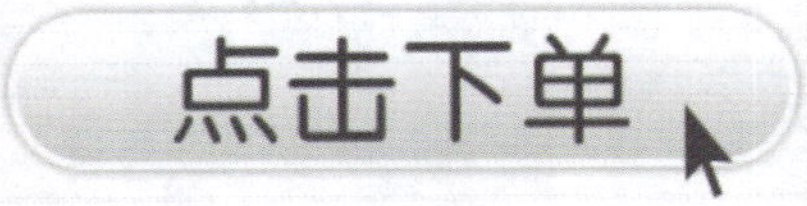

图 10—6　“点击下单”效果图

● **目的**

通过本实训掌握自定义形状的绘制方法。

● **步骤**

第一步，绘制圆角矩形形状。选择“圆角矩形工具”，如图 10—7 所示。设置“圆角矩形工具”属性栏参数，如图 10—8 所示。创建一个宽度为 400 像素、高度为 200 像素的 RGB 模式文件，在文件中绘制出如图 10—9 所示的圆角矩形。

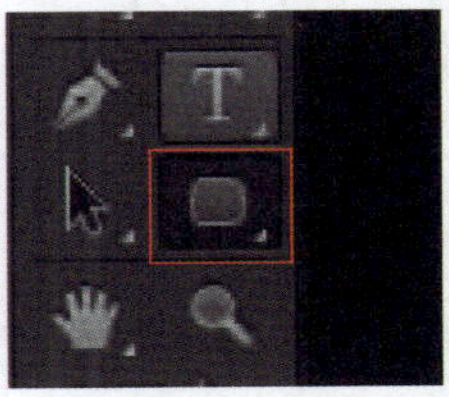

图 10—7　选择“圆角矩形工具”

图 10—8　设置“圆角矩形工具”属性栏

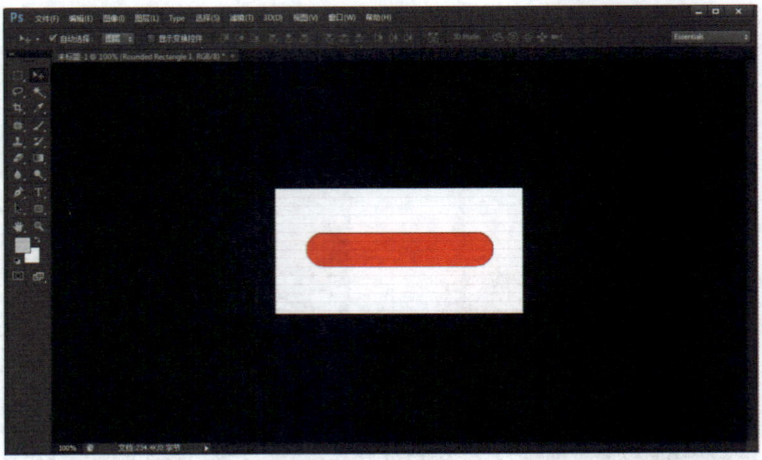

图 10—9　绘制圆角矩形

第二步，设置圆角矩形样式。给圆角矩形添加渐变叠加、描边、外发光图层样式，参数设置分别如图 10—10、图 10—11、图 10—12 所示，结果如图 10—13 所示。

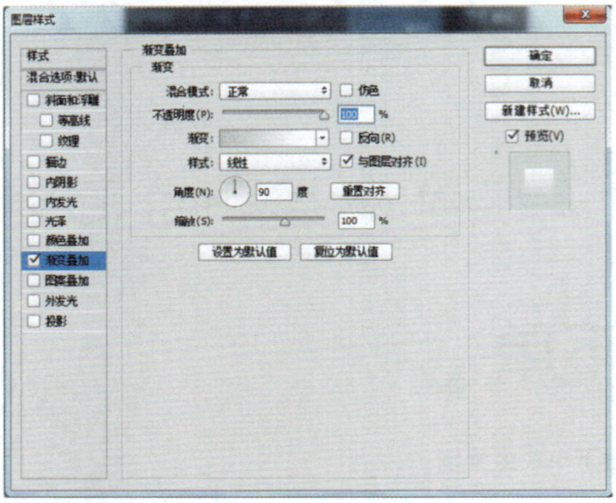

图 10—10　添加“渐变叠加”图层样式

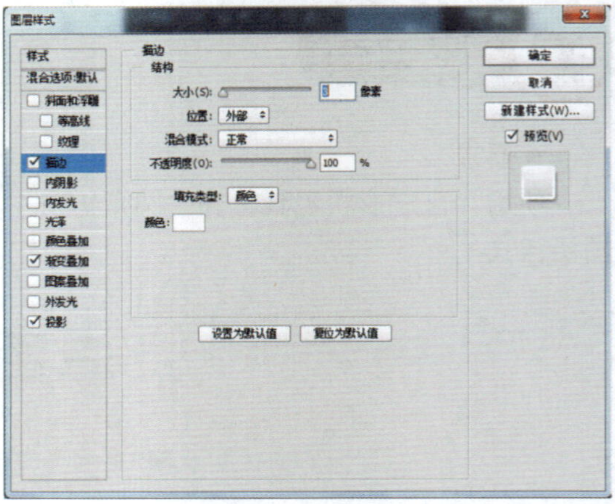

图 10—11　添加“描边”图层样式

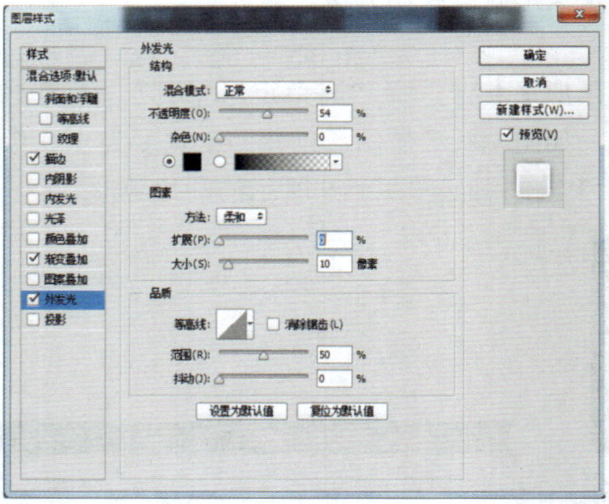

图 10—12　添加“外发光”样式

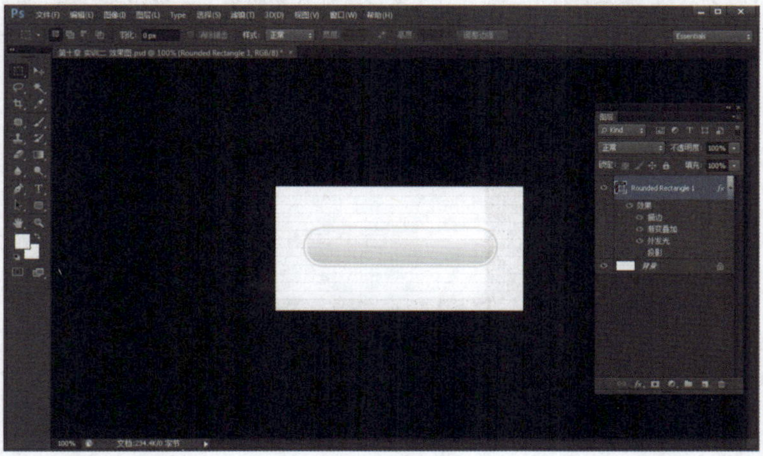

图 10—13　添加样式的最终效果

第三步，输入文字，如图 10—14 所示。

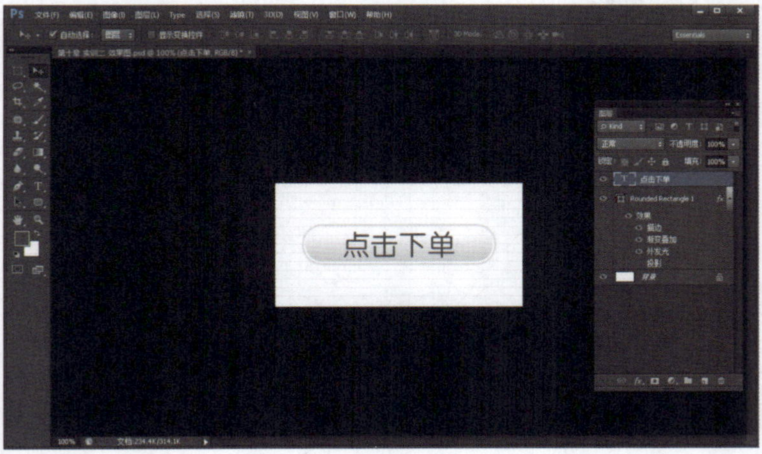

图 10—14　输入文字

第四步，添加鼠标箭头。选择“自定形状工具”，如图 10—15 所示。在“形状”中选择“Mac 指针”，如图 10—16 所示。在文件中按下 Shift 键不放，绘制出指针，如图 10—17 所示。

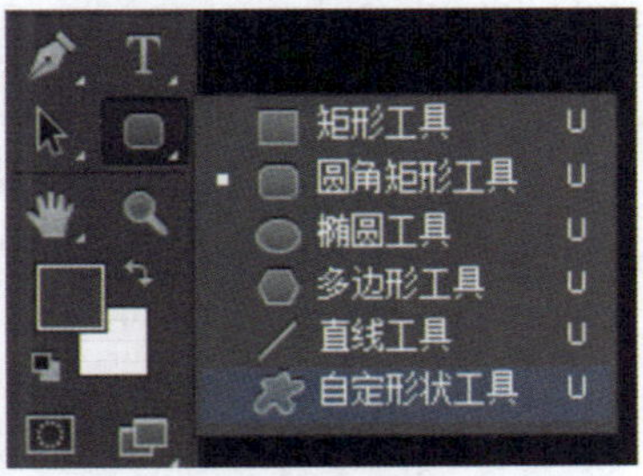

图 10—15　选择“自定形状工具”

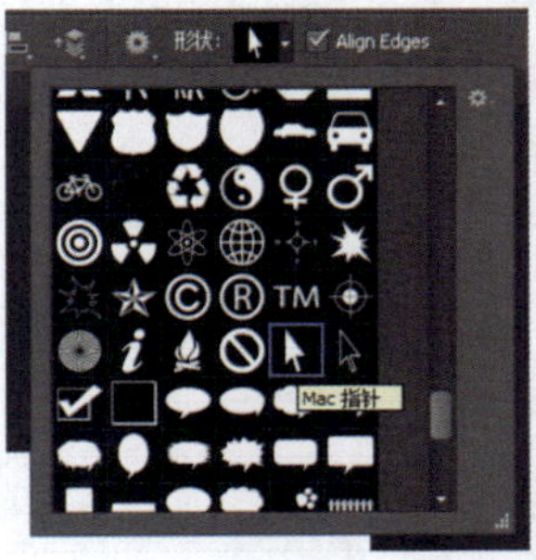

图 10—16　选择“形状”类型

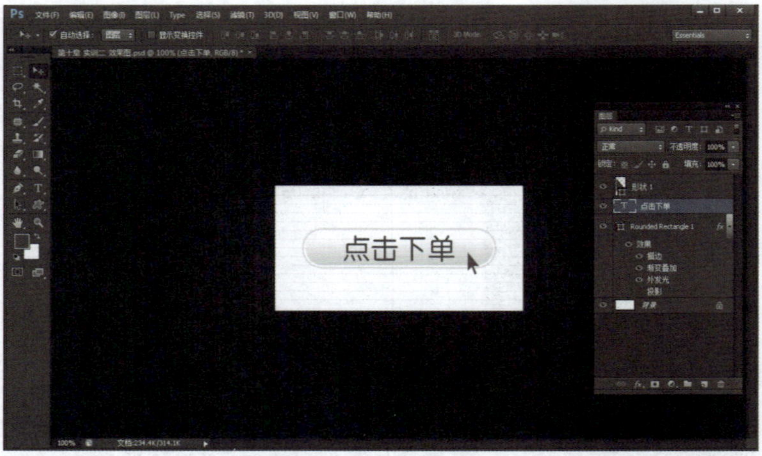

图 10—17　绘制鼠标箭头

10.2　路径的定义和分类

路径是将直线路径段或曲线路径段用锚点连接起来的路径，图 10—18 为路径的各部分组成。

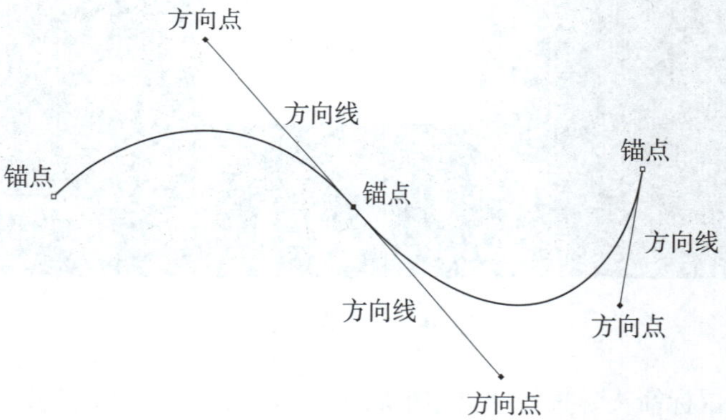

图 10—18　路径的组成

路径分为开放式路径和封闭式路径两种。开放式路径是起点和终点没有连接起来的路径，如图 10—19 所示；封闭式路径是起点和终点连接起来的路径，如图 10—20 所示。

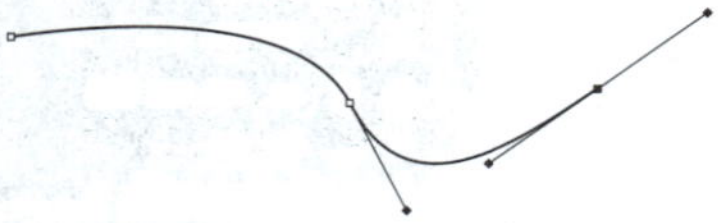

图 10—19　开放式路径

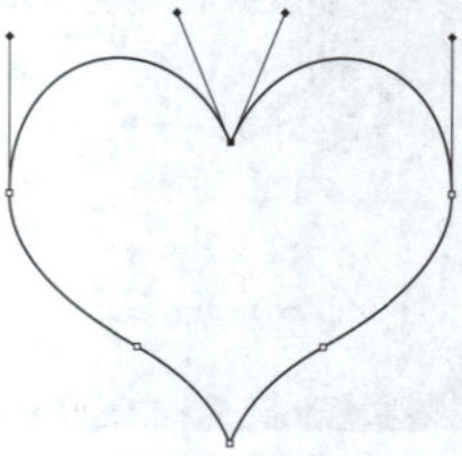

图10—20　封闭式路径

10.3　绘制路径

在 Photoshop CC 中绘制路径有两个工具：钢笔工具、形状工具。

钢笔工具主要是根据需要手动绘出一些路径；形状工具是用来绘制一些已经有的形状，这些形状可以是 Photoshop 中自带的，也可以是从外部下载的。

10.2.1　用钢笔工具抠图

【实训三】

● 要求

图 10—21 是杯子原图，请用“钢笔工具”将第二个杯子抠出来，然后进行色相的调整，得到图 10—22 所示的效果。

图 10—21　杯子原图

图 10—22　杯子效果图

● 目的

通过用“钢笔工具”抠图掌握“钢笔工具”的用法，并了解如何绘制路径。

● 步骤

第一步，选择“钢笔工具”，如图 10—23 所示。

第二步，按图像的显示比例进行放大。在抠图的过程中，将图像放大，这样才能更精确。

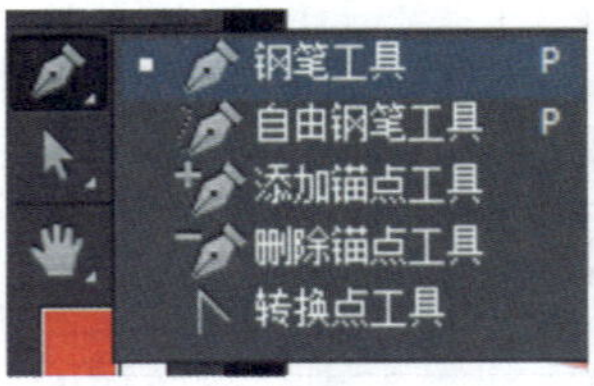

图 10—23　选择“钢笔工具”

第三步，选择“钢笔工具”后，单击第二个杯子的任意边缘位置，然后再单击第二个点，鼠标不松开继续拖动，即可出现一条曲线路径段，如图 10—24 所示。

图 10—24　用“钢笔工具”绘制的曲线路径段

第四步，按下 Alt 键不松开，单击第二个锚点位置，去掉一条方向线，如图 10—25 所示。方向线是用来确定曲线方向的，去掉一条方向线，下一条曲线的方向就可以随意定位。

图 10—25　在锚点上去掉一条方向线

第五步，在第三个锚点位置单击鼠标不松开，并拖动方向线，如图 10—26 所示。

图 10—26 绘制曲线路径段

第六步，在第三个锚点位置，按下 Alt 键并单击鼠标，去掉一条方向线，如图 10—27 所示。

图 10—27 去掉一条方向线

第七步，重复第五、六步，直至路径到达起点位置完全闭合，如图 10—28 所示。

图 10—28 路径闭合

第八步，按下快捷键 Ctrl+Enter，将路径转为选区，如图 10—29 所示。

图 10—29　将路径转为选区

第九步，按下快捷键 Ctrl+U，打开“色相/饱和度”对话框，拖动“色相”滑杆，对图像的色相进行调整，如图 10—30 所示。

图 10—30　效果图

10.2.2　用形状工具绘制形状

形状工具包括矩形工具、圆角矩形工具、椭圆工具、多边形工具、直线工具、自定形状工具。

【实训四】

- **要求**

用形状工具绘制出如图 10—31 所示的形状。

- **目的**

通过绘制图 10—31 中的图形，掌握形状工具的使用方法，并了解路径的绘制方法。

图 10—31　不同类型的形状

● 步骤

第一步，选择“矩形工具”，如图 10—32 所示。

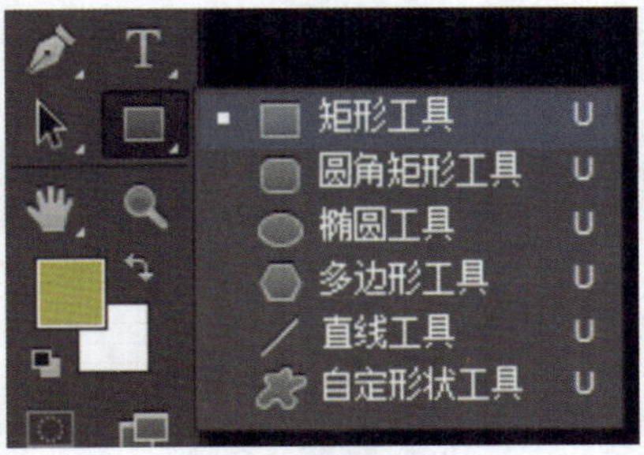

图 10—32　选择“矩形工具”

第二步，在“矩形工具”属性栏中选择“路径”类型，然后直接拖动图像，如图 10—33 所示。

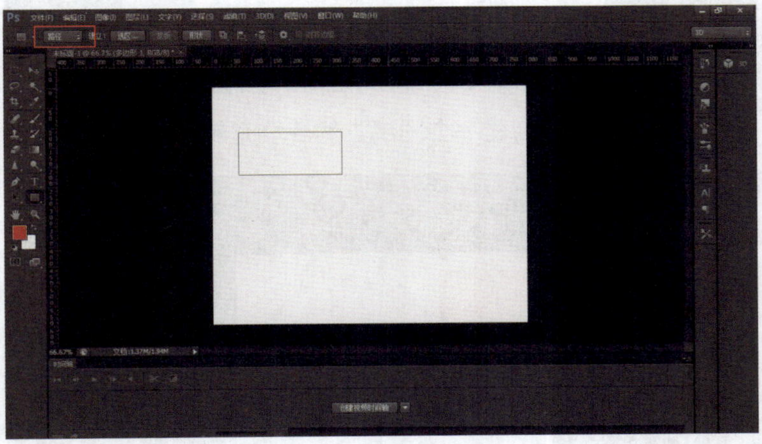

图 10—33　绘制的矩形路径

第三步，按下快捷键 Ctrl+Enter，将路径转为选区。

第四步，创建新图层。

第五步，填充前景色，如图 10—34 所示。

第六步，绘制一个直径为 12 厘米的正圆。选择“椭圆工具”，单击图像，弹出“创建椭圆”对话框，如图 10—35 所示，输入椭圆的宽和高，单击“确定”按钮完成操作。

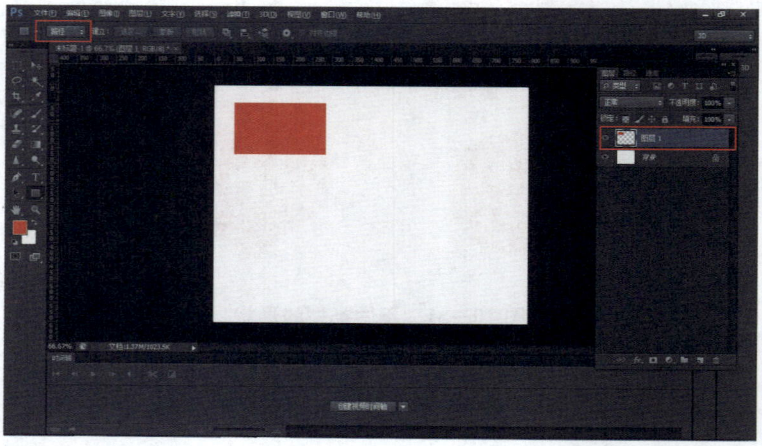

图 10—34　绘制完毕的矩形

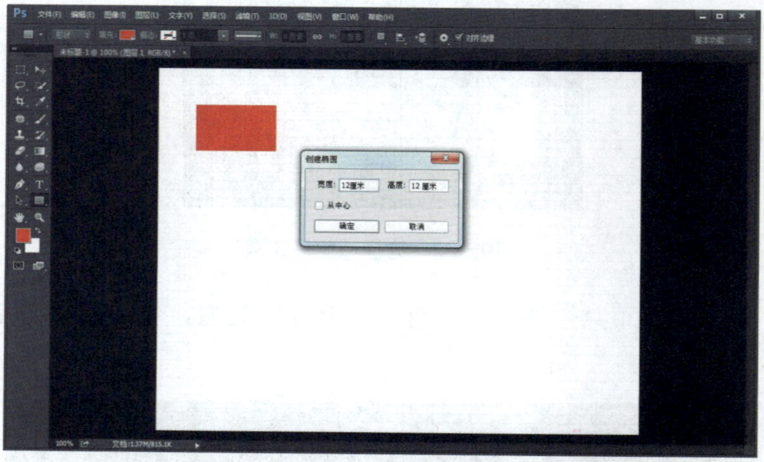

图 10—35　绘制固定大小的椭圆

第七步，将路径转为选区，新建一个图层，然后填充前景色，结果如图 10—36 所示。

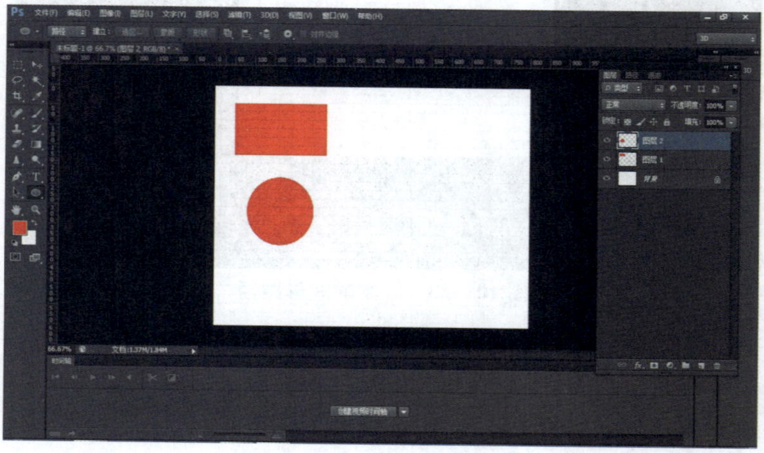

图 10—36　创建完毕的椭圆

第八步，利用“多边形工具”创建一个三角形。选择“多边形工具”后，在其属性栏的“边数”中输入 3，在类型中选择“形状”，如图 10—37 所示。

图 10—37　“多边形工具”属性栏

第九步，直接拖动图像，绘制出一个三角形，系统会自动产生一个形状层，结果如图 10—38 所示。

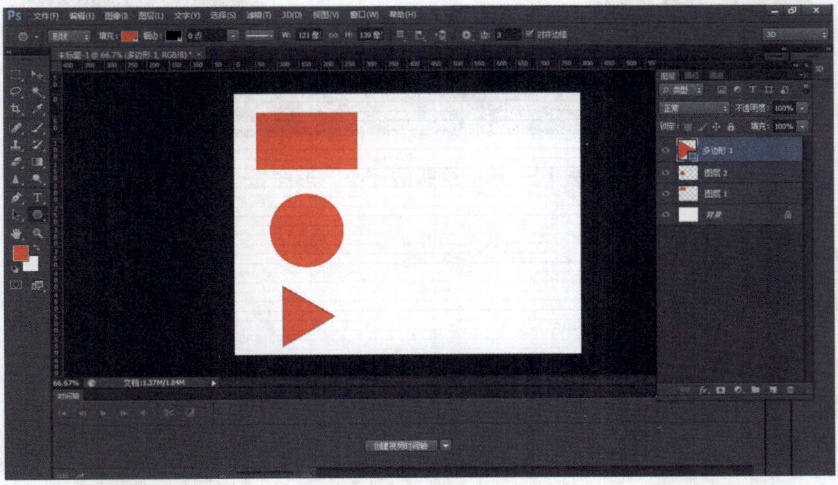

图 10—38　绘制完毕的三角形

第十步，利用“自定形状工具”绘制一个“心”形。选择“自定形状工具”，在其属性栏中打开“自定义形状”列表，如图 10—39 所示。然后拖动图像，绘制出一个“心”形形状，如图 10—40 所示。

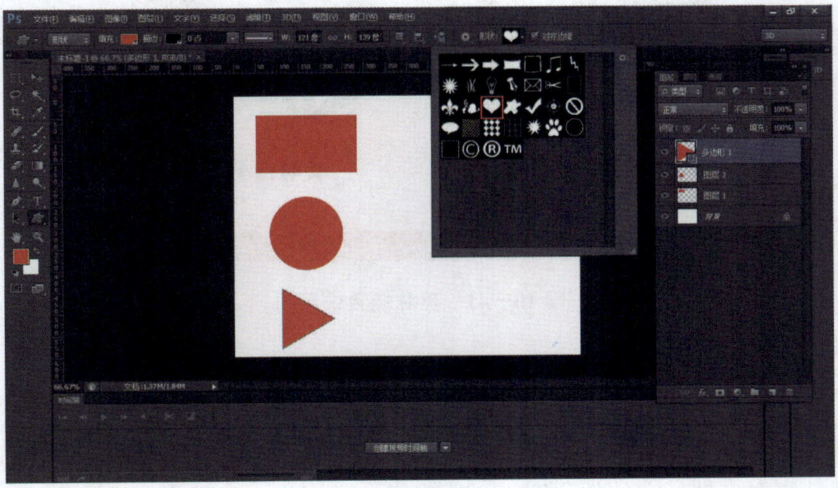

图 10—39　“自定义形状”列表

图 10—40　绘制的“心”形图像

【实训五】

● 要求

制作如图 10—41 所示的效果图。

图 10—41　美味佳肴效果图

● 目的

通过本实训掌握形状工具的使用方法。

● 步骤

第一步，建立文件。文件的宽度为 800 像素，高度为 600 像素，分辨率为 72 像素/英寸，颜色模式为 RGB。

第二步，在工具箱中选择“自定形状工具”，如图 10—42 所示。

第三步，在“自定形状工具”属性栏中设置相关参数，如图 10—43 所示。

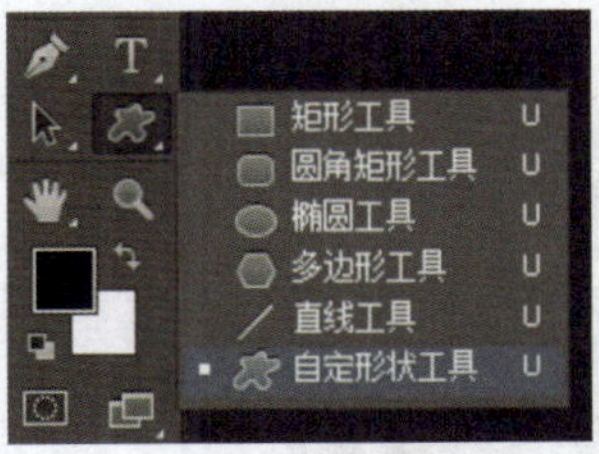

图 10—42　选择“自定形状工具”

图 10—43　设置“自定形状工具”的参数

第四步，在文件中绘制形状。在按下 Shift 键不放的同时拖动文件，即可绘制形状，如图 10—44 所示。

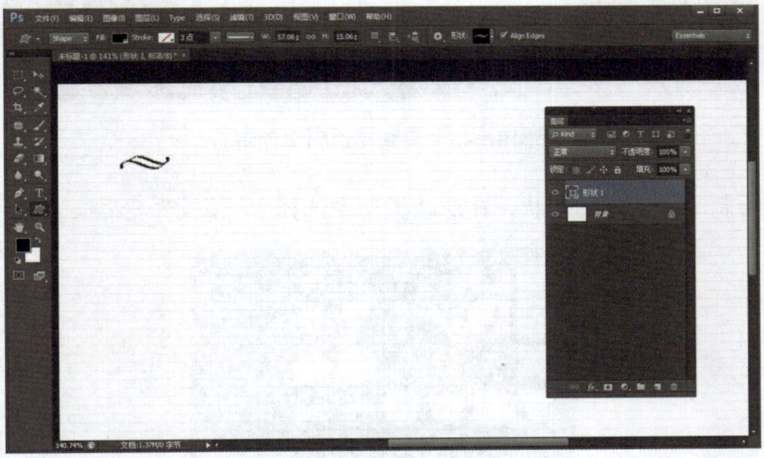

图 10—44　绘制自定义形状

第五步，复制形状。选择移动工具，在按下 Alt＋Shift 键不放的同时横向拖动鼠标，可复制出多个形状，如图 10—45 所示。

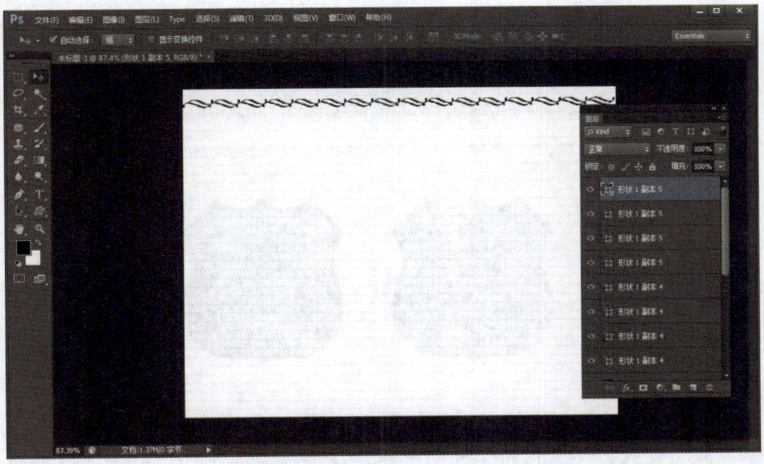

图 10—45　复制形状

第六步，复制一排花边至文件下方。选中上面一排花边的所在图层，按下 Alt＋Shift 键不放向下拖动鼠标即可，结果如图 10—46 所示。

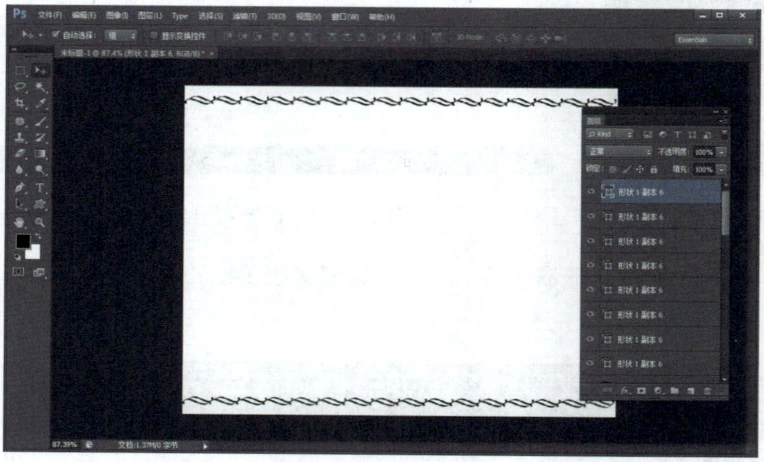

图 10—46　复制花边到文件下方

第七步，绘制文件中间的形状。在形状类型中选择“标志 4”形状，如图 10—47 所示。

图 10—47　选择“标志 4”形状

在文件中，按下 Shift 键绘制“标志 4”形状，然后复制出第二个形状，如图 10—48 所示。

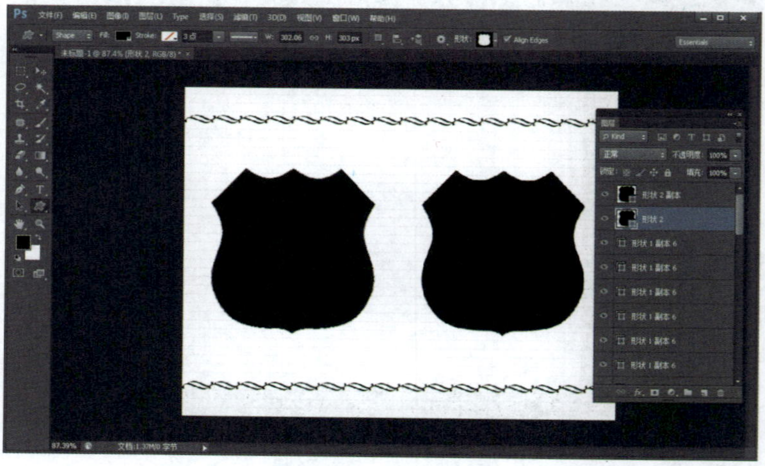

图 10—48　绘制出“标志 4”形状

第八步，在“标志 4”形状中放置图片。选择第一个“标志 4”形状的所在图层，置入一张图片，如图 10—49 所示。按下 Enter 键确认图片置入，然后选择图片所在图层，按下 Ctrl＋Alt＋G 组合键制作剪贴蒙版，结果如图 10—50 所示。

图 10—49 置入第一张图片

图 10—50 制作剪贴蒙版

第九步，按照第八步的操作方法，将第二张图片放置形状中，如图 10—51 所示。

图 10—51 在图像中放置第二张图片

第十步，给“标志 4”形状加图层样式。具体参数如图 10—52、图 10—53 所示，最终效果如图 10—54 所示。

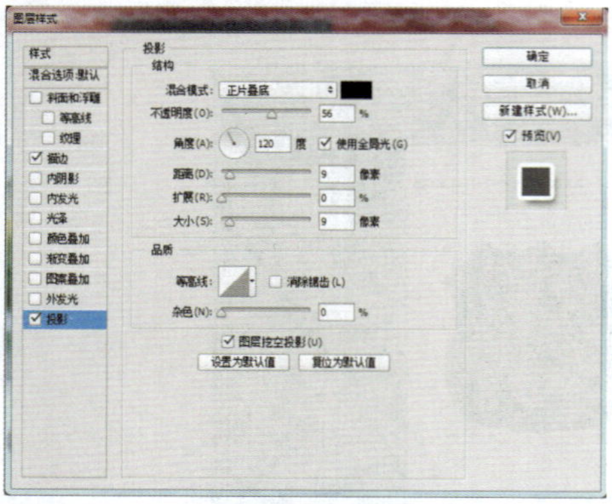

图 10—52　设置“投影”样式参数

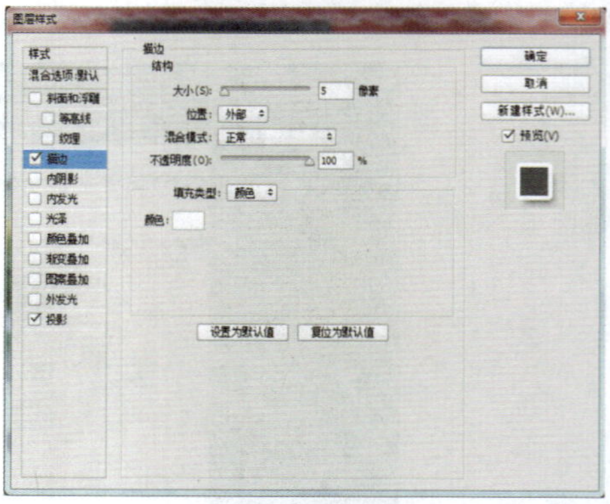

图 10—53　设置“描边”样式参数

图 10—54　“标志 4”图层添加图层样式后的效果

第十一步，将图层样式拷贝至第二个“标志 4”图形中。先右击第一个“标志 4”图层，选择“拷贝图层样式”，然后右击第二个“标志 4”所在图层，选择“粘贴图层样式”，结果如图 10—55 所示。

图 10—55　给两个“标志 4”图形所在层添加图层样式后的效果

第十二步，在图片下方输入文字。“文字工具”属性栏的参数设置如图 10—56 所示。

图 10—56　设置“文字工具”属性栏的参数

第十三步，将所有的花边形状更改为白色。在花边的下层绘制红色的矩形，然后选择“移动工具”，单击选中属性栏中的“自动选择”前的复选框，如图 10—57 所示。

图 10—57　“移动工具”属性栏

框选文件上面的花边，然后在“自定形状工具”属性栏中设置图形颜色为白色，效果如图 10—58 所示。

图 10—58　修改花边图形为白色并且加红底色

10.4　路径的编辑

无论是“钢笔工具”绘制的路径，还是“形状工具”绘制出来的路径，有时都不能绘制得很准确，还需要在绘制完成后，通过修改锚点和路径来达到想要的效果。

10.3.1　直接选择工具

“直接选择工具”的主要功能是用来修改路径。它可以修改路径的锚点，也可以调整锚点上的方向线。

【实训六】

● **要求**

用“直接选择工具”修改矩形路径，制作出标题为“最新资讯”的蓝色底图形，如图10—59所示。

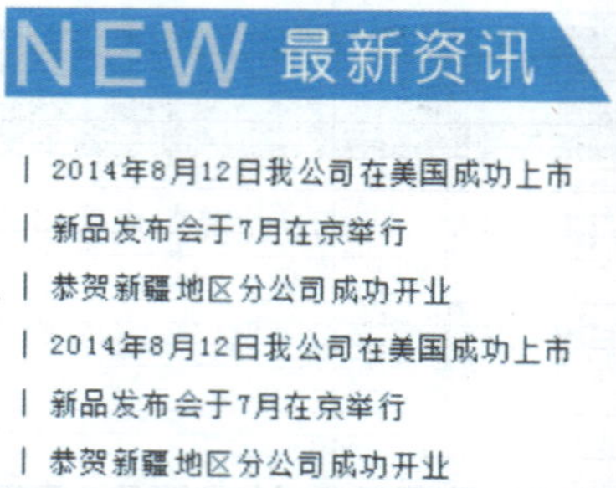

图10—59　蓝色标题效果图

● **目的**

通过用“直接选择工具”修改路径掌握“直接选择工具”的使用方法。

● **步骤**

第一步，选择“矩形工具”，绘制一个矩形路径，如图10—60所示。

第二步，选择“直接选择工具”，如图10—61所示。

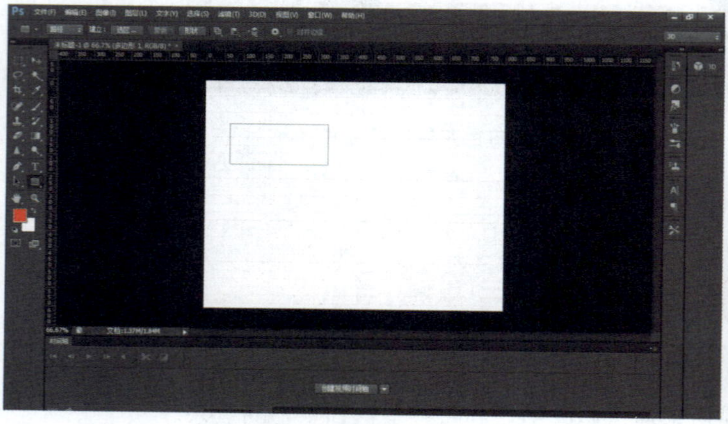

图10—60　绘制矩形路径

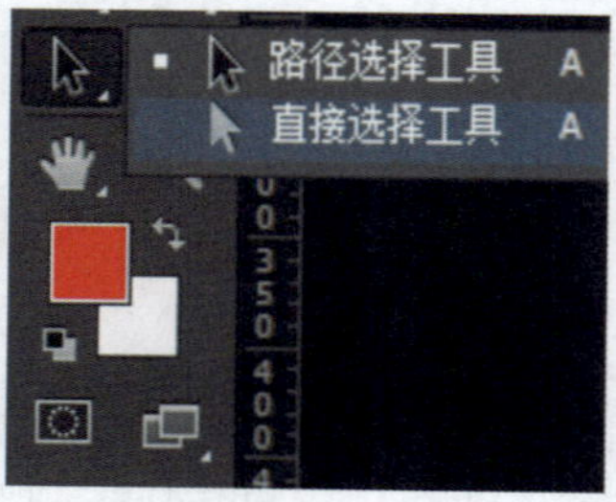

图10—61　选择“直接选择工具”

第三步，用“直接选择工具”单击矩形路径右上角的锚点，将锚点选中，如图10—62所示。

第四步，通过拖动的方式移动锚点，或用“↑”、“↓”、“→”、“←”键移动已经选中的锚点，最终效果如图10—63所示。

第五步，输入文字并填充颜色，如图10—64所示。

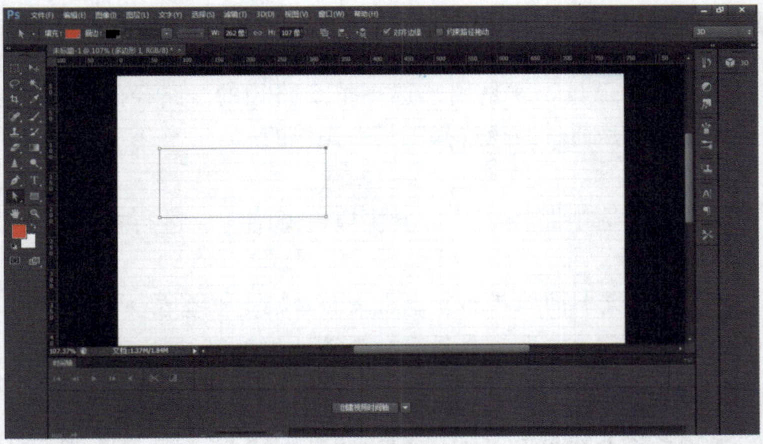

图 10—62　选中锚点

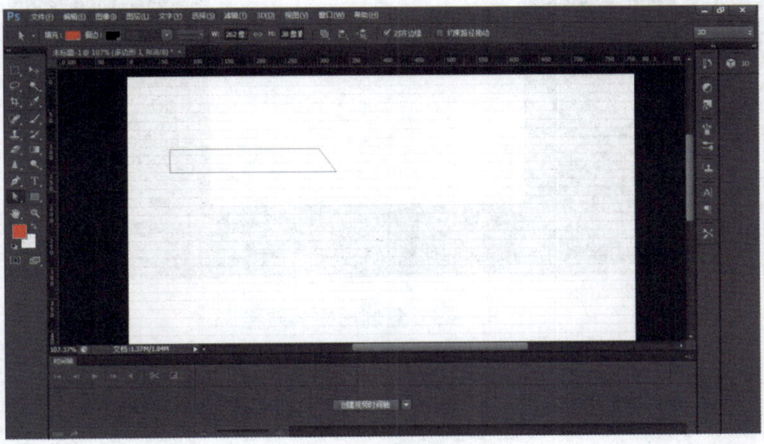

图 10—63　移动描点

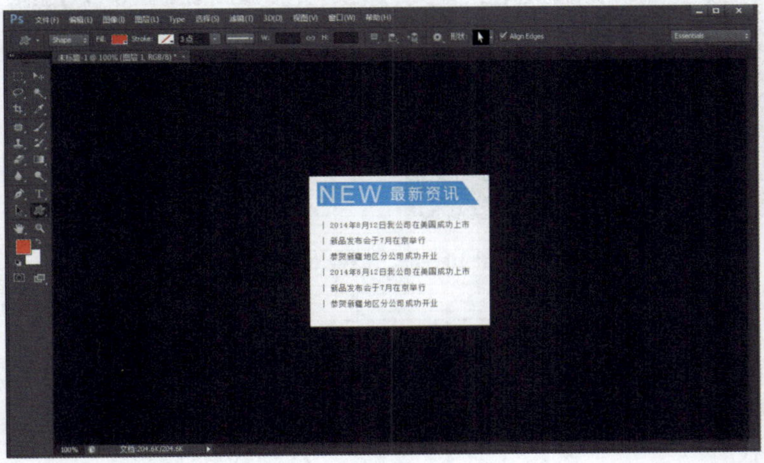

图 10—64　输入文字

10.3.2 路径选择工具

顾名思义，路径选择工具，就是用来选择整个路径的。路径的复制、多个路径的对齐、路径的变换等操作都是通过路径选择工具来操作的。

1. 路径的复制

用“路径选择工具”选中路径后，按下快捷键 Ctrl＋C 进行拷贝，然后按下快捷键 Ctrl＋V 粘贴即可。

注：粘贴完毕后，被复制的路径和复制出来的路径是重叠在一起的，用“路径选择工具”选中一个路径后进行移动，即可看到两个路径，如图 10—65 所示。

图 10—65　复制出来的路径

2. 多个路径的对齐

多个路径对齐的操作方法是选中多个路径后，单击不同的对齐按钮，如图 10—66 所示。

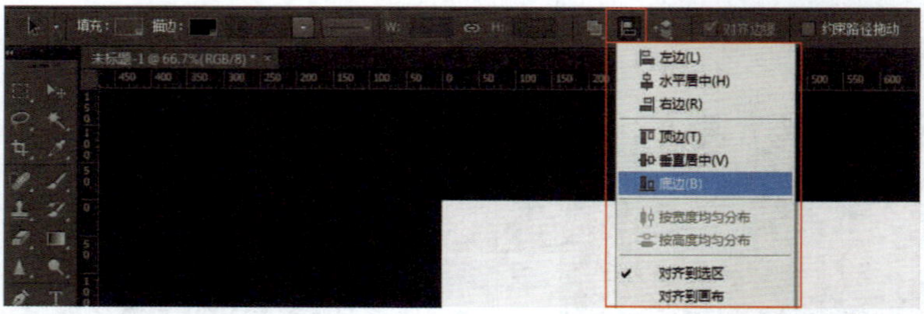

图 10—66　路径对齐

3. 修改路径的大小

用“路径选择工具”选中路径后，按下快捷键 Ctrl＋T，待出现变换框后，拖动四边或四角都可以更改大小，如图 10—67 所示。

4. 旋转路径

旋转路径的操作方法是选中路径后，按下快捷键 Ctrl＋T，将鼠标放在变换框的外围，然后进行拖动旋转；也可以在“路径选择工具”属性栏中输入旋转角度，如图 10—68 所示。

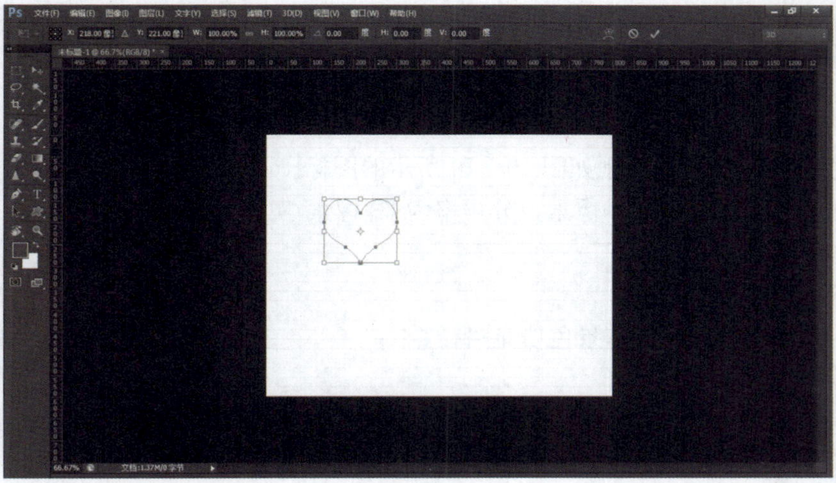

图 10—67　修改路径的大小

图 10—68　旋转路径

10.3.3　路径面板

Photoshop CC 中路径面板的主要作用是对已经建立的路径进行管理和编辑处理。下面针对路径面板的特点，主要讲解在“路径”面板中如何建立新的路径、将路径转换为选区、将选区转换为路径、存储路径、用画笔描边路径以及用前景色填充路径等操作技巧。

单击“窗口”菜单，选择“路径”命令，打开如图 10—69 所示的“路径”面板。

① 用前景色填充路径
② 描边路径
③ 将路径作为选区载入
④ 从选区生成工作路径
⑤ 添加蒙版
⑥ 创建新路径
⑦ 删除当前路径

图 10—69　“路径”面板

【实训七】

● 要求

1. 使用路径绘制工具绘制如图 10—70 所示的图标。

2. 尺寸为 500 像素×500 像素，分辨率为 72 像素/英寸，颜色模式为 RGB。

图 10—70　图标效果图

● 目的

通过本实训掌握怎样用前景色填充路径。

● 步骤

第一步，按要求建立一个空白文件。

第二步，用“圆角矩形工具”绘制一个半径为 10 像素的圆角正方形的路径，如图 10—71 所示。

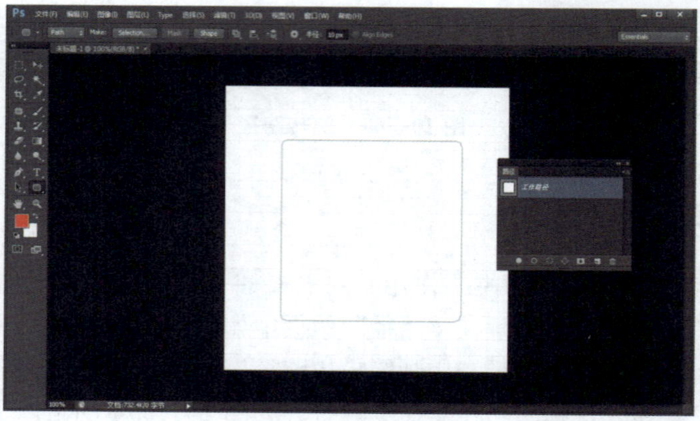

图 10—71　绘制圆角正方形

第三步，创建一个新图层，将前景色调为蓝色，然后单击“路径”面板中“用前景色填充路径”按钮，结果如图 10—72 所示。

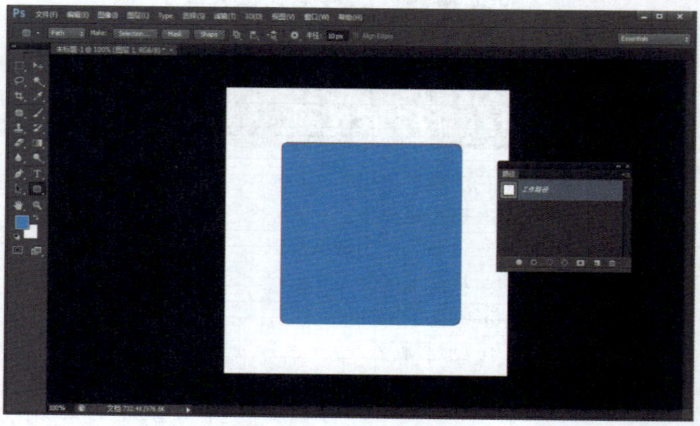

图 10—72　用前景色填充路径

第四步，选择“自定形状工具”，绘制“回收 2”自定义形状路径，如图 10—73 所示。

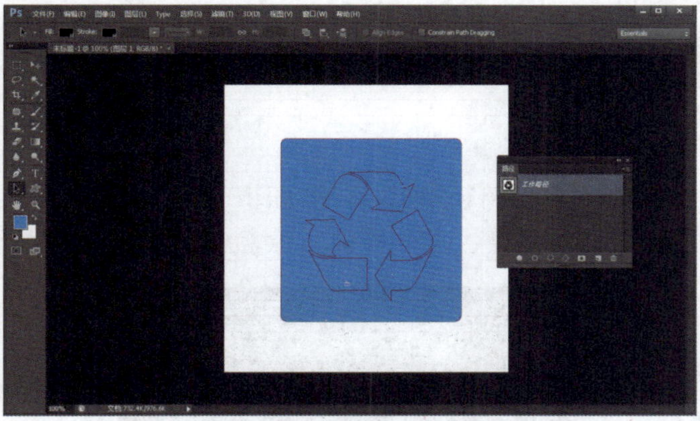

图 10—73　绘制“回收 2”自定义形状路径

第五步，创建一个新图层，用“路径选择工具”选中“回收 2”路径，将前景色调为白色，单击“路径”面板中“用前景色填充路径”按钮，结果如图 10—74 所示。

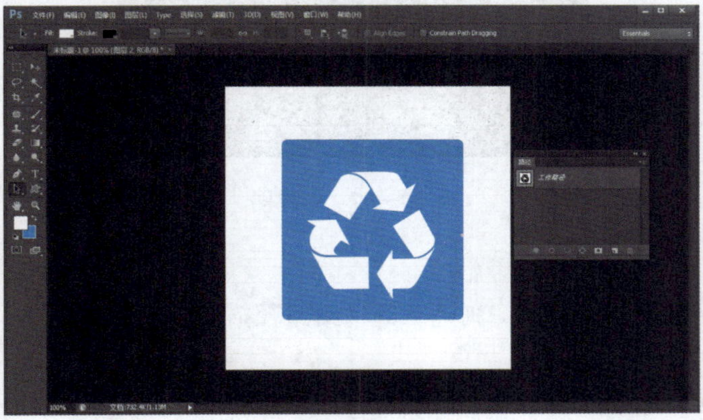

图 10—74　给路径填充白色

第六步，选中“图层”面板中的所有层，如图 10—75 所示。然后单击“移动工具”属性栏中的“水平居中对齐”命令、“垂直居中对齐”命令，结果如图 10—76 所示。

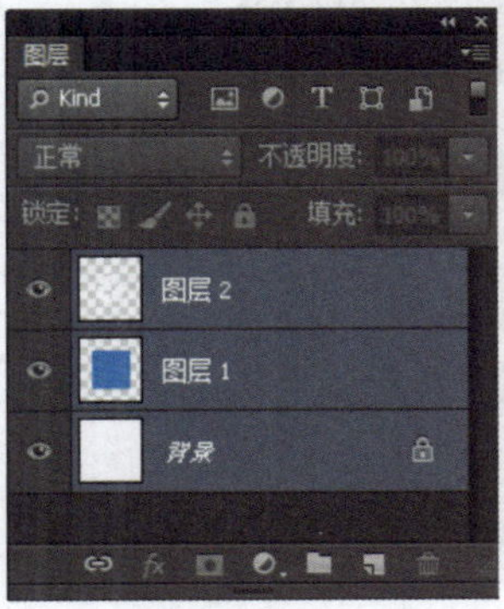

图 10—75　选中所有图层

图 10—76　对齐图层后的效果

【实训八】

● 要求

1. 通过使用“画笔工具”给路径描边，制作如图 10—77 所示的效果图。
2. 尺寸为 500 像素×500 像素，分辨率为 72 像素/英寸，颜色模式为 RGB。

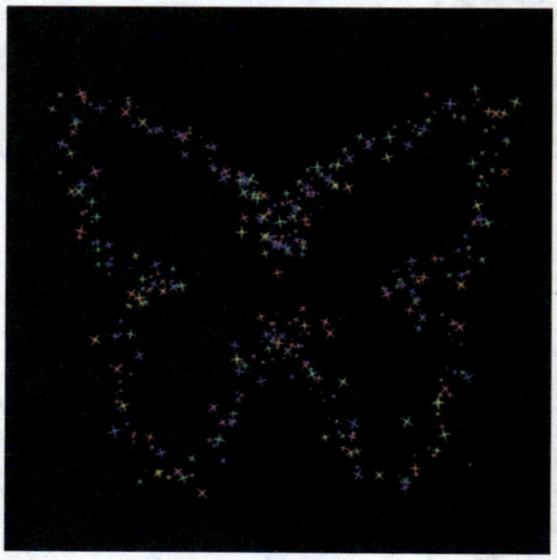

图 10—77　效果图

● 目的

通过本实训，掌握如何使用“画笔工具”给路径描边。

● 步骤

第一步，根据要求建立新文件。

第二步，绘制路径。选择自定义形状中的“蝴蝶”绘制出蝴蝶路径，然后用“路径选择工具”将其选中，如图 10—78 所示。

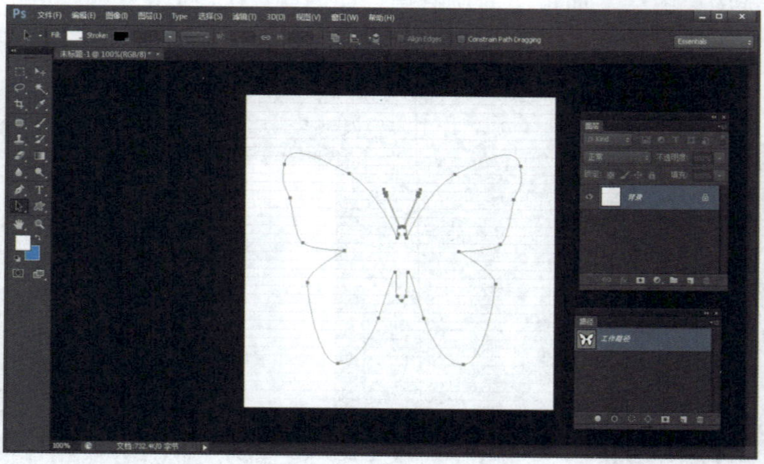

图 10—78　绘制蝴蝶路径

第三步，设置画笔属性。将画笔的笔尖形状设置为“交叉排线 4”（如图 10—79 所示），然后按下快捷键 F5 打开“画笔”面板，设置“画笔”面板参数，如图 10—80、图 10—81、图 10—82、图 10—83 所示。

将前景色调为红色，背景色调为绿色。

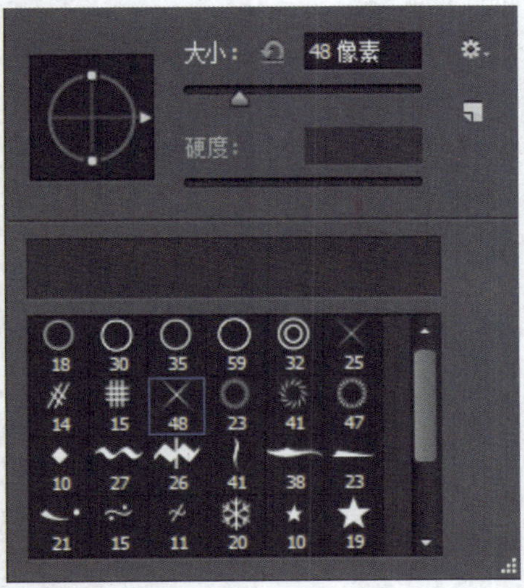

图 10—79　设置画笔笔尖形状

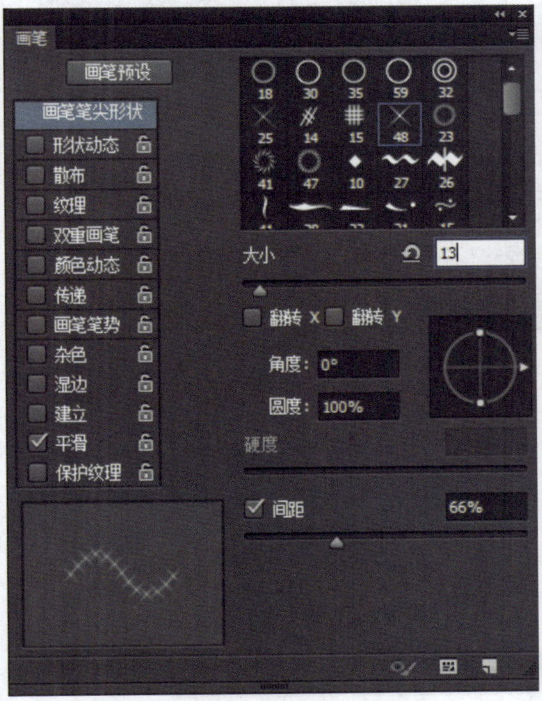

图 10—80　设置“画笔”面板的“画笔笔尖形状”参数

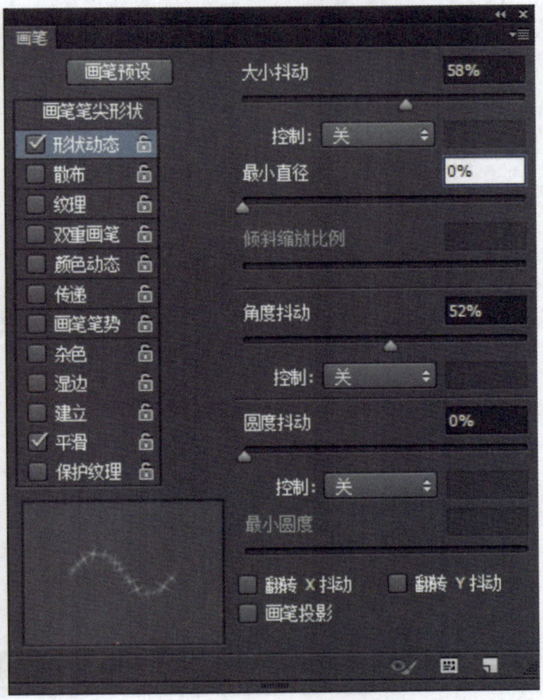

图 10—81　设置“画笔”面板的“形状动态”参数

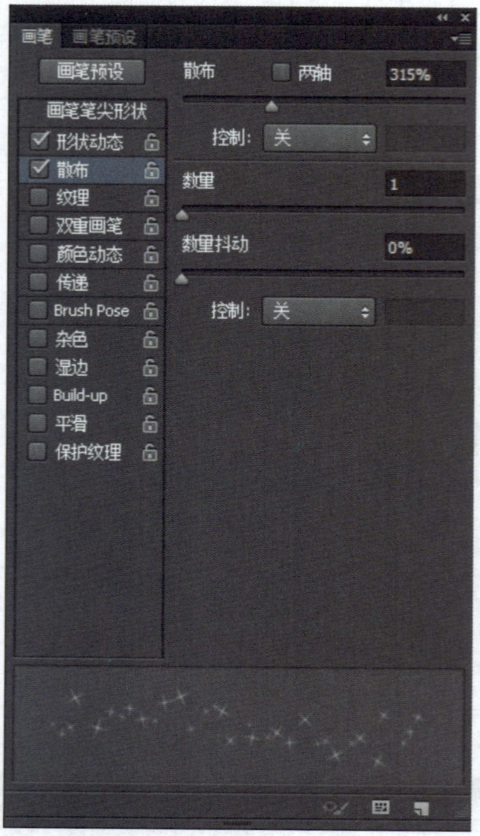

图 10—82　设置“画笔”面板的“散布”参数

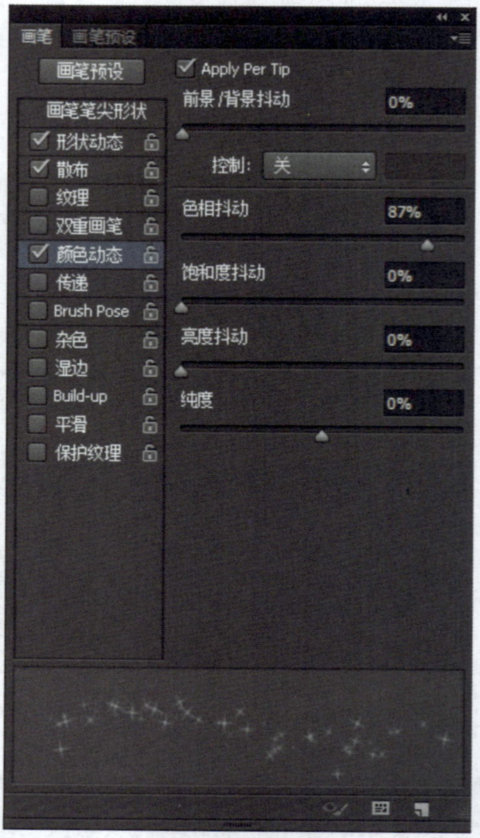

图 10—83　设置“画笔”面板的“颜色动态”参数

第四步，创建一个新图层，在“路径”面板中单击“用画笔描边路径”按钮，如图 10—84 所示。

图 10—84　对路径进行描边

第五步，先将背景色调为黑色，然后单击“路径”面板的空白位置取消路径的选择，结果如图 10—85 所示。

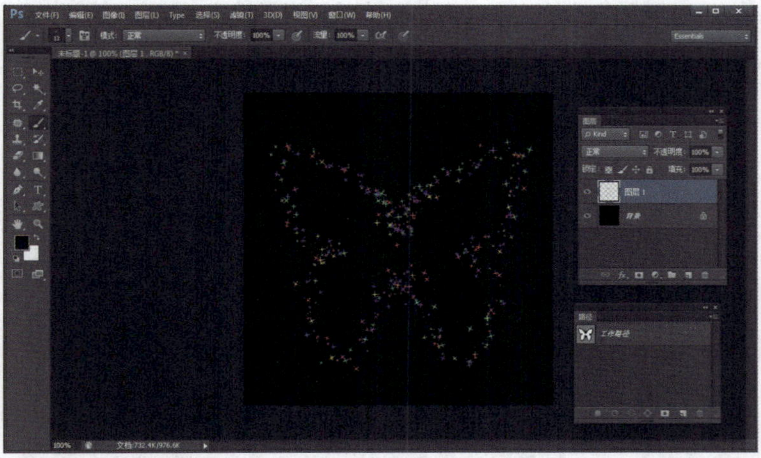

图 10—85　将背景修改为黑色后的效果

【实训九】

● 要求

1. 文件尺寸为 500 像素×500 像素，分辨率为 72 像素/英寸，颜色模式为 RGB。

2. 用“自定形状工具”绘制如图 10—86 所示的效果图。

图 10—86　效果图

● 目的

通过本实训掌握如何将路径转换为选区。

● 步骤

第一步，按照要求建立新文件。

第二步，用“自定形状工具”选择“封印”自定义形状，按下 Shift 键绘制出一个路径，如图 10—87 所示。

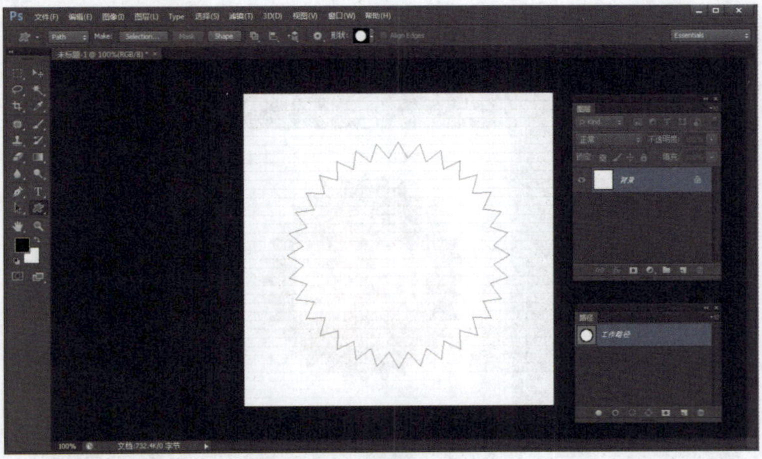

图 10—87　绘制“封印”路径

第三步，单击“路径”面板上的“将路径作为选区载入”按钮，结果如图 10—88 所示。

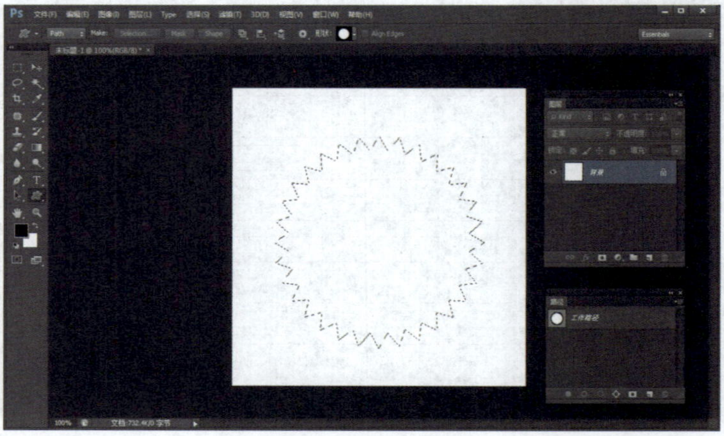

图 10—88　将路径转为选区

第四步，给选区内填充渐变色。创建一个新图层，将前景色调为浅红色，将背景色调为深红色，选择渐变工具中的径向渐变类型，在选区内从中心向外拖动，如图 10—89 所示。

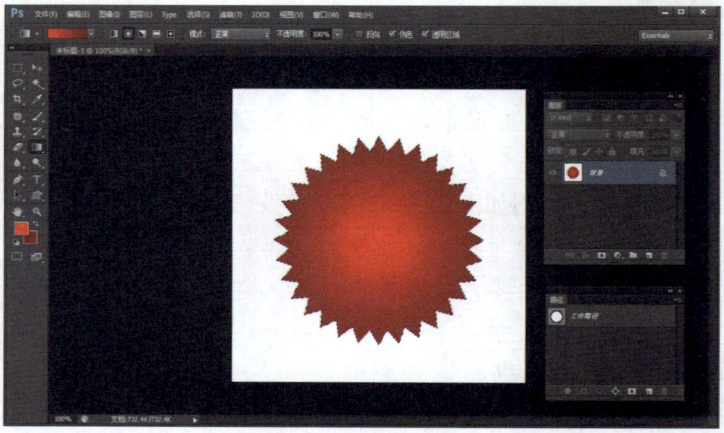

图 10—89　给选区内填充渐变色

第五步，输入文字，结果如图 10—90 所示。

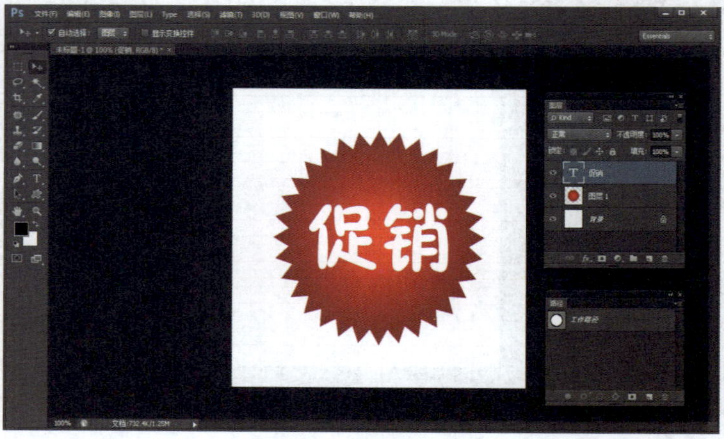

图 10—90　输入文字

【实训十】

● **要求**

利用路径添加蒙版的方式将素材中的盒子抠出来。

● **目的**

通过本实训掌握如何将选区转为路径和用路径添加蒙版。

● **步骤**

第一步，打开素材图片，将背景层转为普通层，如图 10—91 所示。

图 10—91　将背景层转为普通层

第二步，用“多边形套索工具”延着盒子的边缘绘制出选区，如图 10—92 所示。

图 10—92　延盒子边缘绘制选区

第三步，将选区转为路径。单击“路径”面板中的“从选区生成工作路径”按钮，结果如图 10—93 所示。

图 10—93　将选区转为路径

第四步，单击“路径”面板中的“建立蒙版”按钮，结果如图 10—94 所示。

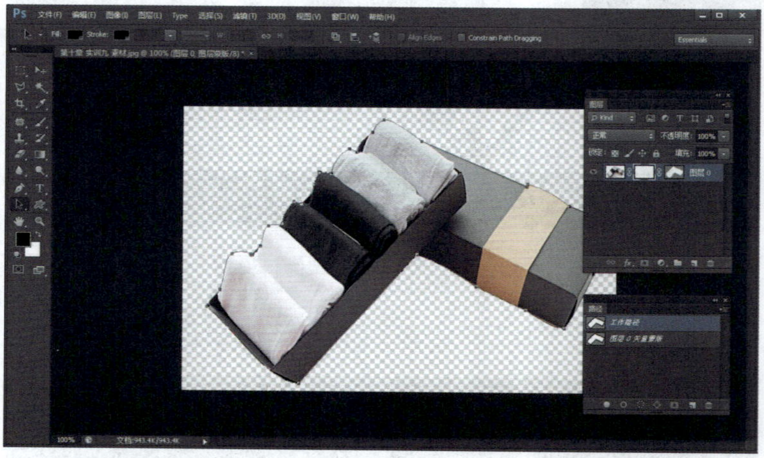

图 10—94　抠出来的盒子

本章小结

本章主要讲解了矢量图的基本组成及“路径选择工具”、“直接选择工具”、“钢笔工具”的使用方法。通过本章的学习，我们可以用“路径选择工具”选择路径，并且对路径进行整体的编辑；也可以用“直接选择工具”修改路径或用“钢笔工具”绘制路径。

拓展实训 1——制作产品列表设计模板

【知识要点】

本实训的知识要点是圆角矩形路径的绘制、复制、对齐。

【要求】

1. 文件大小是 1 200 像素×350 像素，分辨率为 72 像素/英寸，颜色模式为 RGB。
2. 每组产品间的空隙是相等的。
3. 填充颜色可自定义。

【效果图】

效果图如图 10—95 所示。

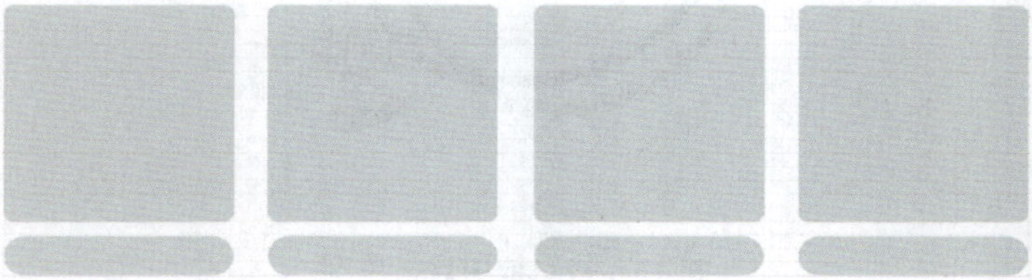

图 10—95 产品列表设计模板效果图

拓展实训 2——将“第壹空间”文字变形

【知识要点】

提取文字路径，用“直接选择工具”修改路径。

【要求】

利用提取路径制作文字效果。

【效果图】

效果图如图 10—96 所示。

图 10—96 文字变形效果图

拓展实训 3——利用“钢笔工具”抠图

【知识要点】

本实训的知识要点是通过“钢笔工具”抠图。

【要求】

将抠出来的图像保存为 .PNG 格式的文件。

【效果图】

效果图如图 10—97 所示。

图 10—97　抠图后效果图

拓展实训 4——手串展示效果图

【知识要点】

使用“钢笔工具”抠图；使用“图层蒙版”制作产品倒影；使用“旋转画布”修改素材为横向。

【要求】

直接在素材图片上进行编辑，制作完成后，做出效果图。

【效果图】

效果图如图 10—98 所示。

图 10—98　手串展示效果图

拓展实训 5——制作恭贺新春展板

【知识要点】

使用“椭圆路径”抠图；使用“魔棒工具”抠图；使用“图层样式”制作文字效果。

【要求】

文件尺寸为 45 厘米×30 厘米，颜色模式为 CMYK，分辨率为 72 像素/英寸。

【效果图】

效果图如图 10—99 所示。

图 10—99　恭贺新春展板效果图

第 11 章

文字

本章介绍

本章主要介绍文字工具的使用方法。通过本章的学习既可以了解文字的功能及特点，还可以掌握美术字和段落字的输入方法，以及如何将文字变形、制作路径文字。

知识目标

- 掌握美术字的输入方法
- 掌握段落字的输入方法
- 掌握在路径上输入文字的方法
- 掌握变形文字的制作
- 掌握文字与段落的格式设置

能力目标

- 能根据需求选择适合的文字输入方法
- 能制作出变形文字以提高设计效果
- 能快速地根据需要设置文字格式
- 能快速地根据需要设置文字段落格式

一张设计图的最主要要素是文字和图片，文字在 Photoshop 设计中占据着重要的地位。文字不仅可以起到传递信息的作用，而且还可以美化版面。

下面对“文字工具”做详细的讲解，主要包括文字的输入方法、文字的变形、文字及段落的格式设置。

11.1 输入文字

文字的输入方法有很多种，应根据实际情况，选择合适的输入方法。

当文字量较少时，如装饰字、标题文字、广告词可以直接单击输入，其属于点输入；当文字量较多成一段落时，则要用“文字工具”绘制一个段落框，然后在框中输入文字。

除此之外，还可以输入路径文字，即绘制完路径后，用“文字工具”直接在路径上单击。这种方法输入的文字，文字可延着路径进行排列。

【实训一】

● **要求**

制作如图 11—1 所示的效果图。

图 11—1　“爸爸去哪儿”主题曲效果图

● **目的**

通过图 11—1 的制作了解“文字工具”的基本用法。

● **步骤**

第一步，打开素材图片，如图 11—2 所示。

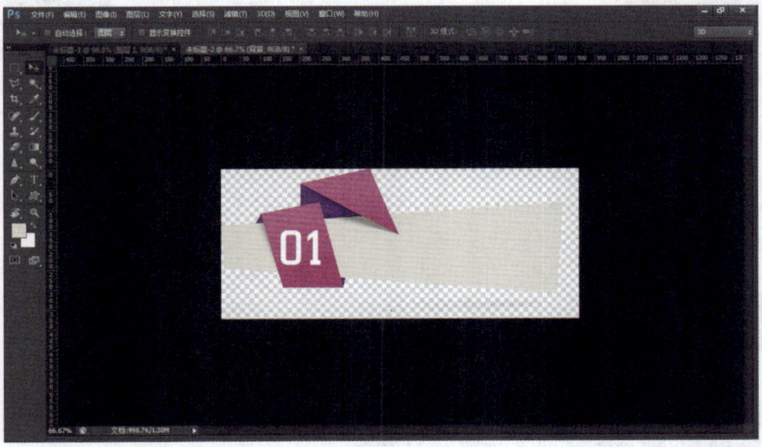

图 11—2　打开素材图片

第二步，新建文件，将素材图片用“移动工具”拖至新建文件中。

第三步，用“文字工具”单击输入标题文字，然后在“文字工具”属性栏中修改文字的颜色及字体，结果如图 11—3 所示。

图 11—3　输入标题文字

第四步，使用“文字工具”绘制一个段落框，然后在框中输入文字，如图 11—4 所示。若文字较多，可用段落文字框，文字排列宽度会被限制在段落框内，若要修改文字排列宽度，可直接修改段落框宽度。

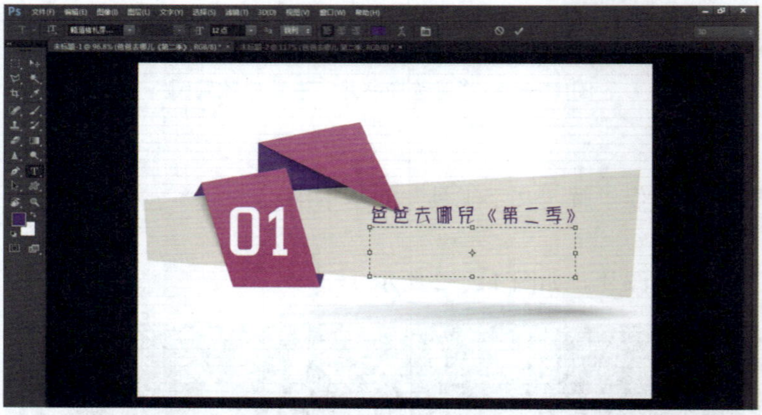

图 11—4　段落框

第五步，在段落框中输入文字后，按下快捷键 Ctrl+Enter 确认文字的输入，最后的效果如图 11—1 所示。

【实训二】

● **要求**

利用路径文字制作如图 11—5 所示的效果图。

● **目的**

通过制作图 11—5 所示的效果，掌握路径文字的制作方法。

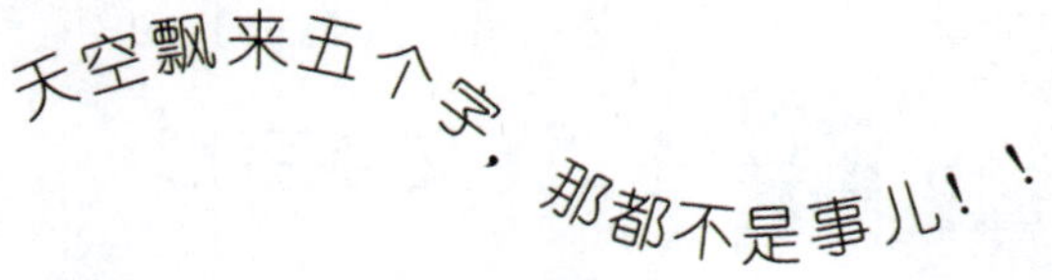

图 11—5　路径文字的效果图

● 步骤

第一步，用“钢笔工具”绘制一个开放式路径，如图 11—6 所示。

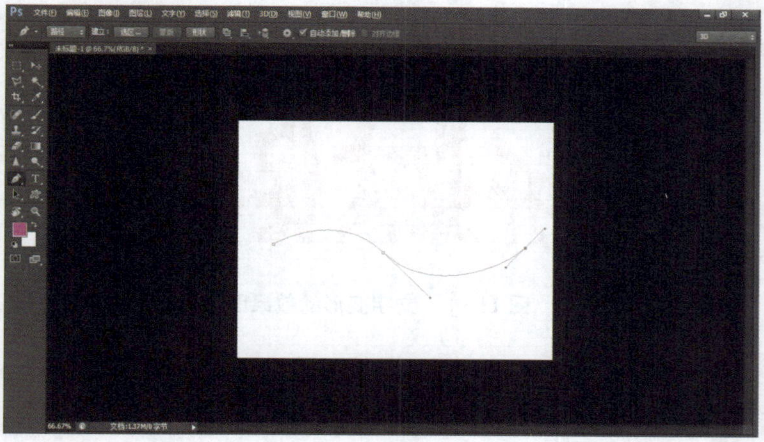

图 11—6　绘制开放式路径

第二步，用“文字工具”在路径上单击，输入文字后，按下快捷键 Ctrl+Enter 确认文字输入，结果如图 11—7 所示。

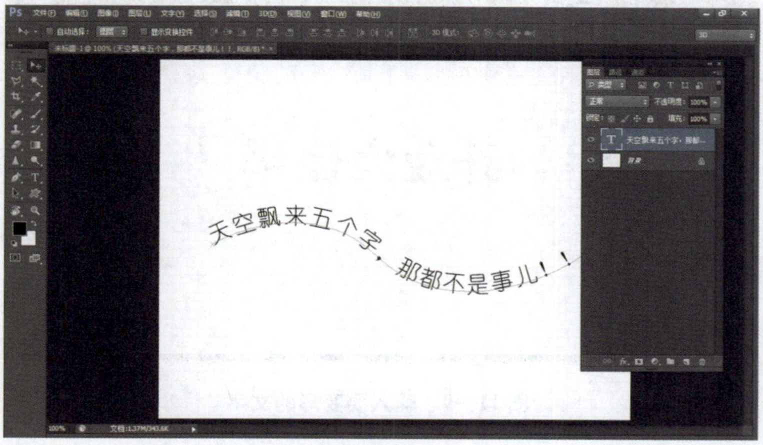

图 11—7　输入路径文字

11.2　文字变形

变形文字是指对创建的文字进行变形处理。

【实训三】

● 要求

利用文字变形制作如图 11—8 所示的效果图。

图 11—8　文字变形的效果图

● 目的

通过制作图 11—8 所示的效果，掌握变形文字的制作方法。

● 步骤

第一步，选择“文字工具”。

第二步，单击图像，输入文字，然后确认文字的输入，如图 11—9 所示。

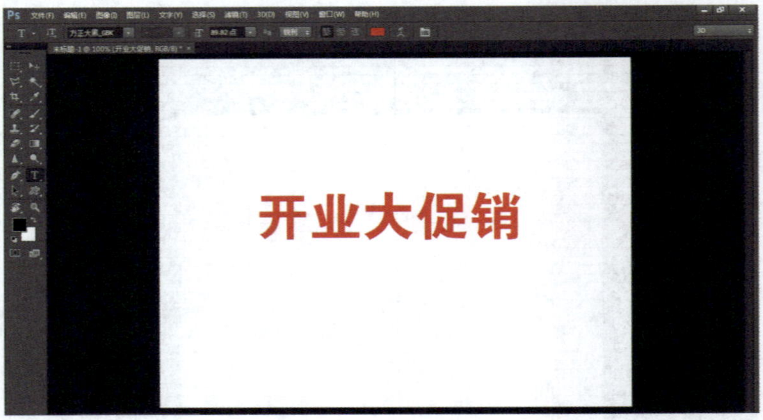

图 11—9　输入要变形的文字

第三步，在“文字工具”的属性栏中，单击“创建文字变形”按钮，如图 11—10 所示。

图 11—10　“文字工具”属性栏

第四步，选择要变形的样式后，单击“确定”按钮，结果如图 11—8 所示。

11.3 设置文字的格式

一般输入文字后，会修改一些格式，如文字的大小、颜色、字体等。

设置文字的格式，是在“字符”面板（见图 11—11）中操作。“字符”面板中不仅可以设置文字的大小、颜色、字体格式，还可以设置文字的行距、字距、基线偏移、加粗、倾斜、下划线、上标、下标等格式。

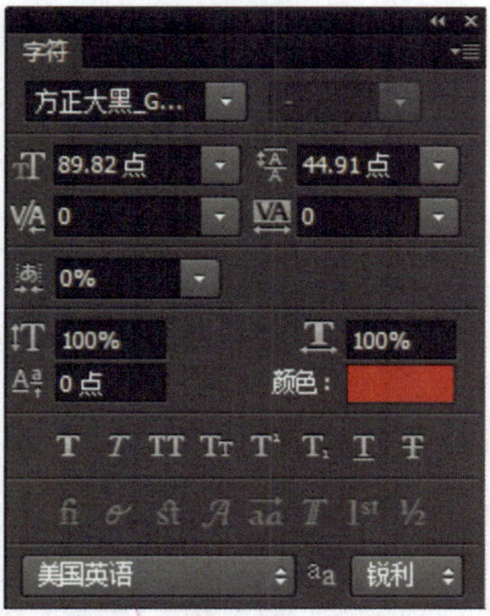

图 11—11 “字符”面板

11.4 设置段落的格式

设置段落格式，是对段落文字做整体的格式设置。段落设置包括段落的对齐、段落的缩进、避头尾法则等，如图 11—12 所示。

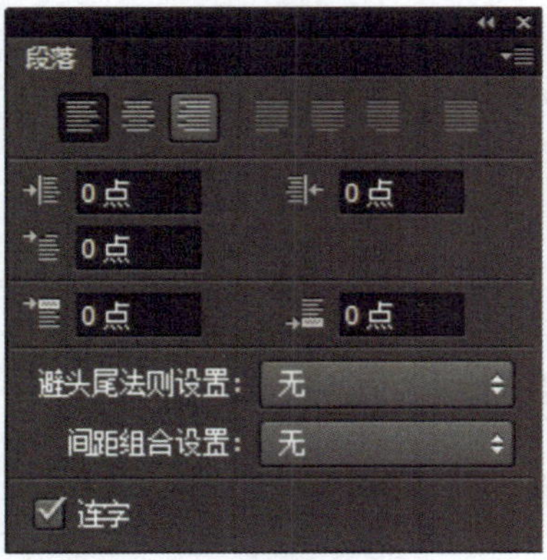

图 11—12 “段落”面板

本章小结

本章主要讲解了文字工具以及文字格式的设置。在 Photoshop CC 中输入文字的方式有 3 种，分别是美术字、段落字、路径字。美术字是用“文字工具”直接单击输入；段落字需要用“文字工具”绘制一个段落框，然后输入文字；路径字需要单击开放或封闭的路径，然后输入文字。

文字输入后，可以通过“文字工具”属性栏、“字符”面板、“段落”面板来设置文字的格式，包括字号、字间距、行间距、段前距、段后距、对齐方式等。

拓展实训 1——制作常见网站导航条

【知识要点】

本实训的知识要点是美术文字的输入与格式的设置。

【要求】

1. 文件尺寸为 1 200 像素×50 像素，分辨率为 72 像素/英寸，颜色模式为 CMYK。
2. 导航条的宽为 860 像素。
3. 导航条中的渐变用两个颜色，分别是 C0 M100 Y100 K0 和 C0 M100 Y100 K50。

【效果图】

效果图如图 11—13 所示。

图 11—13　网站导航条的效果图

拓展实训 2——制作房地产宣传单页

【知识要点】

本实训的知识要点是美术文字的输入方式，印刷文件的出血设置，标准印刷文件的制作方式，图层的应用，文字属性的设置，圆角矩形工具的使用，图层样式的使用及图层的复制等。

【要求】

文件成品尺寸为 21 厘米×28.5 厘米，四边各留 3 毫米出血，页边距为 2 厘米，分辨率 300 像素/英寸。

【效果图】

房地产宣传单页的效果图如图 11—14 所示。

图 11—14　房地产宣传单页的效果图

拓展实训 3——制作咖啡三折页

【知识要点】

本实训的知识要点是三折页文件制作尺寸的设置，三折页效果图的制作，美术字的输入，段落字的输入及格式设置，图片变换操作及图片倒映效果的制作等。

【要求】

1. 需要制作出一张标准的印刷文件，如图 11—15 所示。
2. 在制作完原文件后，再制作出一张效果图，如图 11—16 所示。
3. 制作原文件的三块尺寸宽度分别是 9.4 厘米、9.6 厘米、9.5 厘米。
4. 效果图的尺寸为 1 024 像素×768 像素，分辨率为 72 像素/英寸。
5. 成品尺寸为 21 厘米×28.5 厘米，分辨率为 300 像素/英寸，模式为 CMYK，出血 3 毫米。

【原图与效果图】

图 11—15　三折页原图

图 11—16　三折页效果图

拓展实训 4——制作教育手提袋

【知识要点】

本实训的知识要点是手提袋印刷文件的制作，手提袋效果图的制作，美术文字的输入与格式设置等。

【要求】

1. 根据图 11—17 所示的尺寸制作手提袋印刷文件。

2. 同时制作出立体效果图，如图 11—18 所示。

图 11—17 手提袋的展开图

【效果图】

图 11—18 手提袋的立体效果图

拓展实训 5——制作产品包装盒

【知识要点】

本实训的知识要点是段落字的输入与排版、美术字的输入与格式的设置。

【要求】

1. 盒子每个面的宽为 6 厘米，高为 20 厘米，图像分辨率为 300 像素/英寸。
2. 制作出平面展开图（见图 11—19）后，再制作出立体效果图（见图 11—20）。

图 11—19　化妆品包装盒的平面展开图

【效果图】

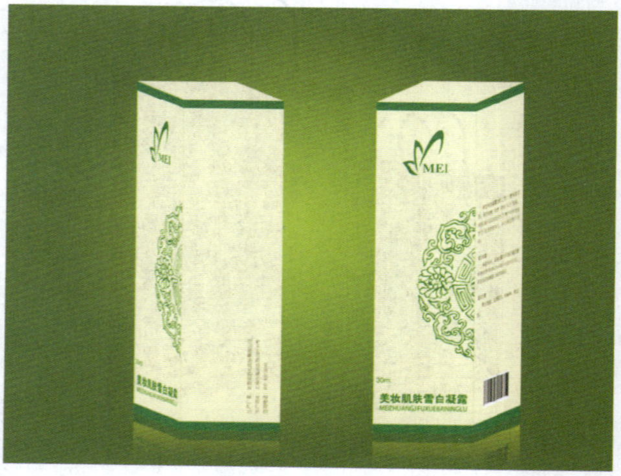

图 11—20　化妆品包装盒的立体效果图

第 12 章

滤镜

本章介绍

本章主要介绍滤镜的使用方法。通过本章的学习，可以掌握滤镜的功能和使用技巧，制作出精美的图像。

知识目标

- 掌握滤镜的用途
- 掌握滤镜的使用技巧
- 掌握每组滤镜的效果

能力目标

- 能根据要求给图像做出滤镜效果

Photoshop CC 中的滤镜是其一大特色。滤镜可以制作各种特效。Photoshop CC 除了拥有本软件自带的一些滤镜外，还可以安装第三方厂商开发的滤镜。插入的滤镜被称为“外挂滤镜”，以插件的形式安装在 Photoshop 中。

12.1 滤镜的用途和使用技巧

12.1.1 滤镜的用途

Photoshop 中自带的滤镜有两种用途：一种是用于给图像做特效，如做风格化、扭曲、素描、纹理、像素化、渲染、艺术效果等；另一种是用于编辑图像，如减少杂色、提高清晰度，主要有模糊、锐化、杂色、消失点、液化等工具。

12.1.2 滤镜的使用技巧

在用完一个滤镜后，若感觉效果还不够明显，想再用一次已用过的滤镜，可以直接按下快捷键 Ctrl+F。

在 Photoshop 中使用滤镜时，会占用大量的内存，所以可以将其他地方占用的内存进行清理，以便释放出更多的空间来运行滤镜。

具体的操作方法是单击“编辑”→“清理”命令。

12.2 智能滤镜

智能滤镜和普通滤镜做出来的效果是一样的，但智能滤镜是一种非破坏性的滤镜，给图层用了智能滤镜后，对图层是不进行像素修改的，只是给图层用一种滤镜的效果。另外，它和图层样式差不多，如果不需要这种滤镜效果，可以直接将其删除。

【实训】

● 要求

根据图 12—1 制作出图 12—2 所示的效果图。

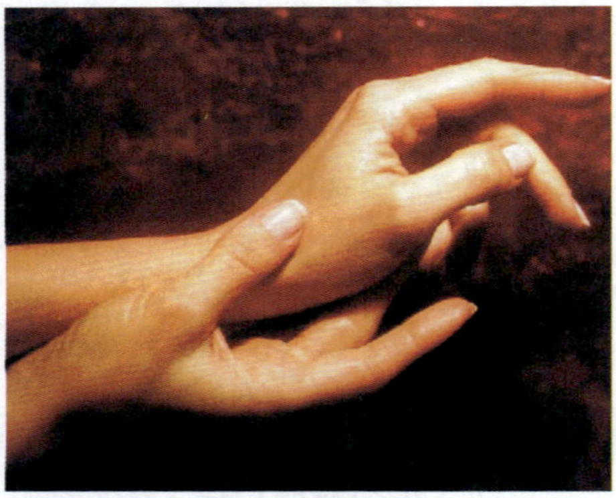

图 12—1　原图

图 12—2　效果图

● 目的

通过本实训，掌握智能滤镜的应用、删除等方法。

● 步骤

第一步，打开图片后，单击“滤镜”→“转换为智能滤镜”命令，出现提示信息，如图 12—3 所示。

第二步，单击“确定”按钮，打开“图层”面板可看到当前图层转换为智能对象层了，如图 12—4 所示。

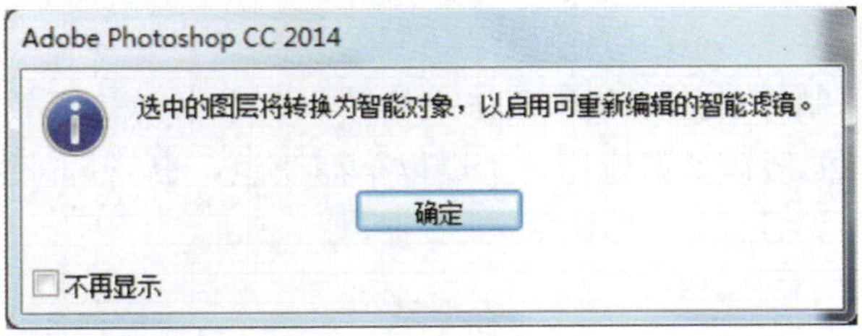

图 12—3 转换为智能滤镜时出现的提示信息

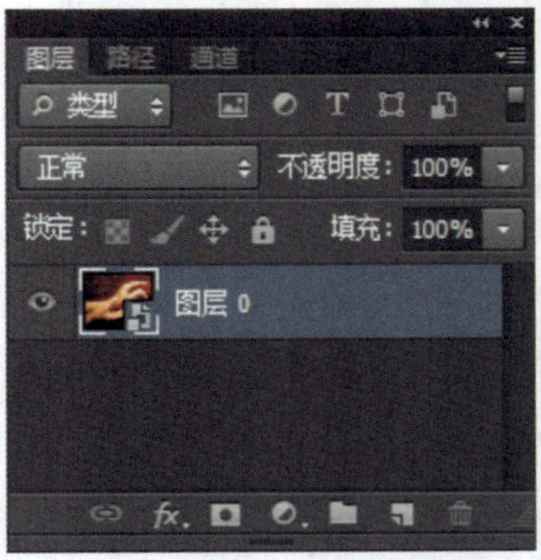

图 12—4 已被转为智能对象层

第三步，使用“查找边缘”滤镜。方法是单击“滤镜”→“风格化”→“查找边缘”命令。

第四步，将“图层 0”拖至“创建新图层”按钮上，复制出新图层，如图 12—5 所示。

第五步，删除副本层上的“查找边缘”滤镜。方法是在“图层”面板上，将副本层上的“查找边缘”拖至“删除图层”按钮上，将此滤镜删除，如图 12—6 所示。

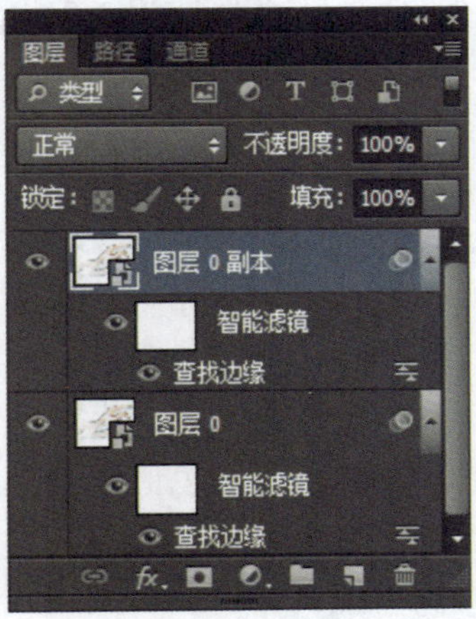

图 12—5 复制图层

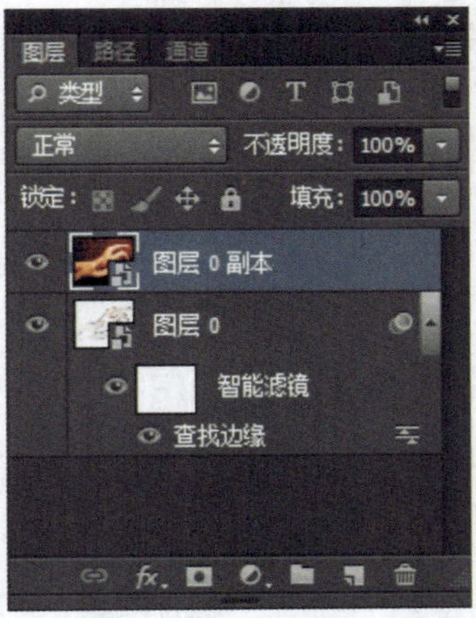

图 12—6 删除“智能滤镜”

第六步，将图层混合模式改为“正片叠底”，效果如图 12—7 所示。

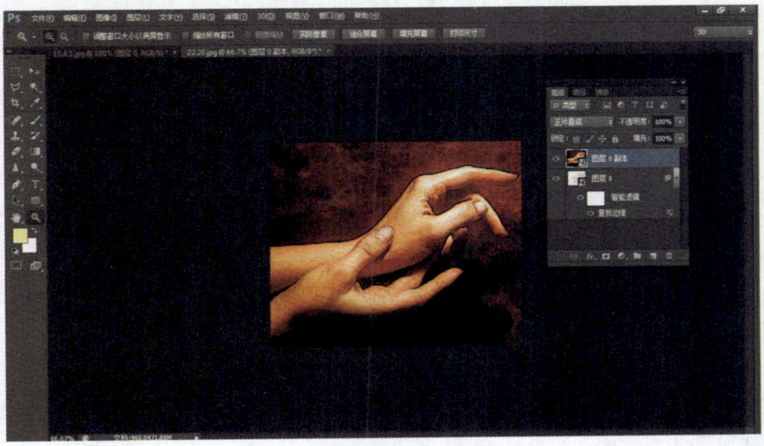

图 12—7 修改后的效果图

12.3 风格化滤镜组

风格化滤镜组中包含 9 种滤镜，可制作出绘画和印象派风格效果。本书为初级教材，对滤镜知识的要求是知道什么是滤镜，滤镜该如何应用，所以以下滤镜组，也只是每组介绍几个，并不是全部都做详细的讲解。

12.3.1 “查找边缘”滤镜

“查找边缘”滤镜能自动搜索图像像素对比度变化剧烈的边界，使高反差区变亮，低反差区变暗，其他区域则介于两者之间，硬边变为线条，而柔边变粗，形成一个清晰的轮廓，图 12—8 是应用“查找边缘”滤镜的前后对比图。

图 12—8　应用“查找边缘”滤镜的前后对比图

12.3.2 “浮雕效果”滤镜

“浮雕效果”滤镜可以通过勾画图像或选区轮廓和降低周围色值来制作凸起或凹陷的浮雕效果，图 12—9 是用“浮雕效果”滤镜后的效果图。

图 12—9　应用“浮雕效果”滤镜后的效果图

12.4 模糊滤镜组

模糊滤镜组中包含 11 种滤镜，它们可以降低图像的清晰度，将图像做出模糊的效果。下面列举三种简单介绍一下。

12.4.1 “动感模糊”滤镜

“动感模糊”滤镜可以制作出指定角度、强度模糊的效果。在表现图像的速度感时会经常用到该滤镜，如图 12—10 所示。

图 12—10 应用“动感模糊”滤镜的前后对比

12.4.2 “表面模糊”滤镜

“表面模糊”滤镜能够在保留边缘的同时模糊图像，可用来消除杂色或颗粒，一般对人物面部可以进行磨皮，图 12—11 是磨皮前后对比图。

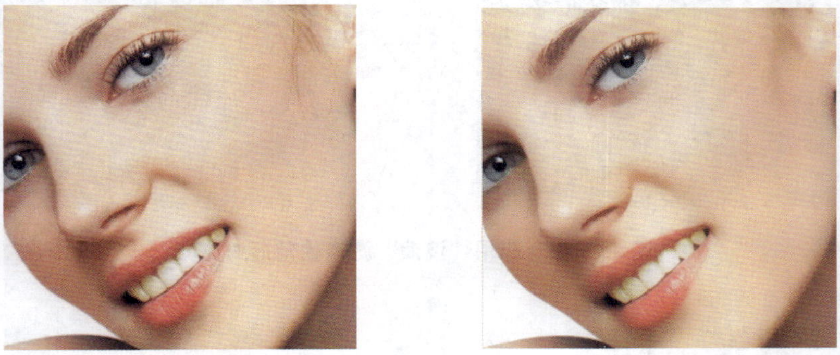

图 12—11 磨皮前后对比图

12.4.3 “径向模糊”滤镜

“径向模糊”滤镜可以模拟缩放或旋转的相机所产生的模糊效果，图 12—12 是使用“径向模糊”滤镜的前后对比。

图 12—12 应用“径向模糊”滤镜的前后对比

12.5 扭曲滤镜组

扭曲滤镜组中包含 9 种滤镜，它们可以对图像进行不同形式的扭曲，下面简单介绍三种。

12.5.1 “波浪”滤镜

“波浪”滤镜可以在图像上创建波浪起伏的图案，生成波浪效果，图 12—13 是应用“波浪”滤镜的前后对比图。

图 12—13 应用“波浪”滤镜的前后对比图

12.5.2 “波纹”滤镜

“波纹”滤镜与“波浪”滤镜的工作方式相同，但“波纹”滤镜只能控制波纹的数量和波纹大小，图 12—14 是应用“波纹”滤镜的前后对比图。

图 12—14 应用“波纹”滤镜的前后对比图

12.5.3 “水波”滤镜

“水波”滤镜可以制作出水池中波纹的效果，就像是石子扔到水里后水面产生的波纹，

图 12—15 是应用“水波”滤镜的前后对比图。

图 12—15 应用“水波”滤镜的前后对比图

12.6 锐化滤镜组

锐化滤镜组中包含 5 种滤镜，其功能主要是增加图像的清晰度。它可以通过增强相邻像素间的对比度来聚焦模糊的图像，使图像变清晰。下面简单介绍几种滤镜的功能。

12.6.1 “锐化”滤镜与“进一步锐化”滤镜

如果使用一次“锐化”滤镜效果不是特别明显，可以使用“进一步锐化”滤镜，应用一次“进一步锐化”滤镜比应用“锐化”滤镜的强度高 2～3 倍。

12.6.2 “锐化边缘”

“锐化边缘”滤镜只锐化图像的边缘，同时可保留总体的平滑度，图 12—16 是应用“锐化边缘”滤镜的前后对比图。

图 12—16 应用“锐化边缘”滤镜的前后对比图

12.7 像素化滤镜组

像素化滤镜组中包含 7 种滤镜，它们是通过使单元格中颜色值相近的像素结成块来清晰地定义一个选区，可用于制作彩块、点状、晶格和马赛克等效果。下面简单介绍几种滤镜效果。

12.7.1 “彩色半调”滤镜

“彩色半调”滤镜可以使图像变为网点状效果。它先将图像的每一个通道划分出矩形区域，再以和矩形区域亮度成比例的圆形替代这些矩形，圆形的大小与矩形的亮度成比例，高光部分生成的网点较小，阴影部分生成的网点较大，图 12—17 应用“彩色半调”滤镜的前后对比图。

图 12—17 应用“彩色半调”滤镜的前后对比图

12.7.2 “马赛克”滤镜

“马赛克”滤镜可以先使像素结为方形块，再给块中的像素应用平均的颜色，创建出马赛克效果，图 12—18 为应用“马赛克”滤镜的前后对比图。

图 12—18 应用“马赛克”滤镜的前后对比图

12.7.3 “点状化”滤镜

“点状化”滤镜可以将图像中的颜色分散为随机分布的网点，网点之间的分布颜色为背景色，图 12—19 为应用“点状化”滤镜的前后对比图。

图 12—19 应用“点状化”滤镜的前后对比图

12.8 渲染滤镜组

渲染滤镜组中包含 5 种滤镜，这些滤镜可以在图像中创建云彩图案、光照效果等。下面简单介绍三种滤镜的效果。

12.8.1 “云彩”滤镜

“云彩”滤镜可以使用介于前景色与背景色之间的颜色随机生成云彩图案，图 12—20 是在前背色为白、蓝的状态下做出的云彩效果。

图 12—20 应用“云彩”滤镜后的效果

12.8.2 “纤维”滤镜

“纤维”滤镜可以使用前景色与背景色的颜色随机创建编织纤维效果，图 12—21 是使用“纤维”滤镜后的效果。

图 12—21 应用“纤维”滤镜后的效果

12.8.3 “镜头光晕”滤镜

“镜头光晕”滤镜可以做出类似亮光照射到相机镜头所产生的折射效果，图 12—22 是应用“镜头光晕”滤镜的前后对比图。

图 12—22 应用“镜头光晕”滤镜的前后对比图

12.9 杂色滤镜组

杂色滤镜组中包含 5 种滤镜，它们可以添加杂色，也可以去除杂色。下面简单介绍几种滤镜的处理效果。

12.9.1 “添加杂色”滤镜

“添加杂色”滤镜可以将随机的像素应用于图像，图 12—23 是应用“添加杂色”滤镜后产生的效果。

图 12—23 应用“添加杂色”滤镜后的效果图

12.9.2 “去斑”滤镜

“去斑”滤镜可以消除图像中的斑点，图 12—24 是应用“去斑”滤镜的前后对比图。

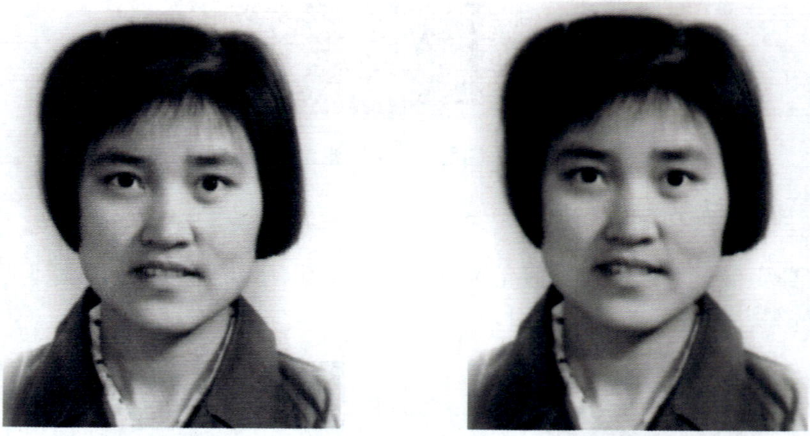

图 12—24 应用“去斑”滤镜的前后对比图

12.9.3 “蒙尘与划痕”滤镜

“蒙尘与划痕”滤镜可通过更改相异的像素来减少杂色，图 12—25 是应用“蒙尘与划痕”滤镜的前后对比图。

图 12—25 应用“蒙尘与划痕”滤镜的前后对比图

本章小结

本章主要讲解了 Photoshop CC 中的滤镜。滤镜可用来给图层做特殊效果，如浮雕、动感模糊、波浪、马赛克、云彩、去斑等效果。滤镜大致可分为 7 组，主要为风格化滤镜组、模糊滤镜组、扭曲滤镜组、锐化滤镜组、像素化滤镜组、渲染滤镜组、杂色滤镜组。

拓展实训——制作蓝天白云效果

【知识要点】

本实训的知识要点是“分层云彩”滤镜和“镜头光晕”滤镜的使用方法，以及天空效果的制作技巧。

【要求】

1. 文件尺寸为 800 像素×600 像素，分辨率为 72 像素/英寸，颜色模式为 RGB。
2. 制作蓝天效果时前景色调为 R0 G12 B255。

【效果图】

效果图如图 12—26 所示。

图 12—26 蓝天白云的效果图

第 13 章

手机 UI 设计基础

本章介绍

本章主要介绍手机的样式、手机的屏幕色彩、手机尺寸、手机屏幕密度等，以了解手机的外形，为手机的 UI 设计提供基础。本章还介绍手机界面设计中的三大系统：iOS 系统、Android 系统、Windows Phone 系统，通过这些系统的介绍来了解手机 UI 设计中不同系统的设计风格以及规则。

知识目标

- 了解手机的样式
- 了解手机的屏幕色彩
- 了解屏幕密度
- 了解智能手机的屏幕分辨率
- 了解手机 UI 设计中常用的三个系统

能力目标

- 熟练掌握 iOS 系统 UI 设计规则
- 熟练掌握 Android 系统 UI 设计规则
- 熟练掌握 Windows Phone 系统 UI 设计规则

13.1 手机的样式

手机的样式是指手机的外观，目前常见的手机样式有直立式（如图 13—1 所示）、折叠式（如图 13—2 所示）、滑盖式（如图 13—3 所示）、侧滑式（如图 13—4 所示）、旋转式（如图 13—5 所示）。

图 13—1　直立式

图 13—2　折叠式

图 13—3　滑盖式

图 13—4　侧滑式

图 13—5　旋转式

对于手机的 UI 设计，我们需重点了解手机的屏幕色彩、屏幕分辨率、尺寸大小、屏幕密度和操作系统。下面对其做简单介绍。

13.2　手机的屏幕色彩

手机的屏幕色彩与色阶有关，通常分为 256 色、4 096 色、65 536～260 000 色，色阶越高越好，价格也会相应提高。市场上的手机通常为 256 色（见图 13—6）、4 096 色（见图 13—7）、65 536 色（见图 13—8）、26 万色（见图 13—9）和 1 600 万色（见图 13—10）。

图 13—6　索尼爱立信 T68i（256 色）

图 13—7　摩托罗拉 E380（4 096 色）

图 13—8　诺基亚 6 600（65 536 色）

图 13—9　LG KG208（26 万色）

图 13—10　iPhone 5s（1 600 万色）

13.3　智能手机的屏幕分辨率

智能手机像个人电脑一样，具有独立的操作系统和运行空间，可以由用户自行安装软件、游戏、导航等第三方服务商提供的程序，并可以通过移动网络来实现无线网络接入手机。

智能手机为用户提供了足够的屏幕尺寸和带宽，既便于随身携带，又为软件运行和内容提供了广阔的舞台，如可下载股票、新闻、天气、交通、商品等应用程序。

目前市场上常见的智能手机的分辨率有 VGA、QVGA、HVGA、WVGA、FWVGA，这些名称都有详细的尺寸，见表 13—1。

表 13—1　　不同智能手机的分辨率

分辨率名称	尺寸（单位：像素）	纵横比例	举例产品型号
VGA	640×480	4∶3	黑莓 9810
QVGA	320×240	4∶3	诺基亚 E66
HVGA	480×320	3∶2	三星 s5830
WVGA	800×480	5∶3	LG GD900e
FWVGA	854×480	16∶9	夏普 SH9020c

注：手机的分辨率需达到 854 像素×480 像素以上，主要是为了适应当前智能手机终端浏览网页的需要。

如果只是单纯地以屏幕显示来说，分辨率和屏幕大小没有关系，但如果屏幕大小一定，那么分辨率越高，屏幕显示的则越清晰。

13.4　手机的设计尺寸和屏幕密度

13.4.1　手机的设计尺寸

我们在购买手机的时候会挑手机的屏幕大小，但也只是挑出我们喜欢的屏幕大小，却并不知道怎么从专业的角度去选手机的屏幕尺寸。

市场上包括手机在内的很多电子产品都是以英寸为计量屏幕尺寸的单位。英寸，为英制长度单位，一英寸约等于 2.54 厘米。

手机的屏幕尺寸是指屏幕对角线的长度，数值越高，屏幕越大。常见的手机尺寸有 3.5 英寸、4 英寸、4.3 英寸、5 英寸、5.3 英寸等。不同屏幕尺寸手机的测量方法如图 13—11 所示。

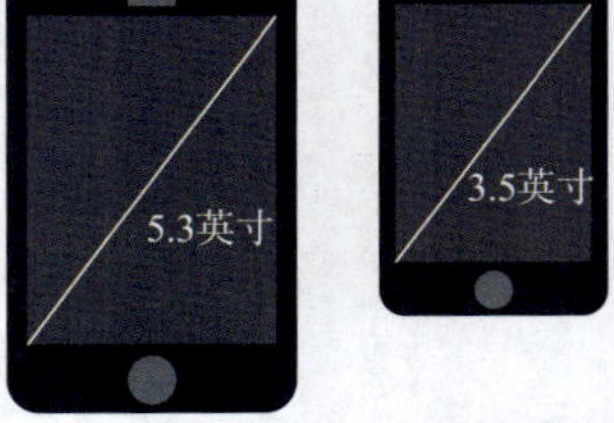

图 13—11　不同屏幕尺寸手机的测量示例图

13.4.2 手机的屏幕密度

屏幕的密度，指每英寸屏幕所拥有的像素数量。例如，小米手机 1 的屏幕物理尺寸为 4.0 英寸、分辨率为 854 像素×480 像素，它的屏幕密度是 245ppi。

现在市场上大部分的手机分辨率都为 854 像素×480 像素。同样的分辨率，屏幕越大，像素点之间的距离越大，屏幕就越粗糙。实践证明，密度低于 240ppi 会让人的视觉有明显的颗粒感，高于 300ppi 则无法察觉。例如，iPhone4 是 3.5 英寸，分辨率为 960 像素×640 像素，密度为 326ppi，其屏幕就显得很清晰。

13.5 手机的操作系统

现在使用最多的移动设备是手机和平板电脑，它们的操作系统主要有 iOS 系统、Android系统、Windows Phone 系统。

下面简单介绍一下这些系统。

13.5.1 iOS 系统

iOS 系统是由苹果公司开发的移动操作系统，最初这个系统的名称为 iPhone OS，2010 年宣布改名为 iOS，图 13—12 为 iOS 系统界面。

图 13—12 iOS 系统界面

13.5.2　Android 系统

Android 系统是基于 Linux 平台的开源手机操作系统，由 Google 公司和开放手机联盟领导及开发，中文可译为"安卓"或"安智"，图 13—13 为 Android 系统界面。

图 13—13　Android 系统界面

Android 系统在正式发行之前，最开始拥有多个内测版本，并用甜点为系统版本进行命名。每个版本代表甜点的尺寸，且越变越大，例如：纸杯蛋糕（Android1. 5），甜甜圈（Android1. 6），松饼（Android2. 0/2. 1），冻酸奶（Android2. 2），姜饼（Android2. 3），蜂巢（Android3. 0），冰激凌三明治（Android4. 0），果冻豆（Android4. 1/4. 2）。图 13—14 为 Android 内测不同版本名称。

图 13—14　Android 内测不同版本名称

13.5.3 Windows Phone 系统

Windows Phone 是微软发布的一款操作系统，具有桌面定制、图标拖曳、滑动控制等操作体验，图 13—15 为 Windows Phone 系统界面。

图 13—15 Windows Phone 系统界面

13.6 iOS 界面设计

iOS 界面的设计原则有以下几条：

(1) 摸点适合指尖大小。苹果建议的触摸目标大小为 44 像素×44 像素。

(2) 直接控制。当用户没有使用各种按钮就可以直接触动屏幕上的物体时，会让用户有更强的操纵感。例如剪扣子游戏，如图 13—16 所示。

图 13—16 剪扣子游戏界面

（3）保持界面一致性。这样可以让用户继续使用之前已经掌握的知识和技能。

（4）保持外观与程序功能相符。例如游戏类的界面，应充分利用全屏，创造出身临其境的感觉，如图 13—17 所示。

图 13—17　游戏界面

（5）突出重点。设计界面时尽量做到简洁，突出首要任务。

（6）快速地反馈。用户在操作过程中，希望有快速的反馈。例如单击某个选项栏中的任意一个按钮或某个列表中的某个选项，被单击的按钮或选项会变成高光背景。

【实训一】

● 要求

1. 制作 iOS 系统状态栏，如图 13—18 所示。
2. 所有图形都用形状工具绘制矢量图。

图 13—18　“信号”iOS 系统状态栏

● 目的

通过本实训，掌握 iOS 系统状态栏基本图标的绘制。

● 步骤

第一步，新建文件，参数设置如图 13—19 所示。

第二步，制作信号强度图标。选择矩形工具绘制一个矩形，如图 13—20 所示。

然后复制出来一个矩形。按下变换快捷键 Ctrl＋T 对矩形进行移动、缩放，如图 13—21 所示。

按下 Enter 键确认后，再次复制图层，然后按 Ctrl＋Shift＋T 组合键再次变换。

按照以上方法再次复制、变换，最后输入文字，结果如图 13—22 所示。

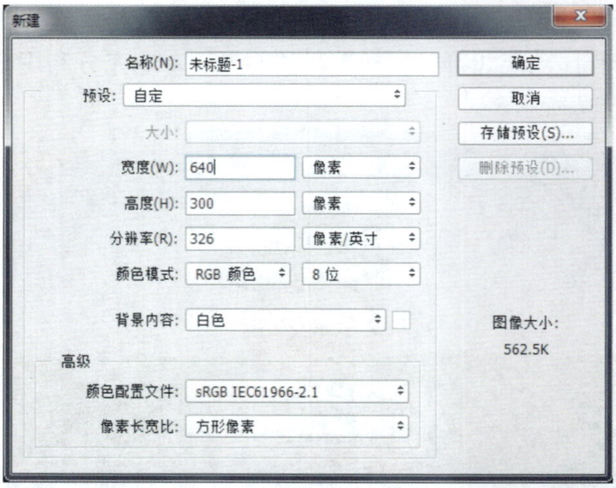

图 13—19　设置新建文件的参数

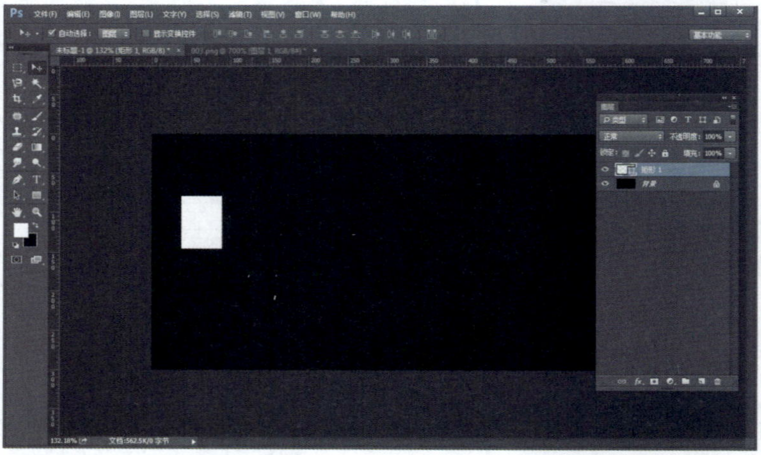

图 13—20　绘制信号强度图标中的矩形

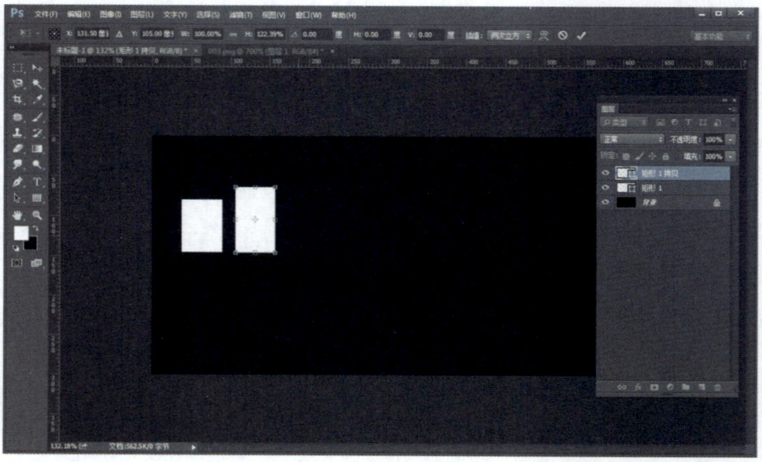

图 13—21　缩放复制出来的矩形

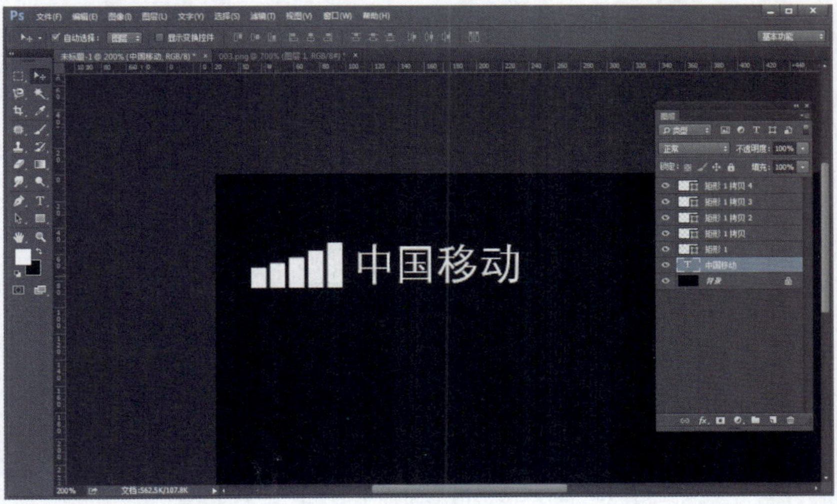

图 13—22　信号强度图标制作完成

第三步，输入时间，如图 13—23 所示。

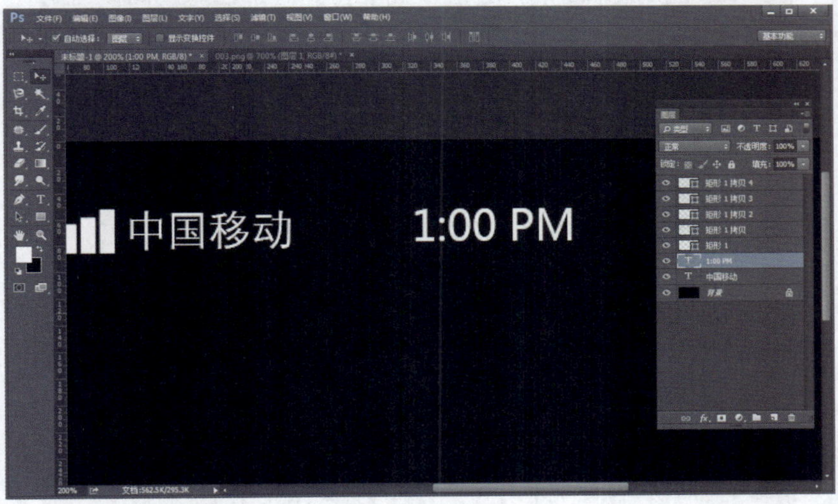

图 13—23　在状态栏中输入时间

第四步，制作显示电量的图标。绘制一个圆角矩形，将其描边改为白色，填充设置为无，描边粗为 0.5，圆角半径为 3，在“路径操作”中改为“新建图层”。

在其内部再绘制一个圆角矩形，将两个圆角矩形的图层进行“水平居中”和“垂直居中”对齐，如图 13—24 所示。

再在电池的右侧绘制一个小的圆角矩形，如图 13—25 所示。

第五步，将各图标大小调为合适的状态，然后给各图标加上投影效果，如图 13—26 所示。

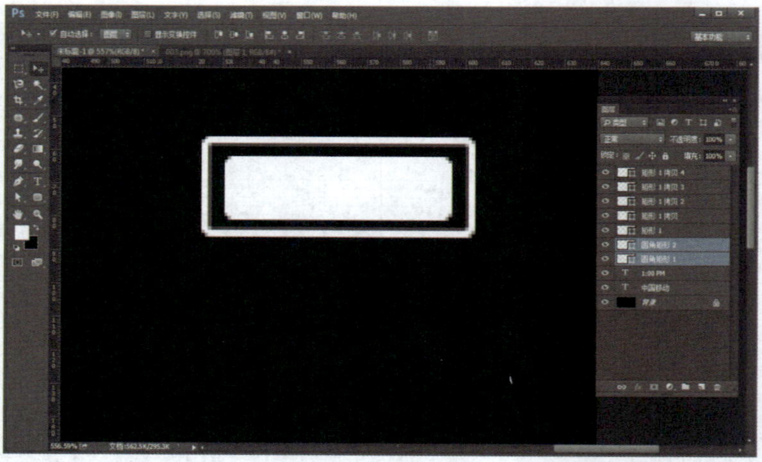

图 13—24　绘制电池图标中的两个圆角矩形

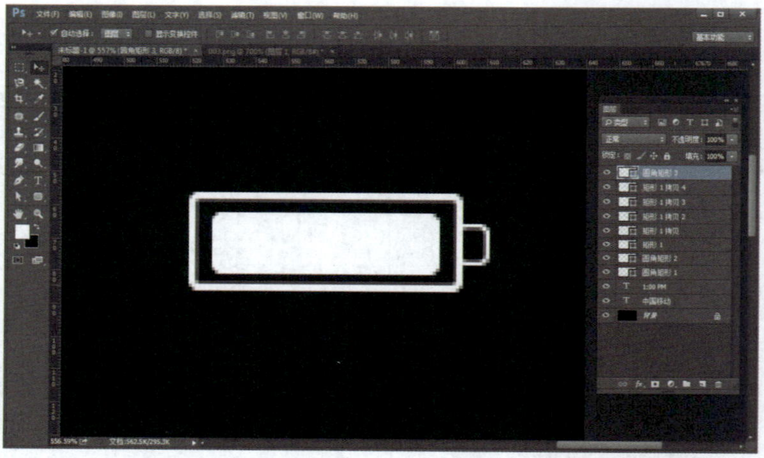

图 13—25　绘制小的圆角矩形

图 13—26　制作完成的 iOS 系统状态栏

【实训二】

● 要求

1. 制作 iOS 系统中的解锁界面，如图 13—27 所示。
2. 图形都用矢量形状工具绘制。

图 13—27　iOS 系统的解锁界面

● 目的

通过本实训，掌握 iOS 解锁界面的制作过程，熟练掌握形状工具的操作。

● 步骤

第一步，打开背景素材图片，如图 13—28 所示。

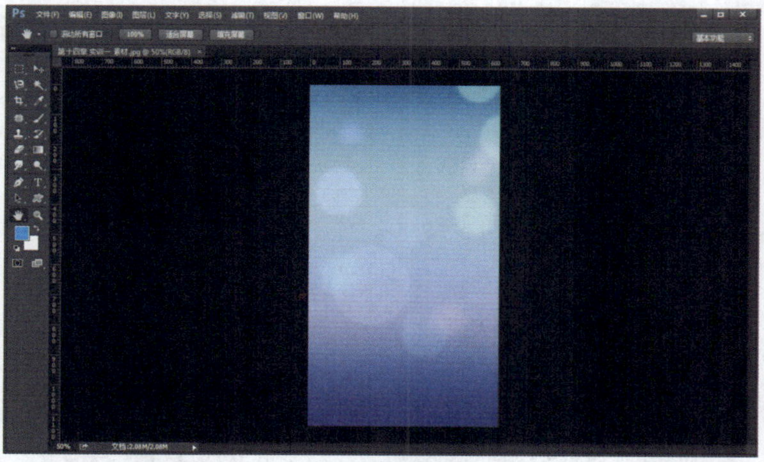

图 13—28　打开锁屏界面的背景素材图片

第二步，置入状态栏素材，如图 13—29 所示。

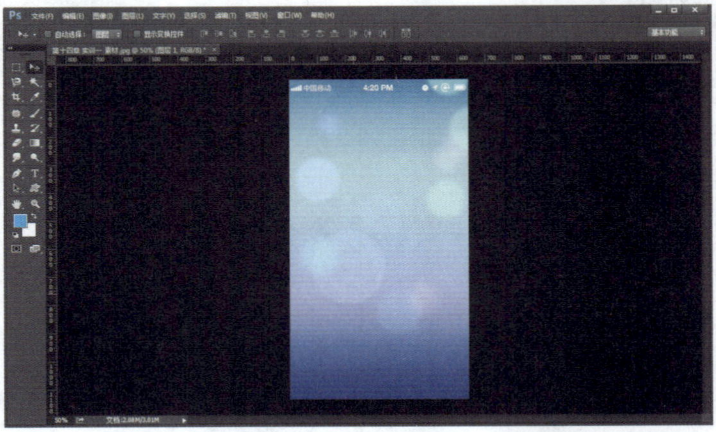

图 13—29　置入状态栏素材

第三步，输入文字，如图 13—30 所示。

图 13—30　输入文字

第四步，制作解锁按钮。用“圆角矩形工具”绘制圆角矩形，如图 13—31 所示。

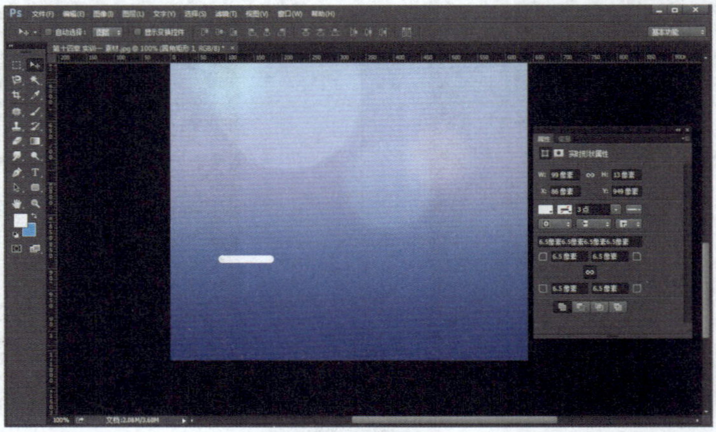

图 13—31　绘制圆角矩形

按下变换快捷键 Ctrl+T，对图形进行旋转，如图 13—32 所示。

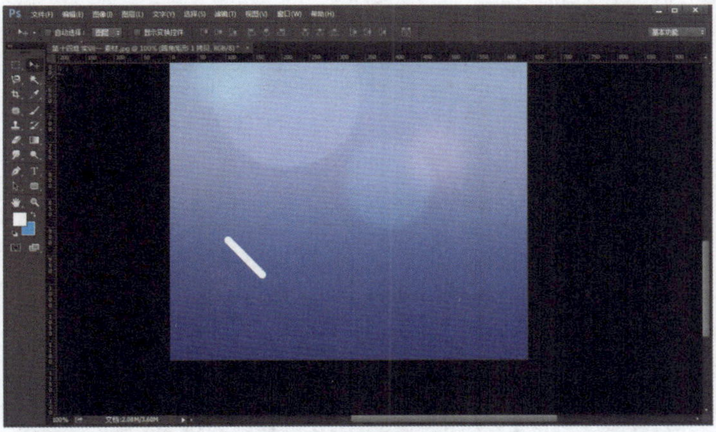

图 13—32　旋转圆角矩形

复制圆角矩形，并垂直翻转，结果如图 13—33 所示。

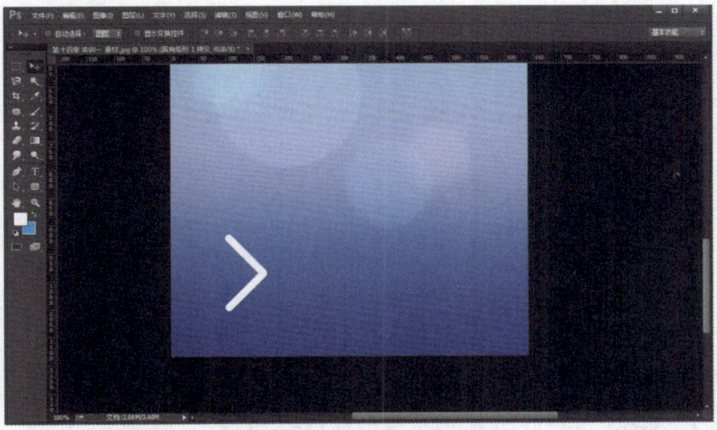

图 13—33　复制圆角矩形

输入文字，并将文字和两个圆角矩形所在图层的混合模式改为“叠加”，结果如图 13—34 所示。

图 13—34　解锁按钮制作完成

第五步，制作解锁按钮下方的圆角矩形。选择“圆角矩形工具”，填充色设置为白色，将图层混合模式改为“叠加”，如图 13—35 所示。

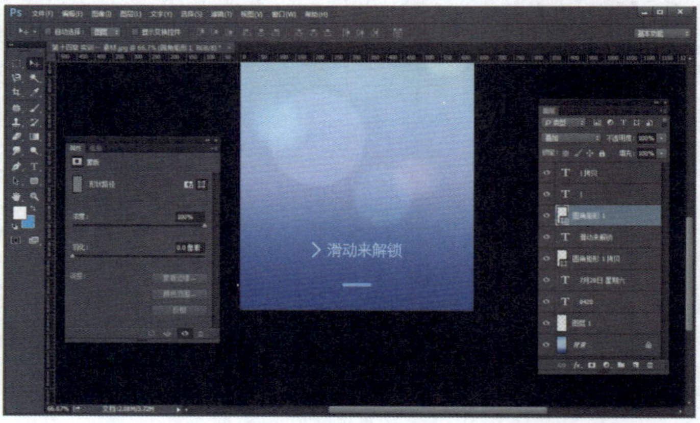

图 13—35　制作解锁按钮下方的圆角矩形

第六步，制作界面右下角的相机图标。

（1）绘制圆角矩形，如图 13—36 所示。

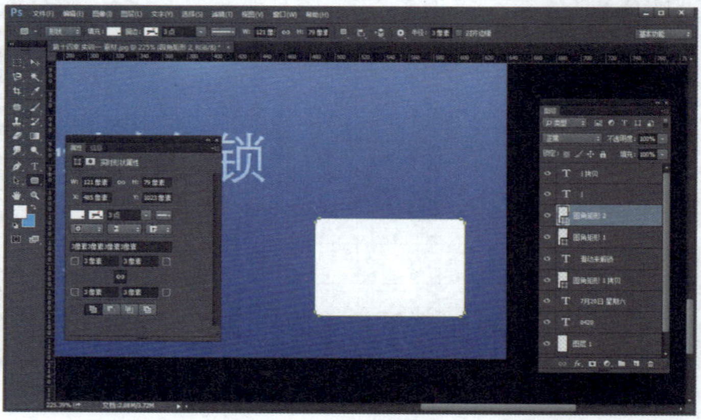

图 13—36　制作相机图标圆角矩形

（2）绘制两个同心圆，设置“路径操作”为“排除重叠形状”，如图 13—37 所示。

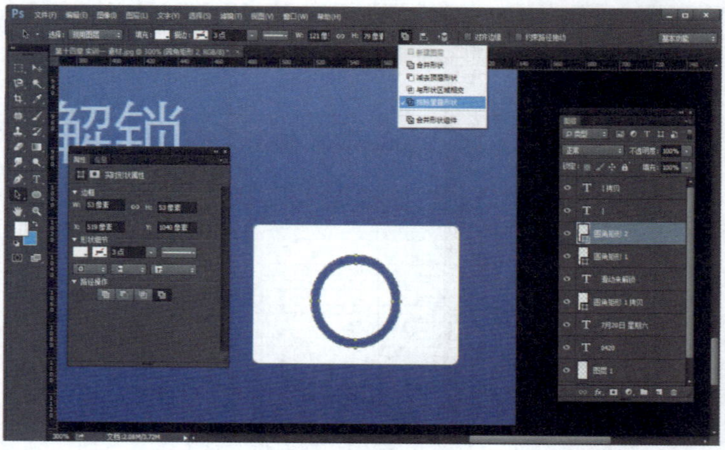

图 13—37　绘制同心圆

（3）绘制右上角小圆。用“椭圆工具”设置“路径操作”为“排除重叠形状”，如图 13—38 所示。

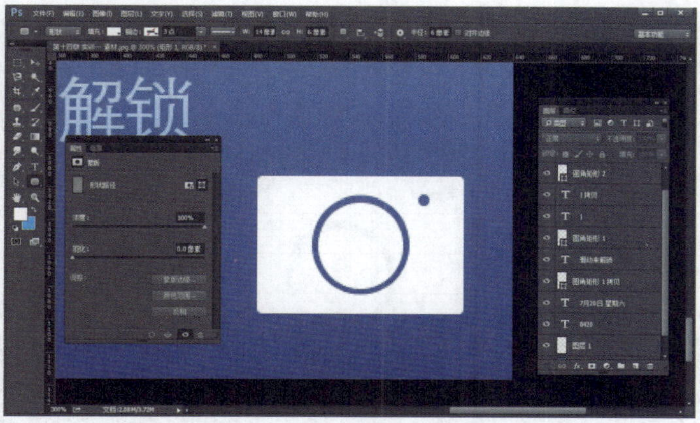

图 13—38　绘制同心圆右上角的小圆

（4）绘制相机图标左上角的矩形。设置“路径操作”为“排除重叠形状”。

（5）绘制相机图标头部的圆角矩形。使用“圆角矩形工具”绘制圆角矩形，设置“路径操作”为“新建图层”，如图 13—39 所示。

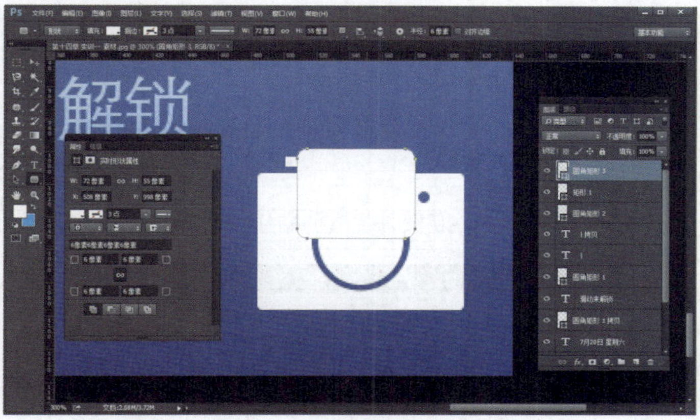

图 13—39　绘制相机图标头部的圆角矩形

（6）用“直接选择工具”修改圆角矩形，结果如图 13—40 所示。

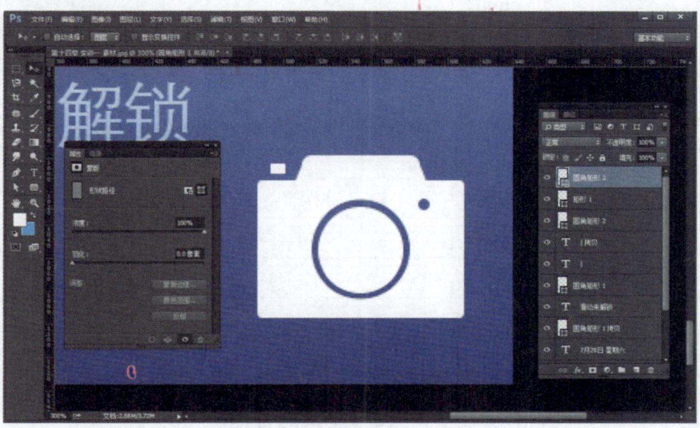

图 13—40　用“直接选择工具”修改路径后的效果

最后将相机图标所有使用的图层合并，将图层混合模式改为“叠加”，结果如图 13—41 所示。

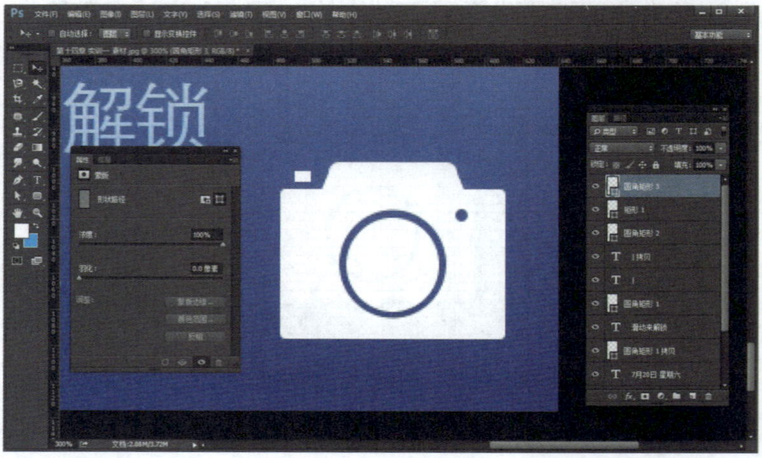

图 13—41　相机图标绘制完成

13.7　Android 界面设计

Android 用户体验设计团队为 UI 设计制定了一些原则，在设计时，如果没有特殊的需要，尽量不要偏离这些设计原则。

（1）根据用户的使用习惯设计，方便用户查找内容，如图 13—42 所示的搜索内容框。

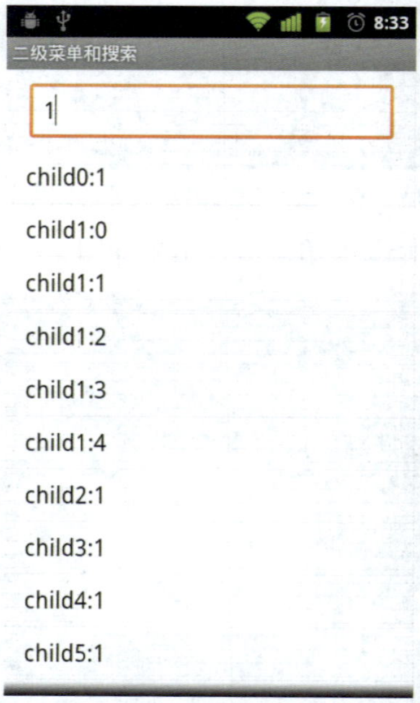

图 13—42　搜索内容框

（2）美，在界面设计漂亮的前提下，要再搭配一些合理的声音或效果，这样可以使用户眼前一亮。

（3）尽量提供更多的个性化设置，添加更多的自定义设置，以给用户一种控制感，如图 13—43 所示的日期设置格式。

图 13—43　设置日期格式

（4）简化语句。在主题表达清楚的情况下，语句尽量要简化精炼。

（5）图文搭配得当，字较多时，可以多用图片，这样更容易吸引用户。

（6）对用户的操作及时给予反馈，也能给用户在操作上带来方便。

【实训三】

● 要求

1. 制作 Android 系统操作栏，如图 13—44 所示。
2. 图形都用形状工具进行绘制。

图 13—44　Android 系统操作栏

● 目的

通过本实训，轻松快速地掌握 Android 系统操作栏的制作。

● 步骤

第一步，新建文件，参数如图 13—45 所示。

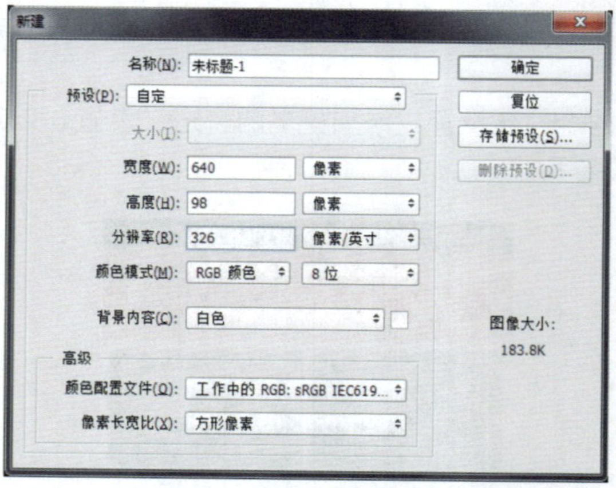

图 13—45　设置操作栏的文件参数

第二步，置入素材图片，如图 13—46 所示。

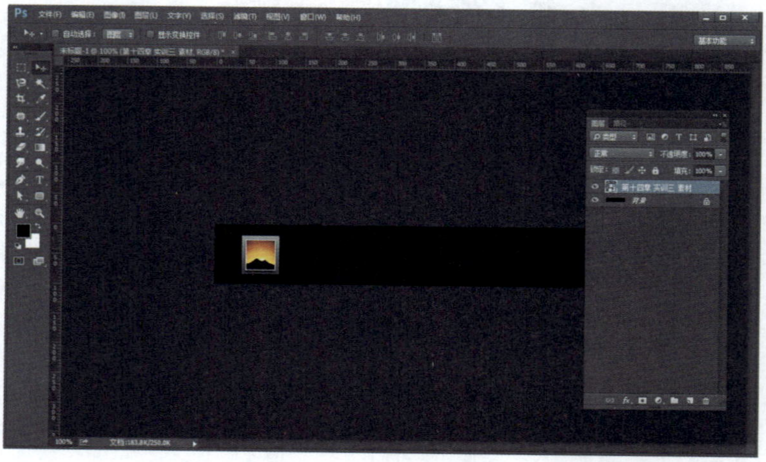

图 13—46　置入素材图片

第三步，制作素材图片前的向前按钮。在“自定形状工具”中选择“箭头 2”在文件中进行绘制，如图 13—47 所示。

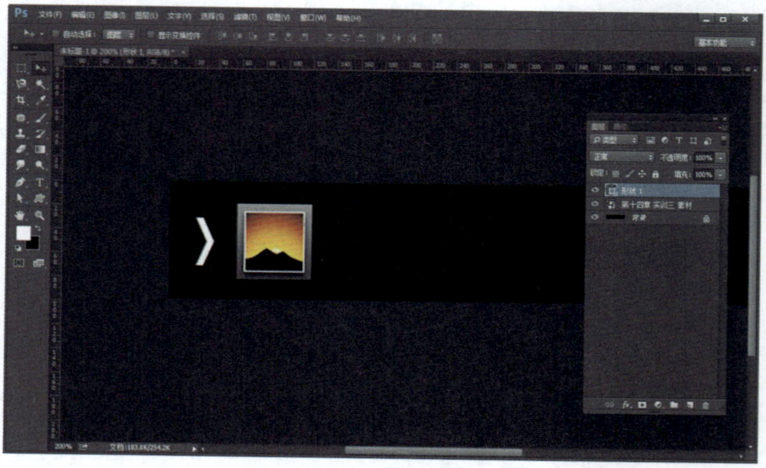

图 13—47　绘制向前按钮

然后将其水平翻转，透明度调为 80%，结果如图 13—48 所示。

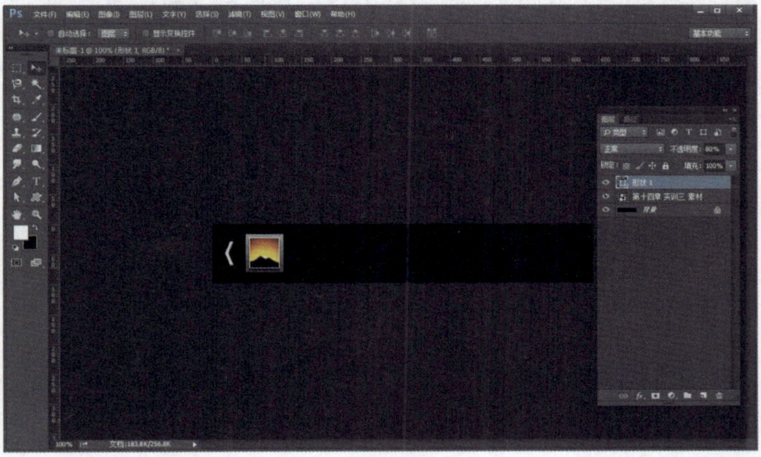

图 13—48　向前按钮制作完成

第四步，制作三角形按钮。选择“矩形工具”，设置填充为“无”，描边色为白色，粗细为“0.4 点”，如图 13—49 所示。

图 13—49　设置“矩形工具”参数

按下 Shift 键，绘制正方形，如图 13—50 所示。

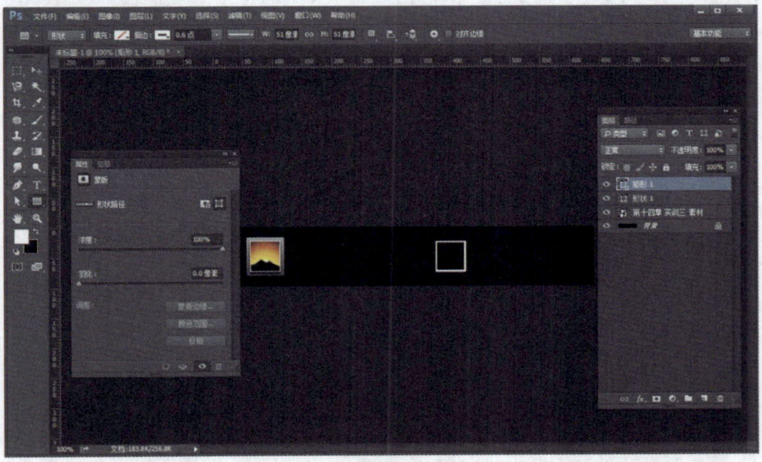

图 13—50　绘制正方形

使用“多边形工具”绘制三角形，设置边数为 3，“路径操作”设置为“新建图层”，绘制后将填充设置为白色，描边设置为无，结果如图 13—51 所示。

第五步，绘制更多按钮。选择“矩形工具”，单击文件，设置矩形大小为 7 像素×7 像素，然后按下 Alt+Shift 键向下拖动复制，再将三个矩形选中，单击“移动工具”属性栏中的“垂直居中分布”按钮，结果如图 13—52 所示。

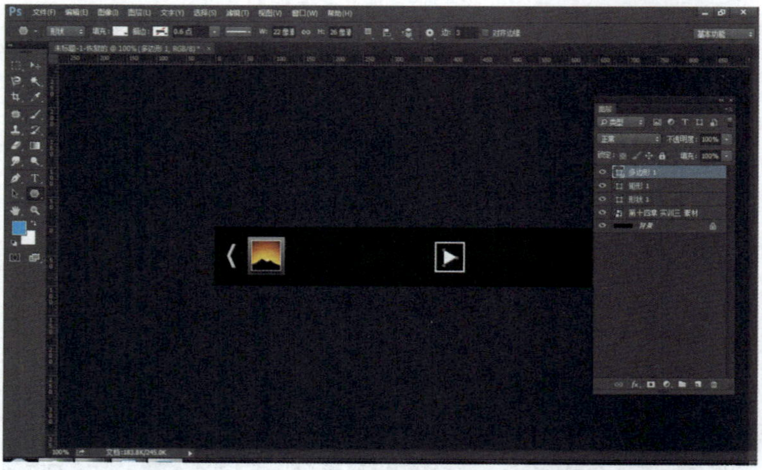

图 13—51　三角形按钮绘制完成

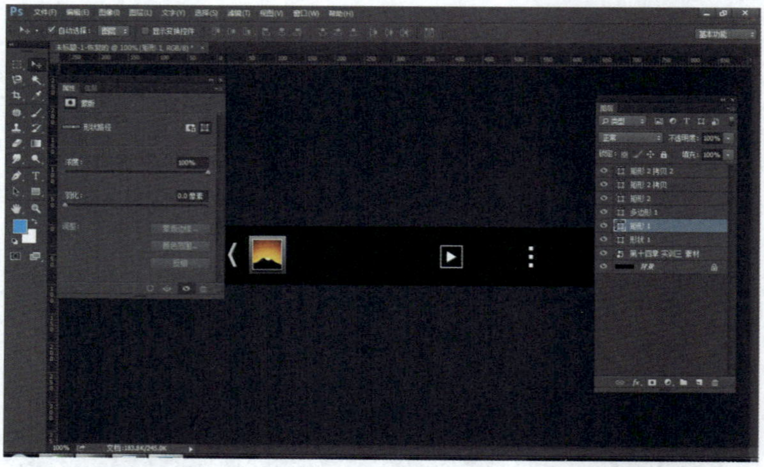

图 13—52　绘制更多按钮

将三个矩形的图层透明度改为 80%，操作栏最终效果如图 13—53 所示。

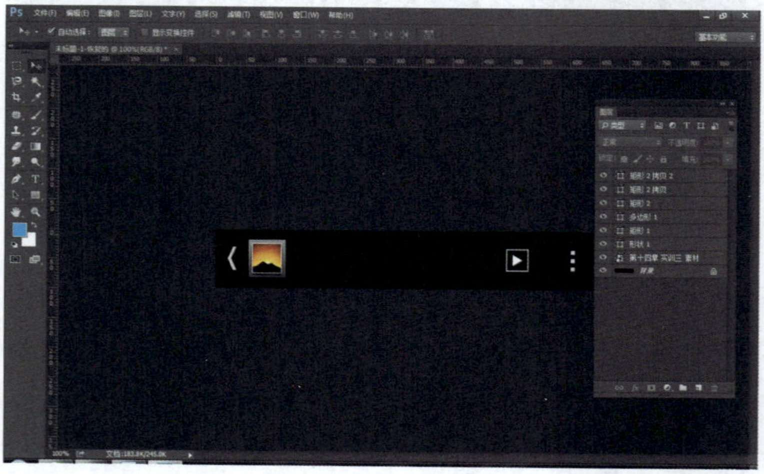

图 13—53　操作栏最终效果

【实训四】

● **要求**

制作 Android 操作系统网格列表，如图 13—54 所示。

图 13—54　Android 操作系统网格列表

● **目的**

通过本实训，了解 Android 操作系统网格列表界面的制作。

● **步骤**

第一步，新建文件，参数设置如图 13—55 所示。

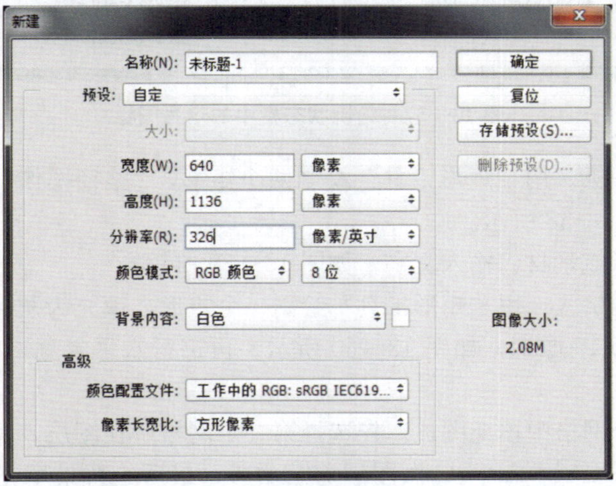

图 13—55　设置新建网格列表界面的文件参数

第二步，绘制状态栏。

（1）绘制图片小图标。用“矩形工具”绘制一个矩形，然后用“钢笔工具”勾画出中心的图案，如图 13—56 所示。

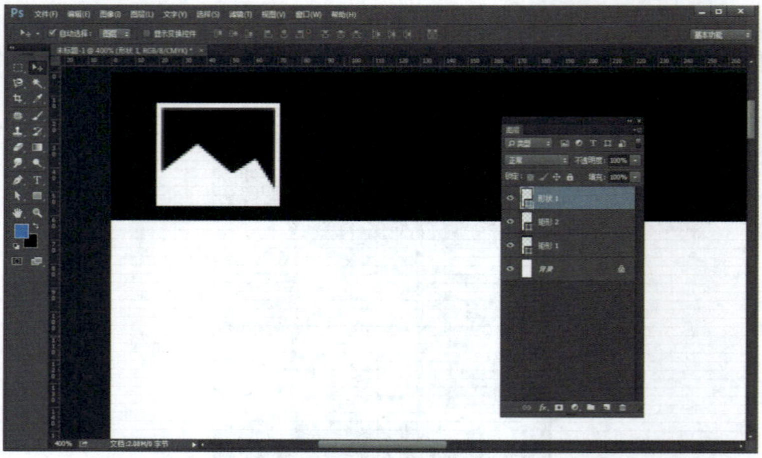

图 13—56　绘制状态栏中的图片小图标

（2）绘制信号图标。先绘制一个三角形，然后在三角形上绘制三个矩形，将三个矩形的“路径操作”改为“减去顶层形状”，如图 13—57 所示。

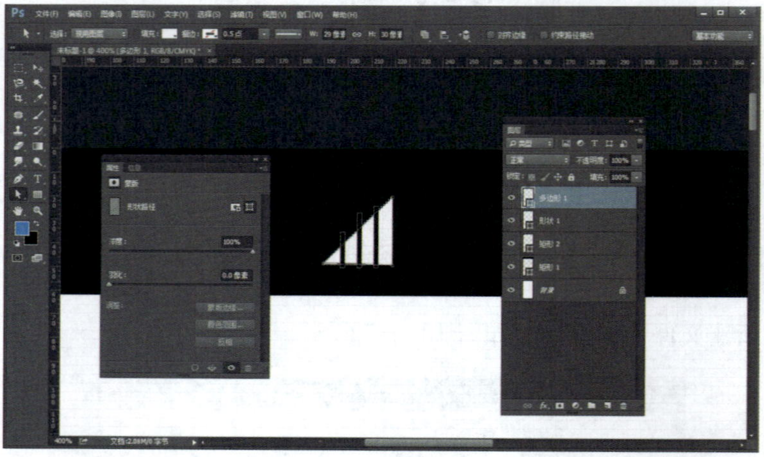

图 13—57　绘制状态栏中的信号图标

（3）绘制电池图标。用“矩形工具”绘制两个矩形，“路径操作”改为“合并形状”，输入时间后，如图 13—58 所示。

第三步，导入导航素材，输入文字，如图 13—59 所示。

第四步，制作网格区。用“矩形工具”绘制一个矩形，填充为灰色，然后复制出四个矩形，使每个间隔为 15 像素，如图 13—60 所示。再进行水平复制，间像为 15 像素，如图 13—61 所示。

第五步，在每个网格中填充图片。先选择第一个网格所在图层，置入一张图片，然后选择图片层后，按下 Ctrl＋Alt＋G 做图层剪贴蒙版，最后给背景填充黑色，如图 13—62 所示。

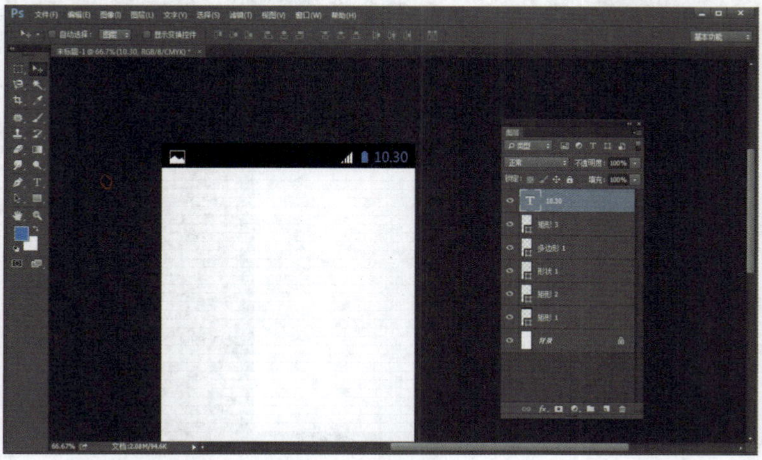

图 13—58　绘制电池图标

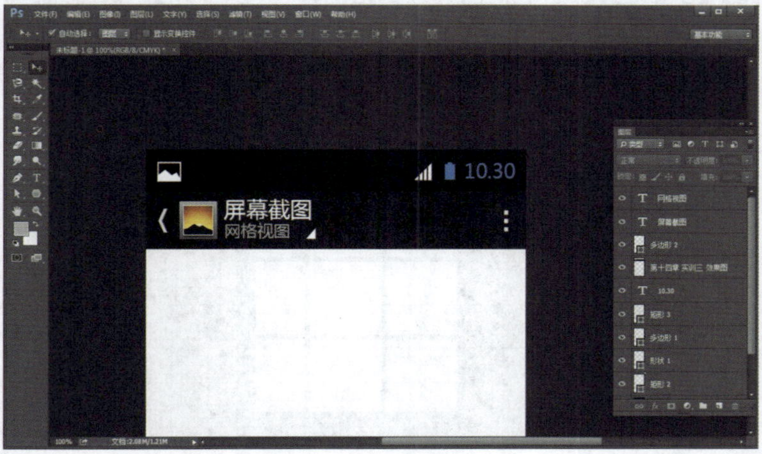

图 13—59　导入导航素材

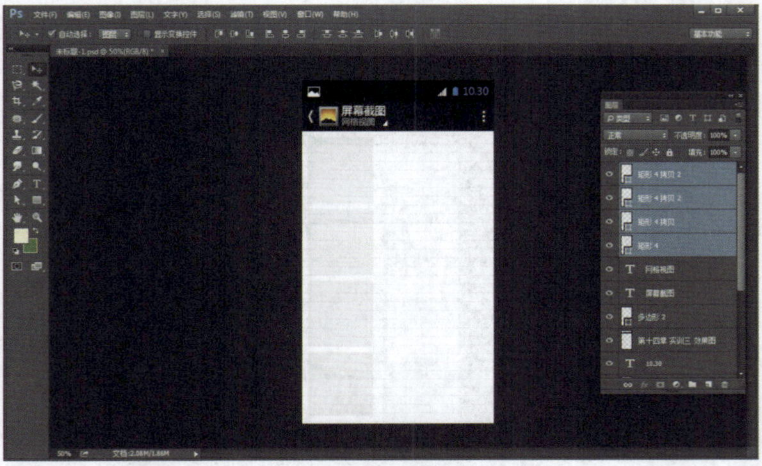

图 13—60　绘制一列矩形

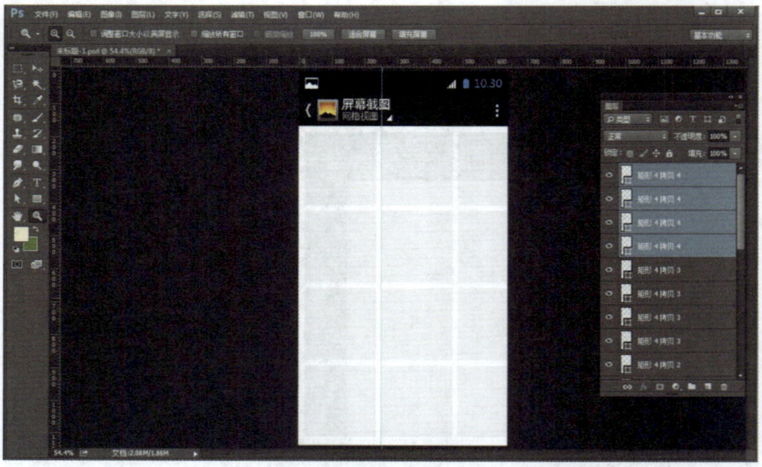

图 13—61　复制出三列矩形

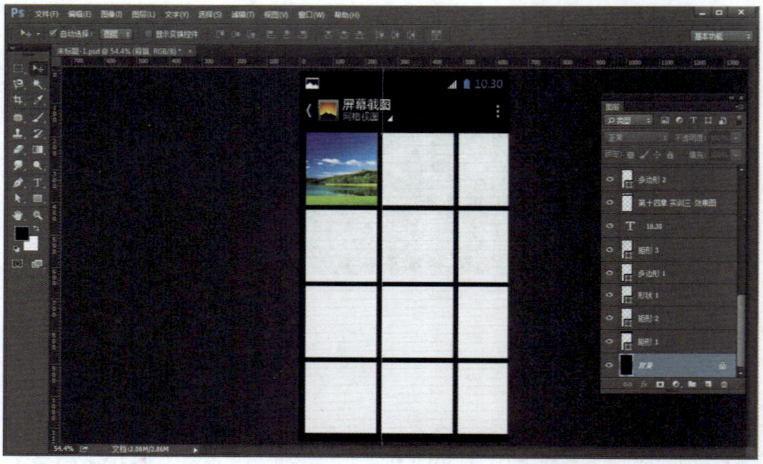

图 13—62　将图片放在矩形内

给其余的网格依次添加图片做剪贴蒙版，结果如图 13—63 所示。

图 13—63　在网格中添加图片完毕

13.8　Windows Phone 界面设计

Windows Phone 的界面设计是基于一个叫作 Metro 的内部项目。Metro 界面的设计和字体灵感来源于机场和地铁系统的制作系统所使用的视觉语言。Windows Phone 的设计原则包括：

(1) 净、整洁。Windows Phone 界面要尽量留足白色空间，尽量突出内容，如图 13—64 所示。

(2) 使用流畅的动画效果。Windows Phone 在屏幕上的触摸和手势体验与 Windows 系统的桌面体验一致，使用了硬件加速的动画和逼真流畅的过渡效果，以在每一处细节增强用户体验。

(3) 实实在在的数字化。具体的数字能够给用户带来超出物理世界的规则和属性的兴奋，如图 13—65 所示。

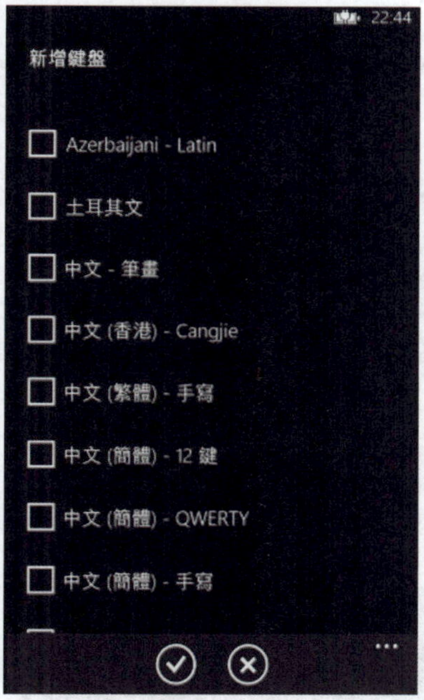

图 13—64　Windows Phone 添加键盘界面

图 13—65　Windows Phone 主界面

【实训五】

● 要求

1. 制作 Windows Phone 视频播放界面，如图 13—66 所示。
2. 图形都用形状工具绘制矢量图。

● **目的**

通过本实训了解 Windows Phone 视频播放界面的制作。

● **步骤**

第一步，新建文件，参数设置如图 13—67 所示。

第二步，使用“矩形工具”绘制矩形，然后置入素材图片。在素材图片和矩形形状两个图层间按下 Alt 键并单击，制作剪贴蒙版，如图 13—68 所示。

图 13—66　Windows Phone 视频播放界面

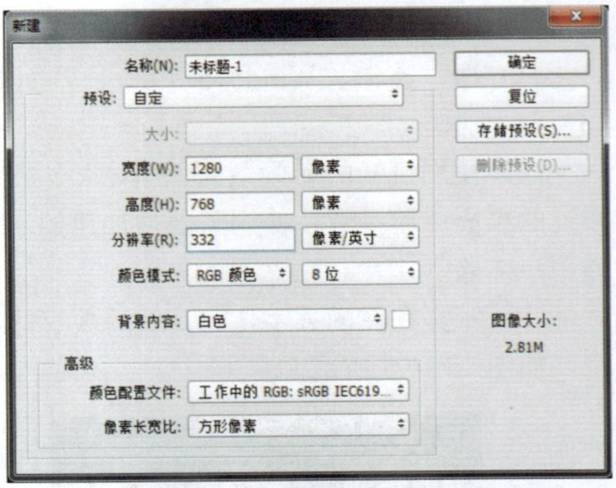

图 13—67　设置新建文件的参数

图 13—68　给矩形和图片做剪贴蒙版

第三步，制作播放进度条。绘制矩形做进度条的背景，将其和下层做剪贴蒙版，图层的透明度调为 25%，如图 13—69 所示。

制作后退按钮。使用“椭圆工具”绘制正圆，描边粗细设置为 1，如图 13—70 所示。然后使用“多边形工具”绘制一个三角形，在按下 Alt 键的同时用移动工具拖动复制出另外一个三角形，再用“矩形工具”绘制两个三角形前的小矩形，结果如图 13—71 所示。

制作暂停按钮。复制后退按钮中的圆，然后用“矩形工具”绘制两个小矩形，结果如图 13—72 所示。

图 13—69　进度条背景

图 13—70　绘制后退按钮中的圆

图 13—71　后退按钮绘制完成

图 13—72　制作的暂停按钮

最后选中后退按钮中的图层进行复制并做水平翻转，前进按钮就制作完成了，如图 13—73 所示。

图 13—73　前进按钮制作完成

第四步，输入文字，如图 13—74 所示。

图 13—74　输入界面中的文字

第五步，制作全屏按钮。

先绘制一个正圆，填充设置为无，描边设置为白色，描边粗细为 1 点。然后在圆的中间位置绘制一个正方形，填充设置为无，描边设置为白色，描边粗细为 1 点，如图 13—75 所示。

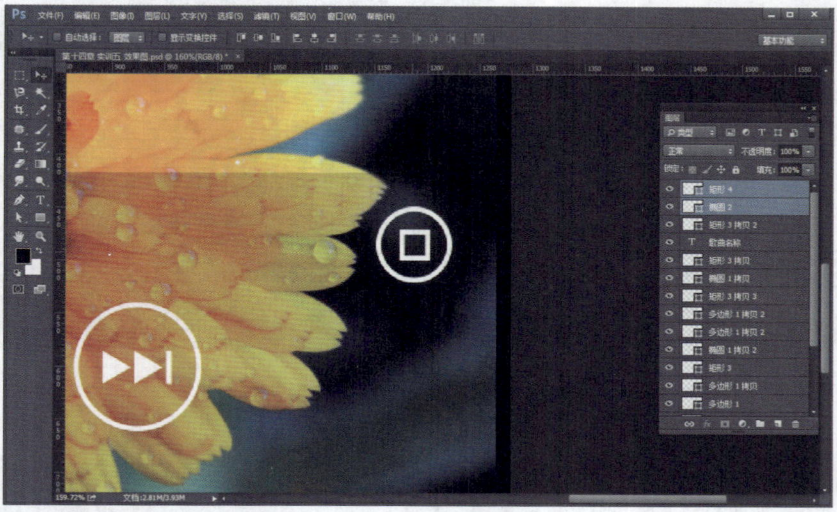

图 13—75　绘制全屏按钮的正圆与正方形

全屏按钮中的“小角”可用两个矩形组成，如图 13—76 所示。

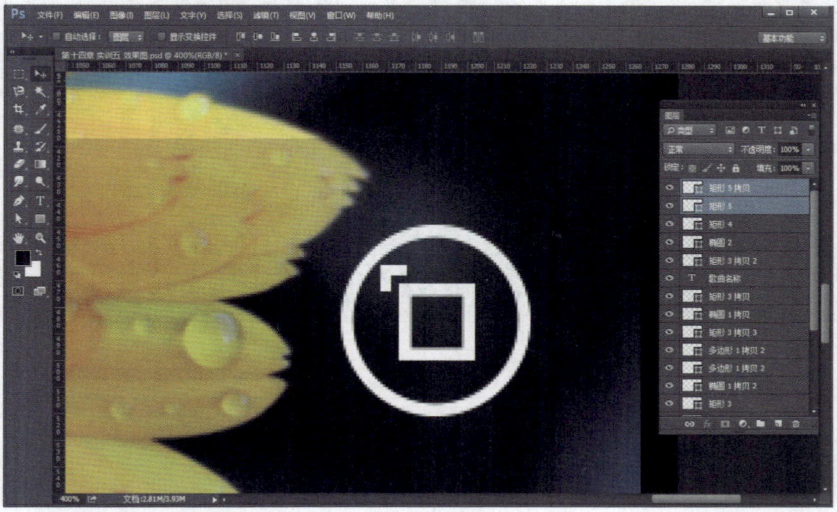

图 13—76　绘制全屏按钮中的“小角”

然后将“小角”垂直向下复制，并进行垂直翻转，如图 13—77 所示。

选中左侧的两个“小角”所用的图层，然后进行水平复制和水平翻转，如图 13—78 所示。

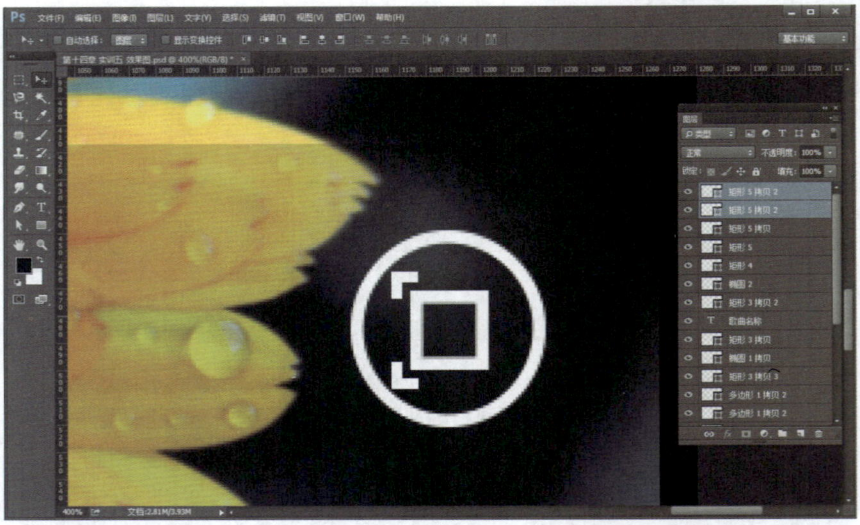

图 13—77　将“小角”进行复制并翻转

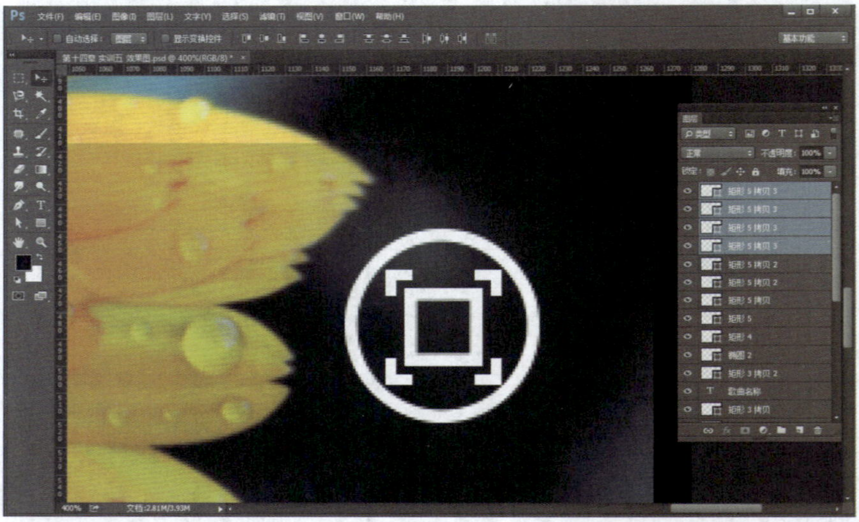

图 13—78　全屏按钮中的四个“小角”绘制完成

【实训六】

● 要求

制作 Windows Phone 添加键盘页面，如图 13—79 所示。

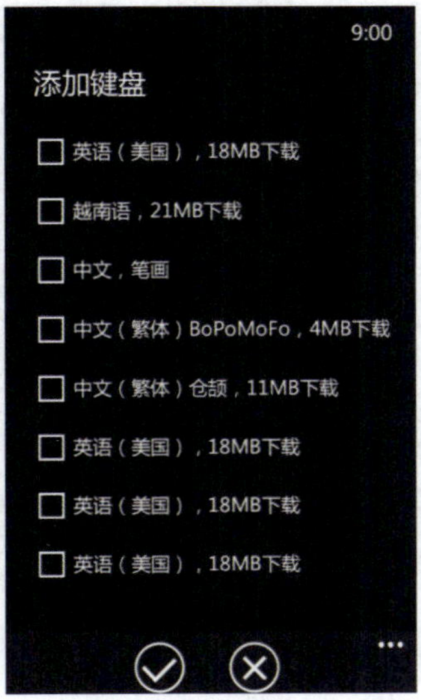

图 13—79　Windows Phone 添加键盘页面

● 目的

通过本实训，了解 Windows Phone 添加键盘页面的制作。

● 步骤

第一步，新建文件，参数设置如图 13—80 所示。

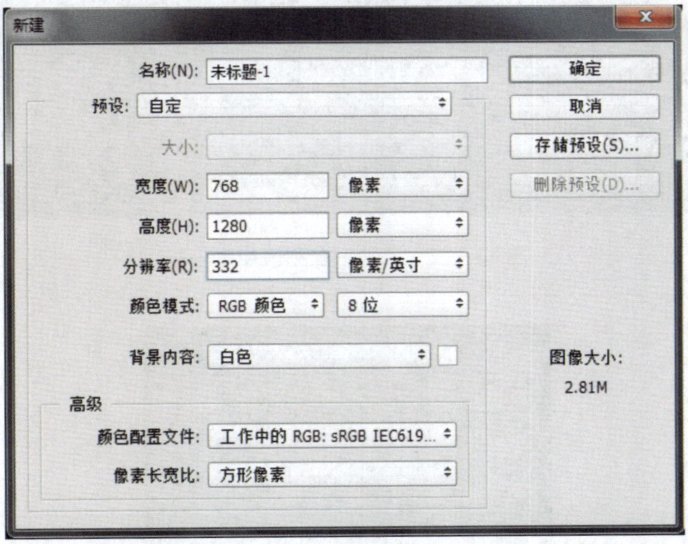

图 13—80　设置"新建"添加键盘页面的文件参数

第二步，输入状态栏中的时间，如图 13—81 所示。

第三步，制作添加键盘列表。用"矩形工具"绘制一个正方形，然后输入列表文字，如图 13—82 所示。

选中矩形和矩形后的一行文字所在的两个图层，按下 Ctrl+G 组合键进行编组，如图 13—83 所示。

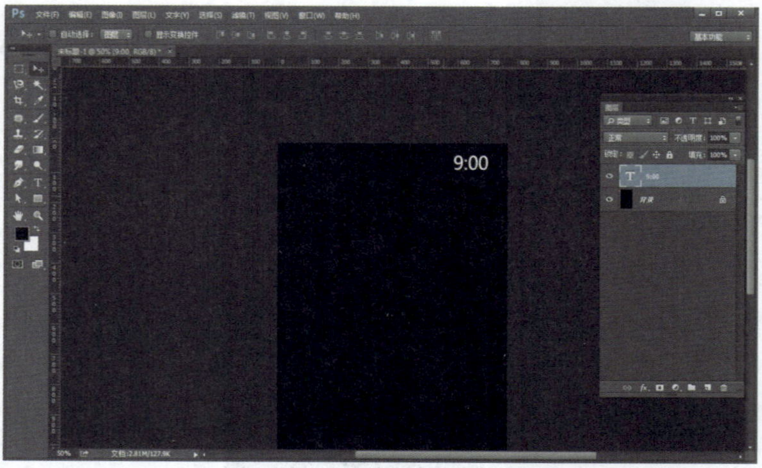

图 13—81　输入状态栏中的时间

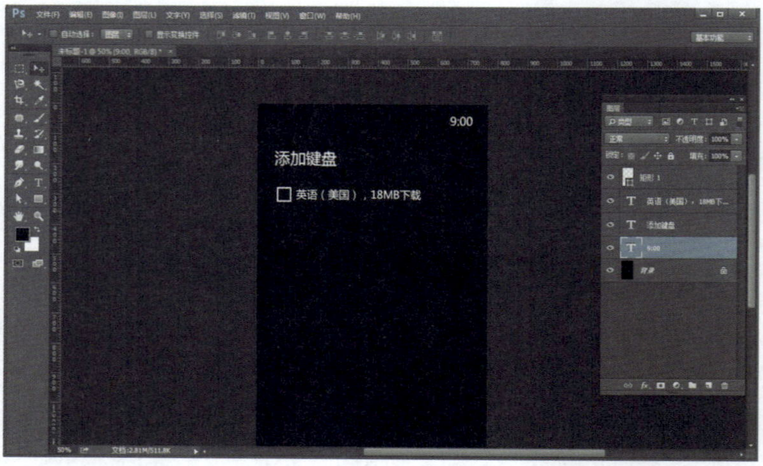

图 13—82　添加键盘列表中的一行

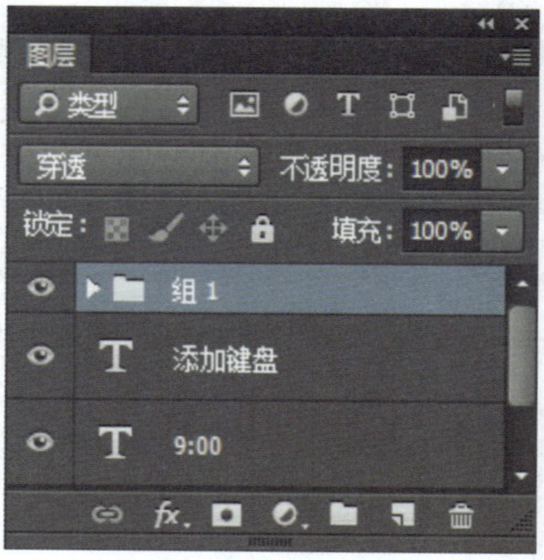

图 13—83　将矩形和文字所在层进行编组

在按下快捷键 Alt+Shift 不放的同时选择“移动工具”将组垂直向下复制，最终复制出 7 组，如图 13—84 所示。

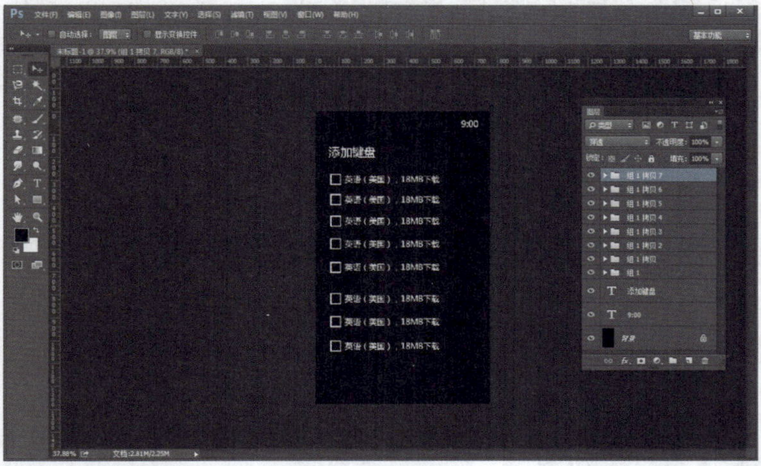

图 13—84　复制组

先选中添加键盘列中的 8 个组，单击“移动工具”属性栏中的“垂直居中分布”按钮，将每一行之间的间距进行平均分布，然后将文字内容进行替换，结果如图 13—85 所示。

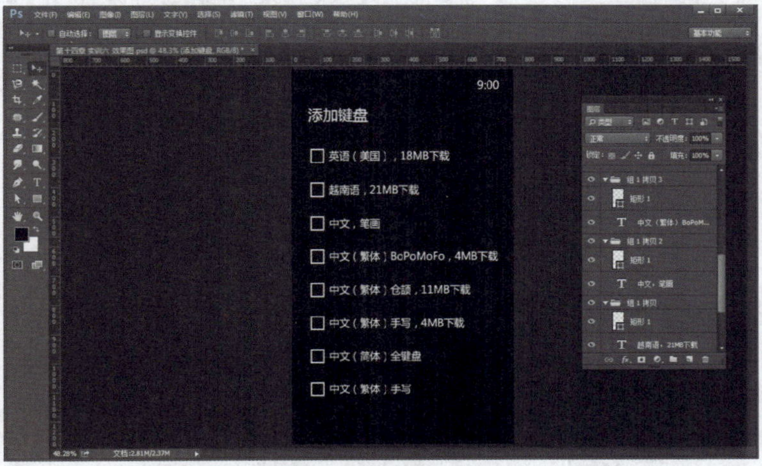

图 13—85　添加键盘列表制作完成

第四步，制作按钮。在界面的最下方绘制一个大的矩形作为按钮的背景，如图 13—86 所示。

绘制取消按钮的方法是先绘制一个正圆，然后绘制一个矩形，再旋转 45 度，如图 13—87 所示。确认旋转后，再复制一个矩形，并做水平翻转，如图 13—88 所示。

绘制确认按钮的方法是将取消按钮复制，然后用“直接选择工具”修改其中一个矩形，结果如图 13—89 所示。

绘制更多按钮的方法是用“椭圆工具”绘制一个正圆，然后进行复制，结果如图 13—90 所示。

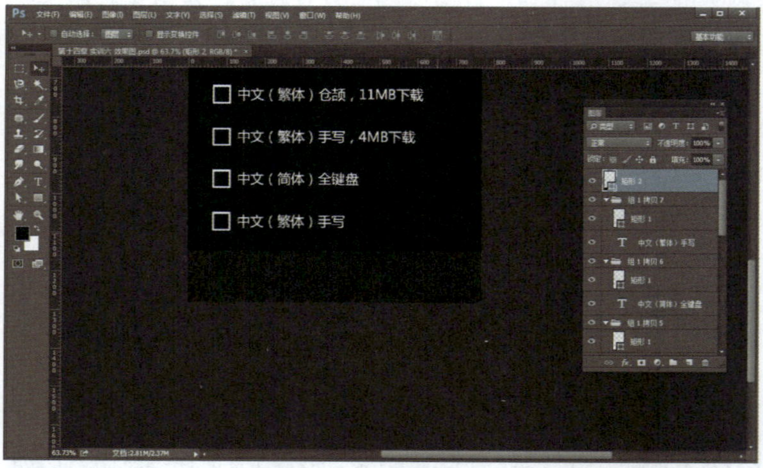

图 13—86　界面下方的矩形

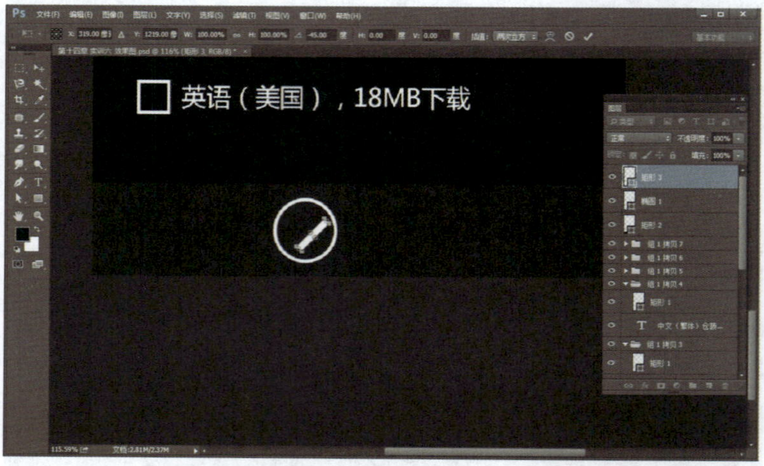

图 13—87　将取消按钮中的矩形旋转 45 度

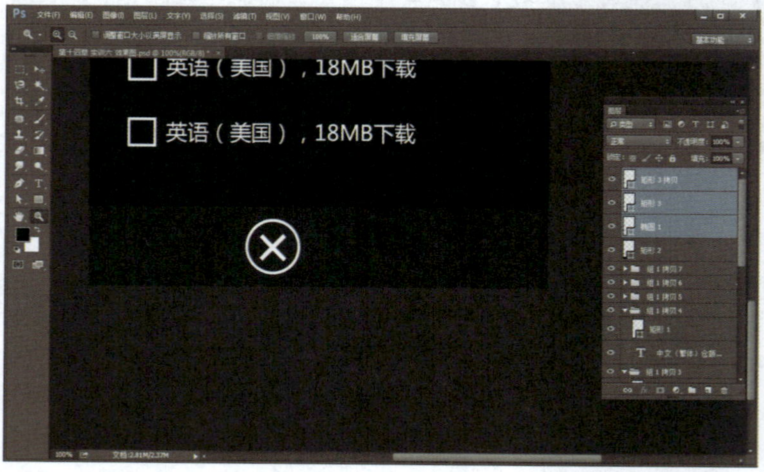

图 13—88　取消按钮制作完成

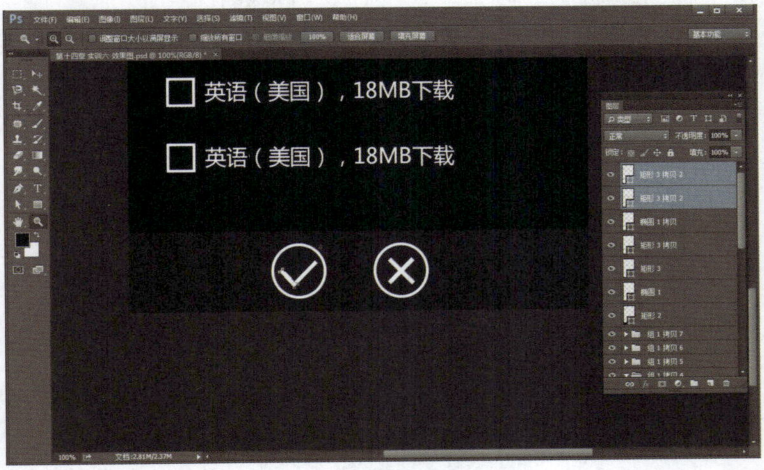

图 13—89　确认按钮绘制完成

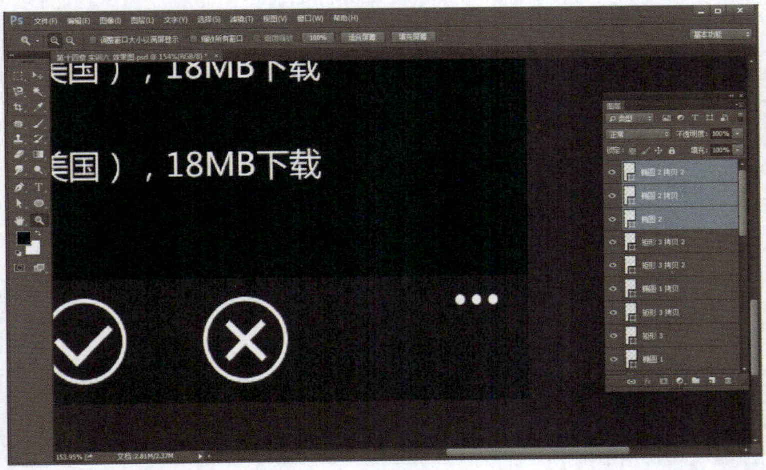

图 13—90　绘制更多按钮

拓展实训 1——制作 iOS 主界面

【知识要点】

本实训的知识要点是 iOS 系统图标的制作。

【要求】

1. 界面按 iOS 系统界面尺寸和密度进行设计。
2. 突出界面中每个图标的立体感，需要有光的效果，并注意光的方向是上方。

【效果图】

效果图如图 13—91 所示。

图 13—91　iOS 主界面的效果图

拓展实训 2——制作 Android 主界面

【知识要点】

本实训的主要知识点是 Android 系统界面及图标制作。

【要求】

1. Android 主界面尺寸按照标准尺寸进行设计。
2. 突出界面中的小图标的立体感，需使小图标上都有光感，并且光的方向是上方。

【效果图】

效果图如图 13—92 所示。

图 13—92　Android 主界面的效果图

拓展实训 3——制作 Windows Phone 主界面

【知识要点】

本实训的知识要点是 Windows Phone 系统图标的制作。

【要求】

Android 主界面尺寸按照标准尺寸进行设计。

【效果图】

效果图如图 13—93 所示。

图 13—93　Windows Phone 主界面的效果图

本章小结

本章主要介绍了手机的样式、屏幕色彩、屏幕密度等内容，以及手机使用比较多的三个系统：iOS 系统、Android 系统、Windows Phone 系统的界面设计。

参考文献

1. 高鹏编著. Photoshop APP 界面设计全解析. 北京：电子工业出版社，2014.
2. 李金明，李金荣主编. 中文版 Photoshop CS5 完全自学教程. 北京：人民邮电出版社，2010.

图书在版编目（CIP）数据

电商图像处理技术：Photoshop CC 实战/单兴华，刘园园主编．—北京：中国人民大学出版社，2015.10

ISBN 978-7-300-21685-0

Ⅰ.①电…　Ⅱ.①单…　②刘…　Ⅲ.①图像处理软件　Ⅳ.①TP391.41

中国版本图书馆 CIP 数据核字（2015）第 163227 号

全国青年彩虹工程·大学生预就业计划官方教材

全国电子商务人才从业能力教育官方教材

电商图像处理技术——Photoshop CC 实战

全国青年彩虹工程实施指导办公室
全国电子商务人才从业能力教育项目管理办公室　组编

单兴华　刘园园　主编

Dianshang Tuxiang Chuli Jishu

出版发行	中国人民大学出版社		
社　　址	北京中关村大街 31 号	邮政编码	100080
电　　话	010－62511242（总编室）		010－62511770（质管部）
	010－82501766（邮购部）		010－62514148（门市部）
	010－62515195（发行公司）		010－62515275（盗版举报）
网　　址	http：//www.crup.com.cn		
	http：//www.ttrnet.com（人大教研网）		
经　　销	新华书店		
印　　刷	北京宏伟双华印刷有限公司		
规　　格	185 mm×260 mm　16 开本	版　　次	2015 年 10 月第 1 版
印　　张	18.75	印　　次	2015 年 10 月第 1 次印刷
字　　数	430 000	定　　价	68.00 元